U0299580

信息安全知识赋能工程

工控系统信息安全

智能制造背景下的数字化安全保障

姬五胜 李国良 ◎ 著

電子工業出版社
Publishing House of Electronics Industry
北京 · BEIJING

内 容 简 介

本书探讨工业控制系统（简称工控系统）在智能制造环境下面临的安全挑战，全面而系统地阐述工控系统信息安全。本书共 3 个部分，第 1 部分为工控系统及其信息安全概述，包括工控系统的历史演进与智能制造的趋势、工控系统信息安全的重要性、工控系统的智能化安全架构设计，为后续章节的讨论奠定基础；第 2 部分为工控系统信息安全保障实践，包括工业控制网络的安全、工控系统的身份认证与访问控制、工控系统的漏洞管理与应急响应、工控系统的数据安全与隐私保护，系统地介绍各种关键安全问题的解决方法；第 3 部分为工控系统信息安全未来展望，包括智能制造背景下的工控系统创新保障、工控系统智能化的发展趋势，探讨新兴技术在工控系统中的应用。

本书既可作为高等院校自动化、计算机等专业的信息安全理论拓展教材，也可作为工控系统安全教育和实践的参考资料。

图书在版编目（CIP）数据

工控系统信息安全 ： 智能制造背景下的数字化安全保障 / 姬五胜，李国良著. -- 北京 ： 电子工业出版社，2025. 1. --（信息安全知识赋能工程）. -- ISBN 978-7-121-49252-5

Ⅰ. TB4

中国国家版本馆 CIP 数据核字第 2024YG3360 号

责任编辑：田宏峰　　　　文字编辑：王天跃
印　　刷：北京雁林吉兆印刷有限公司
装　　订：北京雁林吉兆印刷有限公司
出版发行：电子工业出版社
　　　　　北京市海淀区万寿路 173 信箱　邮编 100036
开　　本：787×1 092　1/16　印张：13　字数：332 千字
版　　次：2025 年 1 月第 1 版
印　　次：2025 年 1 月第 1 次印刷
定　　价：79.00 元

凡所购买电子工业出版社图书有缺损问题，请向购买书店调换。若书店售缺，请与本社发行部联系，联系及邮购电话：（010）88254888，88258888。

质量投诉请发邮件至 zlts@phei.com.cn，盗版侵权举报请发邮件至 dbqq@phei.com.cn。

本书咨询联系方式：tianhf@phei.com.cn。

作者简介

姬五胜，男，中共党员，博士，天津职业技术师范大学教授、博士生导师，中国电子学会高级会员，天津市电子学会第八届理事会理事。1992 年毕业于陕西师范大学物理学专业，2000 年、2004 年分别于兰州大学、上海大学获得硕士学位和博士学位，2008 年在俄罗斯科学院无线电工程与电子学研究所做访问学者 1 年，2022 年至今任天津职业技术师范大学电子工程学院副院长。

主持完成省部级项目 5 项、厅局级项目 5 项，参与完成国防科技重点实验室预研项目 1 项、2020 年天津市重点研发计划科技支撑重点项目 1 项。截至 2024 年 8 月，发表学术论文 94 篇、教学论文 18 篇，被 SCI、EI、ISTP 等检索 37 篇，国内核心期刊 22 篇；获批实用新型专利 20 项、计算机软件著作权 4 项。2023 年获得天津市科学技术进步奖三等奖（第一完成人）1 项，2011 年获得第十八届甘肃省普通高等学校青年教师成才奖。

李国良，男，中共党员，天津职业技术师范大学博士研究生，山东华宇工学院副教授，高级工程师，信息系统高级项目管理师。2007 年毕业于聊城大学电子信息科学与技术专业，2010 年毕业于成都信息工程大学，获硕士学位。现任山东华宇工学院信息工程学院副院长。

主持完成科技计划项目 1 项，教学教改项目 1 项。截至 2023 年，授权发明专利 3 项，实用新型专利 5 项，主持完成专利转移转化项目 3 项。发表学术论文 10 余篇，出版教材 1 部。

前　言

新兴技术的发展促进了智能制造的兴起，面对智能制造的复杂性和综合性挑战，工控系统信息安全正变得更加关键，构建工控系统信息安全架构成为一个亟待解决的问题。

目前，工控系统信息安全仍存在一些问题。首先，数据安全和隐私保护面临着严峻的考验。随着工控系统中数据的大规模采集和传输，如何确保数据的完整性和隐私是一项迫切的任务。其次，由于工控系统集成的复杂性不断增加，需要多样化设备、传感器和工控系统有效地协同工作，这要求更高的兼容性和标准化。再者，新兴技术的快速发展要求工控系统不断适应新的生产环境，以应对未来的变革。此外，网络攻击、恶意软件、供应链风险、物联网威胁、内部威胁等对生产过程和企业资产构成了严重挑战，要求工控系统在保障数据完整性和隐私的前提下实现数据流的高效传输，同时需要有效的安全策略、访问控制、身份认证、威胁检测和数据保护等措施来保障智能制造的可信度和持续性。

本书以智能制造为背景，以培养工控系统信息安全人才为目标，详细介绍工控系统信息安全。本书贯彻安全优先方略，强化安全意识，实现从被动防御到主动防御的转变；改变安全防护对象，实现由单一系统向整体系统的变化；改变安全防护手段，实现由传统防护向智能化防护的进步。

本书共 3 个部分，第 1 部分为工控系统及其信息安全概述，包括第 1 章到第 3 章；第 2 部分为工控系统信息安全保障实践，包括第 4 章到第 7 章；第 3 部分为工控系统信息安全未来展望，包括第 8 章与第 9 章。

第 1 章主要介绍工控系统的历史演进、智能制造的核心概念和技术基础，以及工控系统在智能制造中的角色及其面临的挑战。

第 2 章探讨了工控系统（ICS）信息安全的紧迫性和重要性，审视了数字化转型对工控系统的影响，分析了工控系统信息安全成为当务之急的原因，研究了工控系统信息安全的关键威胁，包括网络攻击、恶意软件、供应链风险、物联网威胁、内部威胁和数据泄露。

第 3 章研究了工控系统的智能化安全架构设计，旨在确保工控系统在智能制造环境中保持安全性和可靠性。

第 4 章介绍了工控网络的架构与通信协议、工控网络的安全策略、工控网络的安全实践案例。

第 5 章主要介绍工控系统的身份认证与访问控制，包括身份认证技术与访问控制模型、工控系统访问控制策略及其实施、身份认证与访问控制的智能化应用、

工控系统的漏洞管理与应急响应是确保工控系统稳定运行和安全性的关键组成部分，第

6 章主要介绍工控系统漏洞扫描与评估、漏洞管理流程与最佳实践、应急响应与安全事件处理策略。

第 7 章主要介绍工控系统的数据安全与隐私保护，包括工业数据采集与处理、数据加密与隐私保护技术、数据安全与隐私保护的智能应用。

在智能制造背景下，工控系统的创新保障显得尤为重要。第 8 章围绕智能制造背景下的工控系统创新保障这一主题，深入探讨了新兴技术在工控系统中的应用、工控系统信息安全创新案例，以及工控系统信息安全的前沿技术与趋势。

随着科技的飞速发展，工控系统正逐步迈向智能化时代，展现出前所未有的变革与活力。第 9 章主要围绕工控系统智能化的发展趋势，从应用、优势到未来发展方向等方面进行了探讨。

本书既可作为高等院校自动化、计算机等专业的信息安全理论拓展教材，也可作为工控系统安全教育和实践的参考资料。

在编写本书的过程中，作者借鉴和参考了国内外专家、学者、技术人员的相关研究成果和文献，在此向这些成果和文献的作者表示衷心的感谢。我们尽可能按学术规范予以说明，但难免会有疏漏之处，如有疏漏，请及时通过出版社与作者联系。

由于本书涉及的知识面广、编写时间仓促，加之作者的水平和经验有限，疏漏之处在所难免，恳请广大读者和专家批评指正。

作　者

2024 年 10 月

目　录

第1部分　工控系统及其信息安全概述

第 1 部分 工控系统及其信息安全概述

本部分将带领读者深入了解工控系统在智能制造时代的重要性及其相关的概念、演进和挑战。在现代工业中，工控系统作为生产和运营的关键支撑，正经历着前所未有的变革。

第 1 章将勾勒工控系统从最早的机械控制到数字控制的发展轨迹，深入分析各个阶段的技术突破和变革。随后，我们将探讨智能制造的核心理念和技术基础，揭示数字化、自动化、智能化等趋势如何塑造着未来的工控系统。

工控系统数字化转型带来了前所未有的机遇，同时也引发了严峻的安全挑战。第 2 章将重点讨论数字化转型与工控系统信息安全之间的紧密关系，分析数字化转型对工控系统信息安全提出的新要求，探讨工控系统信息安全的关键威胁，以及信息安全在智能制造背景下的战略地位。

在智能制造时代，工控系统的智能化安全架构设计显得尤为重要。第 3 章将深入探讨工控系统的智能化安全架构设计原则，以及如何进行智能化安全架构评估与持续优化，为读者构建一个强大的安全基础。

通过本部分的内容，读者将获得对工控系统与智能制造的全面认识，从历史演进到未来趋势，从工控系统信息安全到智能化安全架构设计，逐步了解这个充满活力和挑战的领域。不论工程技术人员、科研人员，还是决策人员，都可从本部分收获有价值的见解和知识。

第1章 工控系统的历史演进与智能制造的趋势

作为现代工业的核心，工控系统经历了漫长的演进历程，从最早的机械控制到如今的数字控制，取得了令人瞩目的技术进步。本章将带领读者穿越时间，探寻工控系统的演进历程，同时揭示智能制造的前沿趋势，为读者构建一个全面认识工控系统演进和未来发展的框架。

首先，本章将回顾工控系统的演进历程，从最早的机械控制到电气控制，再到现代的数字控制，逐步揭示工控系统在技术和理念上的重大转变。本章将深入探讨每个时代的关键技术创新，如数控技术、PLC 控制、SCADA 系统等，以及这些技术对工业生产与制造模式产生的影响。

然后，本章将探讨智能制造的核心理念和支撑技术。智能制造强调数字化、网络化、智能化的生产模式，通过物联网、人工智能、大数据等新兴技术实现生产的高效、灵活和智能化。本章将详细介绍这些关键技术在智能制造中的应用，以及这些关键技术是如何催生出全新的工业控制模式的。

最后，本章将探讨工控系统在智能制造中的重要性及其面临的挑战。工控系统作为实现智能制造的关键支撑，承担着生产过程的调度、控制和监测等任务。然而，智能制造的复杂性也带来了更高的技术难题和安全风险。本章将分析工控系统在智能制造时代的角色定位，以及如何应对智能制造环境下的技术挑战和风险。

通过本章的深入分析，读者将更好地理解工控系统的历史变迁，认识到智能制造的核心概念和技术基础，以及工控系统在智能制造中的关键地位。这将为读者在后续章节中深入探讨工控系统信息安全与保障提供坚实的基础。无论工程技术人员、科研人员还是决策者，本章都将为您带来宝贵的知识和独特的视角。

1.1 工控系统的历史演进

引言

作为现代工业的关键支撑，工控系统经历了漫长的发展历程，见证了技术创新和产业变革的风云变幻。从最早的机械控制到如今的数字控制，工控系统的演进不仅令人惊叹，更彰显了人类智慧的不断进步。本节将带领读者走进工控系统的历史长河，深入了解每个时代的技术特点、社会背景及发展动因。

1.1.1　机械控制时代的萌芽

工控系统的历史演进可以追溯到工业革命时期。当时的机械控制构成了自动控制领域的萌芽。在 18 世纪末至 19 世纪初的英国，纺织业迎来了自动控制技术的初步应用。最早的自动织布机和自动纺纱机等机械设备，标志着工业生产与制造中开始出现了一些自动化元素。

然而，这个时期的机械控制仍然面临许多限制。首先，机械控制往往需要设计专门的装置来完成特定的任务，因此在适应性和灵活性方面存在局限。其次，机械控制的逻辑往往是硬连线的，难以进行调整和修改。这导致了系统的可编程性较低，很难适应生产需求的变化。另外，机械控制的可靠性也受机械磨损和故障的影响，需要频繁地进行维护和修理。

尽管如此，机械控制的出现仍标志着工业自动化的初步探索。这个时期的工程师和发明家们的努力，为后来更复杂、更智能的控制系统奠定了基础。随着电气技术和计算机技术的逐步发展，工控系统的历史演进也在不断加速，为现代智能制造的到来铺平了道路。

1.1.1.1　早期的机械控制技术

1. 早期的机械控制工具

早期的机械控制工具通常指的是在工业生产与制造过程中，最早出现的用于控制和调节机械设备运行状态的简单工具和设备。

这些机械控制工具通常由机械部件、杠杆、齿轮等组成，通过手动操作或简单的机械传动方式来实现对机械设备的控制。例如，早期的蒸汽机通过调节蒸汽阀的开度来控制蒸汽的流量，进而调节蒸汽机的运行速度。早期蒸汽机的草图如图 1-1 所示。

图 1-1　早期蒸汽机的草图

随着工业技术的发展，早期的机械控制工具逐渐被自动化、智能化的控制工具取代。然而，在工控系统的历史演进中，这些早期的机械控制工具仍然具有重要的地位，它们为现代工控系统的产生和发展奠定了基础。

2. 机械驱动力系统和传动系统

机械驱动力系统是指通过机械方式产生运动或力的系统，它是工控系统中驱动机械设备运行的主要动力来源。例如，蒸汽机是通过蒸汽的膨胀和压缩来驱动活塞运动的，进而驱动机械设备。

传动系统是指将机械驱动力传递到机械设备上的装置，通常由一系列齿轮、链条、皮带等部件组成，通过这些部件之间的相互啮合或传动，可将机械驱动力传递到机械设备上，使机械设备按照预定的方式运行。

在工控系统中，机械驱动力系统和传动系统是相互关联的，它们共同构成了工控系统的核心部分。通过调节机械驱动力的大小和方向，以及改变传动系统的传动比和传动方式，可以精确地控制机械设备运行状态。

例如，离心式调速器是由英国机械师詹姆斯•瓦特（James Watt）于1788年发明的，这种调速器也称为飞球调速器，它将蒸汽机的阀门与调速器连接起来，构成了一个能够自动调节蒸汽机转速的闭环控制系统。詹姆斯•瓦特的这项发明对第一次工业革命及后续控制理论的发展产生了重大影响，标志着近代自动调节装置应用的开始。

3. 基于机械设备的自动控制技术

基于机械设备的自动控制技术可利用机械设备构建出能够自动完成特定任务的机械系统。这些机械系统可以根据预设的程序或指令，通过机械运动来实现自动控制。

例如，早期的自动化生产线采用了基于机械设备的自动控制技术，通过传动、定位和检测等一系列的机械设备，实现了对生产过程的自动控制。这些机械设备可以根据预设的程序，自动完成工件的输送、定位、加工和检测等任务，提高生产效率和产品质量。

基于机械设备的自动控制技术在工控系统的历史演进中扮演了重要角色。随着电子技术和计算机技术的发展，现代工控系统已经实现了高度自动化和智能化，但基于机械设备的自动控制技术仍然是工控系统中的重要组成部分，尤其在某些特殊应用场合中仍然具有不可替代的地位。

4. 早期机械控制技术的应用领域和局限性

早期机械控制技术的应用领域主要包括以下几个方面：

- 机械制造领域：在机械制造过程中，早期机械控制技术主要用于自动化生产线的控制，如自动化机床等。
- 化工领域：在化工生产过程中，早期机械控制技术主要用于温度、压力、流量等参数的自动控制，确保生产过程的稳定性和安全性。
- 电力领域：在电力系统中，早期机械控制技术主要用于发电、输电、配电等环节的自动控制，提高电力系统的稳定性和效率。

然而，早期机械控制技术也存在一些局限性：

- 控制精度和稳定性不高：由于早期机械控制技术采用机械传动和机械测量方式，其控制精度和稳定性受到机械磨损、温度变化等因素的影响，难以实现高精度的控制。
- 适应性差：早期机械控制技术通常是针对特定生产过程或生产设备设计的，其适应性较差，难以适应不同生产环境和生产过程的变化。
- 智能化程度低：早期机械控制技术主要依靠手动操作或简单的程序控制，智能化程度较低，难以实现复杂生产过程的控制和优化。

随着技术的发展，现代工控系统已经克服了早期机械控制技术的局限性，实现了更高精度、更稳定、更智能的控制。

1.1.1.2 工业革命时期的机械控制技术

1. 发明创新与机械控制的发展

机械控制技术是工控系统中的重要组成部分，它的发展历程与发明创新密切相关。在工控系统的历史演进中，许多重要的发明创新都推动了机械控制技术的发展。例如，蒸汽机的发明为工控系统的诞生奠定了基础，电力的应用和电机的发明则为机械控制技术的电气化、智能化发展提供了动力。

发明创新在机械控制技术的发展中起到了关键作用。一方面，发明创新为机械控制技术提供了新的解决方案和手段，推动了机械控制技术的进步。另一方面，发明创新也促进了机械控制技术的普及和应用，使更多的工业领域受益于机械控制技术的发展。

同时，机械控制技术的发展也为发明创新提供了广阔的应用空间。随着机械控制技术的不断进步，越来越多的复杂系统和设备得以实现自动化和智能化控制，这为发明创新提供了更多的可能性。

2. 自动化生产设备的出现

自动化生产设备是指随着工业的发展，逐渐出现的能够自动完成特定生产任务的机械设备。自动化生产设备利用机械、电子和计算机技术，实现了对生产过程的自动控制，它们可以根据预设的程序或指令，自动完成加工、组装和检测等任务，大大提高生产效率和产品质量。早期自动化生产设备的三维模型如图 1-2 所示。

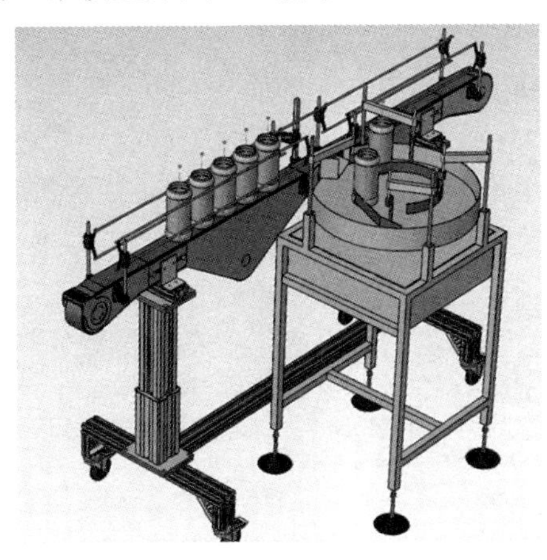

图 1-2　早期自动化生产设备的三维模型

自动化生产设备的出现是工控系统发展中的重要里程碑，它改变了传统的手工生产方式，实现了生产过程的自动化和规模化，为现代工业的发展奠定了基础。同时，自动化生产设备的出现也带来了新的安全和隐私问题，如黑客攻击、恶意软件等对自动化生产设备的威胁，这也促进了工业信息安全技术的发展。

3. 机械控制技术的标准化和改进

机械控制技术的标准化是指将各种机械设备按照统一的标准进行设计和制造，以确保它们之间的互换性和兼容性。标准化使得机械控制系统的设计和制造更加规范和高效，同时也方便了设备的维护和升级。例如，螺纹的一致性对于制造可互换的部件和进行有效的机械控制至关重要。随着蒸汽机和纺织机械的发展，统一的螺纹标准使不同厂家生产的零部件能够匹配并协同工作，这对于提高生产效率和降低生产成本至关重要。英国是在工业革命中起领导作用的国家之一，其制定的螺纹标准为后来的国际螺纹标准［如国际标准化组织（ISO）的螺纹标准］奠定了基础。

机械控制技术的改进是指在标准化的基础上，不断对现有的技术进行改进和创新，以提高机械控制系统的性能和效率。机械控制技术的改进涉及机械结构、传动系统、控制系统等多个方面。通过优化设计、采用新材料、引入新技术等方式，可提高机械控制系统的精度、稳定性和可靠性。

机械控制技术的标准化和改进是相互促进的。标准化为改进提供了基础和规范，使得改进更加有效和更具针对性；改进则推动了标准的不断完善和更新，使得机械控制技术不断适应工业发展的需求。

机械控制技术的标准化和改进，不仅推动了机械控制技术的发展，也为工业生产与制造提供了更加高效、稳定和可靠的技术支持。

4. 工业革命对生产效率和规模的影响

工业革命是工业发展史上的一个重要阶段，它标志着从手工业到机器大生产的转变。在这个过程中，一系列的发明创新，如蒸汽机、电机、内燃机等，使机器能够替代人工完成复杂的生产任务，大大提高生产效率。

首先，工业革命对生产效率的影响是显著的。机器的引入使得生产过程更加自动化和高效，减少了人工操作的时间、降低了生产成本、提高了生产效率和产品质量，为大规模生产提供了可能。

其次，工业革命对生产规模的影响也十分显著。随着机器的普及和生产效率的提高，工业生产与制造的规模逐渐扩大。工厂成了主要的生产单位，通过大规模的集中生产，实现了规模化效应，进一步提高了生产效率。

然而，工业革命对生产效率和规模的影响并非只有积极的一面。随着生产的规模化，工业污染和资源消耗问题也逐渐凸显。同时，由于机器的普及，工人的劳动强度增加、工作环境恶化等问题也随之产生。这要求我们在享受工业革命带来的高效生产的同时，也要关注其对社会、环境的影响，寻求可持续发展的道路。

1.1.1.3 机械控制时代的关键发展里程碑

1. 原始机械控制技术的出现

原始机械控制技术是指在工业生产与制造过程中最早出现的简单机械控制技术。这些原始机械控制技术通常由简单的机械部件和机构组成，通过手动操作或简单机械传动的方式来对机械设备进行控制。例如，早期的水轮机通过调节水轮机叶片角度来控制水轮机的转速，从而调节发电机的发电功率。

原始机械控制技术的出现是工控系统发展的起点，这些简单的控制技术为工业生产与制造提供了基本的自动控制和调节手段，提高了生产效率。同时，原始机械控制技术的出现也为后续更复杂的控制技术的发展奠定了基础。

然而，原始机械控制技术也存在一些局限性。例如，其控制精度和稳定性较低，受环境因素影响较大，且操作过程较为烦琐。随着技术的发展，人们逐渐发明了更先进的控制技术，如电气控制技术、计算机控制技术等，这些技术逐渐取代了原始机械控制技术，成为现代工控系统的主要组成部分。

2. 关键发明创新对机械控制的贡献

关键发明创新是推动机械控制技术发展的重要动力。这些发明创新涉及新的机械设备、控制策略等，为机械控制系统的设计、制造和运行提供了新思路和新方法，提高了机械控制系统的性能、效率和可靠性。例如，瓦特改良的蒸汽机为工控系统提供了强大的动力，使机械设备能够实现大规模的自动化生产；电力的应用和电机的发明为机械控制技术的电气化、智能化发展提供了可能，推动了电气控制系统的出现和发展。

关键发明创新不仅推动了机械控制技术的进步，也为工业生产与制造提供了更加高效、稳定和可靠的技术支持，在工控系统的历史演进中具有重要地位。关键发明创新是推动工控系统不断发展的重要驱动力，也为工业生产与制造和社会进步做出了重要贡献。同时，关键发明创新也促进了工业信息安全技术的发展，为工控系统信息安全提供了更加有效的手段。

3. 机械控制技术的演进

机械控制技术的演进是随着工业生产与制造的发展和技术的进步而不断进行的。从最初的简单机械控制到电气控制，再到现代的数字控制，机械控制技术经历了从简单到复杂，从低级到高级的发展过程。

在这个过程中，机械控制技术不断进行改进和创新，人们不断优化机械结构、传动系统和控制系统，提高机械控制系统的性能和效率。

机械控制技术的演进在工控系统的历史演进中具有重要意义，它不仅推动了工控系统的发展和进步，也为后续更复杂的控制技术的发展奠定了基础。

1.1.1.4　机械控制系统的局限性

机械控制系统在工业生产与制造中发挥着重要作用，但随着技术的发展和业界需求的提高，在以下几个方面也暴露出了一些局限性。

（1）控制精度和稳定性：机械控制系统的控制精度和稳定性往往受到机械部件、传动系统和控制系统等因素的影响，随着工业生产与制造对精度和稳定性的要求不断提高，机械控制系统的局限性将更加明显。

（2）响应速度：机械控制系统的响应速度相对较慢，无法适应需要快速响应的应用场景，如高速运动控制、实时数据采集等。

（3）复杂性和可维护性：机械控制系统的复杂性较高，涉及多个部件和机构，使得其设计和维护难度较大；同时，机械控制系统在长期运行过程中容易出现磨损、老化等问题，需要定期进行维护和保养。

（4）成本和能耗：机械控制系统通常需要投入较大的设计成本和制造成本，在运行过程中也需要消耗一定的能源。

为了克服上述局限性，人们不断进行技术改进和创新，如引入新的传感器技术、计算机技术和人工智能技术等，提高机械控制系统的精度、稳定性和响应速度，优化机械结构、传动系统和控制系统，降低复杂性和维护成本，采用节能技术和环保材料来降低能耗和减少环境污染。

机械控制系统的局限性提醒我们在应用和发展机械控制系统时，需要关注其局限性并采取相应的措施，以更好地满足工业生产与制造的需求。

1.1.1.5　机械控制技术在不同领域中的应用

机械控制技术在许多领域中都有广泛的应用，如制造业、电力、化工、交通、航空航天等。以下是一些机械控制技术在不同领域中的应用。

（1）制造业：机械控制技术在制造业中发挥着重要作用。例如，在汽车制造过程中，机械控制技术用于自动化生产线，实现零部件的精确加工和装配；此外，机械控制技术还可用于机器人手臂（见图 1-3）、自动化设备等，提高生产效率和产品质量。

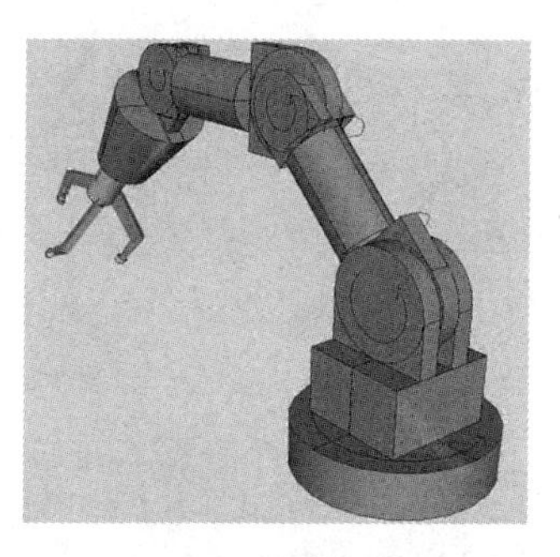

图 1-3 机器人手臂

（2）电力：在电力领域，机械控制技术可用于发电、输电和配电等过程。例如，在风力发电系统中，机械控制技术可控制风机的运行状态，确保风机的稳定运行和发电效率。此外，机械控制技术还可用于电力变压器的冷却系统，实现变压器的温度控制。

（3）化工：在化工领域，机械控制技术可用于生产过程的自动化和优化。例如，在石油化工生产中，机械控制技术可用于控制反应器的温度、压力和流量等参数，确保化学反应的顺利进行。此外，机械控制技术还用于化工设备的故障诊断和预测维护。

（4）交通：在交通领域，机械控制技术可用于实现交通信号灯的自动控制、道路的自动化养护和高速公路上车辆的自动驾驶等。例如，在高速公路上，机械控制技术用于实现车辆的自动引导和行驶，提高交通效率和安全性。

（5）航空航天：在航空航天领域，机械控制技术可用于飞行器的姿态控制、导航和制导等。例如，在飞机上，机械控制技术可用于控制飞机的飞行姿态、速度和高度等参数，确保飞机的稳定飞行和安全着陆。

上述应用表明，机械控制技术在不同领域中都发挥着重要作用，为提高生产效率、产品质量和安全性提供了重要支持。

1.1.2 电气控制时代的崛起

随着电力技术的快速发展，工控系统进入了电气控制时代。20 世纪初，电力的广泛应用为工业生产与制造带来了新的可能性，电气控制成为工业生产与制造自动化的主要手段。电气控制时代的技术创新不仅改变了工业的面貌，也对整个社会产生了深远的影响。

在电气控制时代，工控系统引入了电气元件。继电器（见图 1-4）是电气控制时代最重要的技术创新之一。作为一种能够控制电力开关的设备，继电器极大地提高了电气控制的精度和可靠性，通过对继电器进行逻辑组合，工程师们可以构建各种复杂的控制逻辑，实现更为复杂的自动化生产流程。

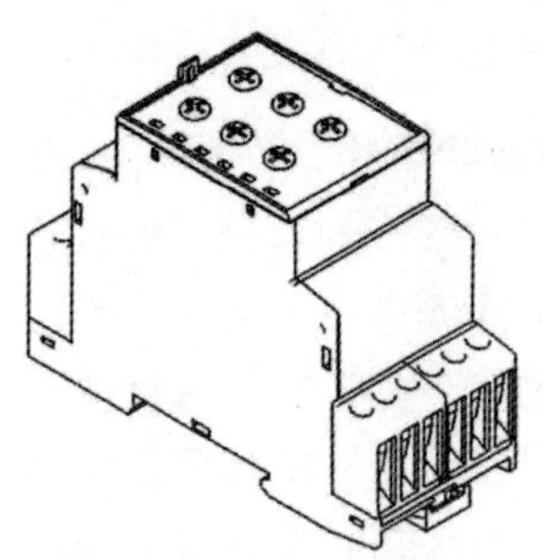

图 1-4 继电器

电气控制时代的一个重要里程碑是流水线生产的出现。在 20 世纪 20 年代，汽车制造业开始引入流水线生产，通过电气控制系统实现零件的自动传送和装配。福特 T 型汽车的生产线（见图 1-5）就是一个典型的例子。电气控制系统可以更加精确地控制和调度生产过程，大幅度减少人力和资源的浪费，极大地提高工业生产与制造的效率。

图 1-5　福特 T 型汽车的生产线

电气控制系统使自动控制的应用范围得到了扩展。例如，电气控制系统在能源领域的应用开始变得普遍，发电厂的锅炉控制、发电机组调度等都得益于电气控制系统的引入。此外，水处理、化工、石油等领域也开始广泛采用电气控制系统，实现了生产过程的自动化和精细化。

尽管电气控制技术在自动控制领域中取得了显著进展，但这一时期的工控系统仍然存在一些限制。首先，工控系统的可编程性受到了限制，控制逻辑的调整和修改需要对硬连线进行物理更改，不够灵活；其次，工控系统的可靠性和稳定性在一定程度上受到了电气元件老化和故障的影响，需要频繁维护和检修。

电气控制系统标志着自动控制技术向更高层次发展，电气元件的引入使得控制逻辑得以数字化，生产流程实现了更大程度的自动化和精确控制，为后来数字控制技术的崛起创造了条件。

1.1.2.1　电气控制技术的发展背景

1. 电力技术的崛起

电力技术的崛起主要指电力技术在工业控制领域中的重要性和影响力的提升。电力技术的崛起是工控系统在电气控制时代的重要标志之一。在电气控制时代，电力技术成为了工控系统中的核心组成部分，为工业生产与制造提供了强大的动力和支持。电力技术的崛起主要表现在以下方面：

（1）电力技术的广泛应用。随着电力技术的不断发展，其在工控系统中的应用越来越广泛。电力技术不仅为工业生产与制造提供了稳定的电力供应，还为控制系统提供了各种电力设备、传感器和执行器等，实现了对机械设备的精确控制和监测。

（2）电力技术的绿色发展。随着人们环保意识的不断提高，电力技术也更加注重绿色发展。在电力技术中采用环保材料、节能技术等措施，不仅可以降低能耗和环境污染，实现可持续发展，还可以实现能源的优化利用和回收再利用，提高能源利用效率。

电力技术的崛起不仅为工业生产与制造提供了强大的动力和支持，还推动了工控系统的智能化、自动化和网络化发展。同时，电力技术的绿色发展也为实现可持续发展提供了重要保障。

2. 自动化技术的兴起

随着电力技术的发展和应用，自动化技术逐渐兴起并应用于工控系统中。通过在自动化技术中引入各种传感器、执行器、控制器等设备和系统，可实现对工业生产与制造过程的自动控制和监测。自动化技术的兴起主要表现在以下几个方面：

（1）自动化技术的广泛应用。随着自动化技术的不断发展，其在工控系统中的应用越来越广泛。自动化技术可以应用于各种工业生产与制造过程中，实现生产流程的自动化、生产设备的自动控制和产品质量的自动监测等功能。

（2）自动化技术的智能化发展。随着人工智能等新兴技术的不断发展，自动化技术也在不断智能化。通过引入这些新兴技术，自动化技术可以实现更加精准、灵活和高效的控制，提高生产效率和产品质量。同时，自动化技术还可以实现自适应控制、智能优化等功能，进一步提高生产过程的自动化水平。

（3）自动化技术的网络化发展。随着计算机技术的不断发展，自动化技术也在不断网络化，可以实现远程监测、数据共享和协同工作等功能，提高生产效率和灵活性。

自动化技术的兴起不仅推动了工控系统的智能化、自动化和网络化发展，还为工业生产与制造带来了更多的便利和创新，在工控系统中的应用将更加广泛和深入。

3. 工业化和大规模生产的需求

在电气控制时代，工业化和大规模生产成为推动工控系统发展的重要驱动力。工业化和大规模生产是现代工业发展的重要特征。随着工业化的推进和生产规模的扩大，工业生产与制造需要更加高效、稳定和可靠的控制系统。工业化和大规模生产的需求主要表现在以下几个方面：

（1）高效的生产流程。工业化和大规模生产需要更加高效的生产流程来提高生产效率和降低成本。工控系统通过应用自动化、智能化等技术，可以实现生产流程的优化和自动控制，提高生产效率和产品质量。

（2）稳定的运行状态。工业化和大规模生产需要控制系统具有更高的稳定性和可靠性。通过在工控系统中引入各种传感器、执行器、控制器等设备和系统，可实现对机械设备的精确控制和监测，确保生产过程的稳定运行。

（3）可靠的故障诊断和预防。在工业化和大规模生产过程中，一旦出现故障，可能会对生产造成严重影响。通过在工控系统中引入故障诊断和预防技术，可以实现对故障的及时发现和处理，避免故障对生产造成影响。

工业化和大规模生产的需求是工控系统发展的重要驱动力之一，它不仅推动了工控系统的自动化、智能化和网络化发展，还为工业生产与制造带来了更多的便利和创新。随着工业化的不断推进和生产规模的扩大，工控系统将更加高效、稳定和可靠，为现代工业的发展提供有力支持。

4. 对控制技术的需求

随着工业化的不断推进和生产规模的扩大，工业生产与制造变得越来越复杂和多样化，对控制技术的要求也越来越高。对控制技术的需求主要表现在以下几个方面：

（1）高精度控制。在工业化和大规模生产中，对机械设备控制精度的要求越来越高。控制技术需要实现高精度的控制，确保生产过程的稳定性和产品质量的一致性。

（2）快速响应和调整。在工业生产与制造过程中，常常需要快速响应市场需求的变化和生产过程的调整。控制技术需要实现快速响应和调整，提高生产效率和灵活性。

（3）安全性与可靠性。在工业生产与制造过程中，安全性与可靠性是非常重要的。控制技术需要确保生产过程的安全性和可靠性，避免故障和事故的发生。

对控制技术的需求是推动工控系统发展的重要驱动力，不仅推动了工控系统的自动化、智能化和网络化发展，还为工业生产与制造带来了更多的便利和创新。随着科学技术的不断发展，控制技术将更加高效、稳定和可靠，为现代工业的发展提供有力支持。

1.1.2.2　电气控制技术对工业生产与制造的影响

（1）生产效率的提高。电气控制技术的应用，使得工业生产与制造过程中的各种设备能够实现自动化和智能化，从而提高生产效率。通过精确的控制和监测，可以减少人工干预和操作，避免人为因素对生产造成的影响，提高生产过程的稳定性和生产效率。

（2）自动化程度的增加。电气控制技术为工业生产与制造中的各种自动化设备和系统提供了支撑，使生产过程可以实现自动控制和监测。

（3）生产线的优化与灵活性的提升。通过引入可编程逻辑控制器（PLC）等设备和技术，可以对生产线进行灵活的调整和优化，满足市场需求的变化。

（4）数据收集和分析能力的提升。通过引入传感器、执行器等设备和系统，可以对生产过程中的各种数据进行实时监测和收集，为生产决策提供更加准确的数据。

（5）能源利用效率的提升。通过精确的控制和监测，可以减少能源的浪费和损失，提升能源利用效率。

1.1.3　数字控制时代的到来

20世纪50年代，数字控制技术的兴起为工控系统带来了一场革命，开启了数字控制时代的大门。这一时期的技术突破不仅使工业生产与制造的自动化程度迈上新的台阶，也为后来的计算机控制和智能化控制奠定了坚实基础。

数字控制技术的核心是计算机技术。计算机技术增强了工控系统的灵活性和智能性。最早的数字控制技术主要应用于机床领域，通过以程序的方式将控制逻辑存储在计算机中，实现了工件加工过程的自动控制，这不仅提高了加工的精度和效率，也减少了人工的误操作。

在数字控制时代，可编程逻辑控制器（PLC）的出现标志着工业控制技术的一次重大飞跃。PLC是专门针对工业控制设计的，具有良好的抗干扰性和稳定性。PLC的引入使得工业控制不再受限于机械和电气元件的连接，而是可以通过编程来实现更为复杂的控制逻辑。PLC的出现也为工控系统的模块化设计和扩展性提供了可能。

数字控制技术的广泛应用，使得自动控制不仅在制造业得到推广，还在其他领域得到了广泛应用。例如，在能源领域，数字控制技术使电力系统的监测、调度和保护变得更加精确和高效；在化工、冶金等领域，数字控制技术可实现复杂的过程控制，提高生产的稳定性。

数字控制技术的不断发展，也催生了更多的创新。随着计算机硬件的发展，工控系统的计算能力得到了大幅提升，使更复杂的控制逻辑得以实现。此外，通信技术的进步使分布式控制系统得以实现，不同的工控系统可以通过网络进行协同工作。

数字控制时代的到来，为工控系统注入了新的活力和可能性。计算机技术和数字控制技术的融合，使工控系统具有更高的精度、更大的灵活性和更强的智能化。然而，数字控制技术的应用也面临着一些挑战，如安全性、可靠性等方面的问题。

1.1.3.1 数字控制技术的兴起

1. 技术基础与发展历程

数字控制技术是随着计算机技术和数字信号处理技术的发展而兴起的，它以计算机技术为核心，通过数字信号处理技术对工业生产与制造过程进行控制和监测。相对于传统的模拟控制技术，数字控制技术具有更高的精度、稳定性和可靠性。

数字控制技术的发展历程可以分为以下几个阶段：

（1）初期阶段。在 20 世纪 60 年代，计算机开始应用于工业控制领域，实现了对工业生产与制造过程的初步数字化控制。

（2）发展阶段。随着计算机技术的不断发展和数字信号处理技术的引入，数字控制技术逐渐成熟，并广泛应用于各个工业领域。

（3）智能化阶段。随着人工智能等新兴技术的不断发展，数字控制技术逐渐实现智能化控制，提高了生产效率和产品质量。

2. 重要创新与关键技术

数字控制技术的重要创新与关键技术主要体现在以下几个方面：

（1）计算机技术。计算机技术是数字控制技术的核心，它通过高速、高精度的计算实现了对工业生产与制造过程的控制和监测。

（2）数字信号处理技术。数字信号处理技术是实现数字控制的关键技术之一，它通过对模拟信号进行采样、量化、编码等处理，将其转换为数字信号，实现了对工业生产与制造的精确控制和监测。

（3）软件技术。软件技术是实现数字控制技术的关键之一，它通过编写各种控制程序和算法，实现了对工业生产与制造的自动化和智能化控制。

（4）网络技术。网络技术是实现数字控制技术的关键之一，它通过互联网和物联网等实现了远程监测、数据共享和协同工作等功能，提高了生产效率和灵活性。

数字控制技术的兴起是工控系统发展的里程碑，它不仅推动了工控系统的自动化、智能化和网络化发展，还为工业生产与制造带来了更多的便利和创新。随着科学技术的不断发展，数字控制技术将发挥更加重要的作用。

1.1.3.2 关键技术的突破

（1）控制系统的数字化革新。控制系统的数字化革新是数字控制时代的关键技术突破之一。传统的模拟控制系统逐渐被数字控制系统所取代，数字控制系统具有更高的精度、稳定性和可靠性。数字控制系统的核心是数字信号处理器（DSP，见图 1-6）或微处理器，能够实时处理控制算法，并通过数字接口与传感器、执行器进行通信。数字控制系统的引入使得控制系统的设计、调试和维护更加便捷、高效。

（2）数据处理与传输技术。数据处理与传输技术也是数字控制时代的关键技术突破之一。随着工业生产与制造过程的复杂化，产生的数据量也在不断增加。有效地处理和传输这些数据对于实现精确的控制和监测至关重要。数据处理技术包括数据压缩、数据过滤、数据融合等，能够提取有用的信息并降低数据处理的复杂性。数据传输技术包括有线通信技术和无线通信技术，能够实现控制系统内部，以及控制系统之间的数据传输和共享。

图 1-6　DSP

（3）人机界面的进步。人机界面的进步也是数字控制时代的关键技术突破之一。传统的人机界面通常采用按钮、开关和指示灯等简单的交互方式。现代的人机界面则采用触摸屏、图形化界面和虚拟现实等先进的交互方式，这些交互方式不仅提供了更加直观和友好的操作方式，还能够实时显示工业生产与制造过程中的各种数据和状态，方便操作人员进行监测和操作。同时，现代的人机界面还支持远程监测和操作，使得操作人员可以随时随地了解和控制工业生产和制造过程。

关键技术的突破推动了工控系统的数字化、智能化和网络化发展，为工业生产与制造带来了更多的便利和创新。随着科学技术的不断发展，这些关键技术将发挥更加重要的作用。

1.1.3.3　数字化生产系统的应用

（1）数字化生产线的建设。数字化生产线的建设是数字化生产系统的重要应用之一。通过引入先进的数字控制技术和自动化设备，数字化生产线实现了工业生产与制造过程的全面数字化和自动化，对生产线上的各种设备进行精确的控制和监测；同时，还可以通过数据收集和分析技术，实时获取工业生产与制造过程中的各种数据，为生产决策提供更加准确的数据支持。

（2）智能化制造流程的应用。智能化制造流程的应用是数字化生产系统的重要应用之一。通过引入人工智能等技术，智能化制造流程可实现对工业生产与制造过程的智能化控制和优化，能够根据生产需求和市场变化自动调整制造流程的参数和配置，提高生产效率和产品质量；还可以通过数据分析和预测技术，对工业生产与制造过程中可能出现的问题进行预警和预防，减少生产故障和停机时间。

（3）数据管理与生产优化系统。数据管理与生产优化系统是数字化生产系统的重要应用之一。通过引入大数据、云计算等技术，数据管理与生产优化系统可以对工业生产与制造过程中产生的大量数据进行有效的管理和分析。数据管理系统能够实时收集、存储和处理工业生产与制造过程中的各种数据，为生产决策提供更加全面和准确的数据支持。生产优化系统可以对数据进行分析和挖掘，发现工业生产与制造过程中存在的问题和瓶颈，提出优化建议和改进措施，提高生产效率和资源利用率。

数字化生产系统的应用推动了工控系统的数字化、智能化和网络化发展，为工业生产与制造带来了更多的便利和创新。随着科学技术的不断发展，数字化生产系统将发挥更加重要的作用。

1.1.3.4　数据驱动的生产优化

（1）数据收集与分析。数据收集与分析是实现数据驱动的生产优化的基础。在数字控制时代，工业生产与制造过程中产生了大量的数据，包括设备运行数据、生产过程数据、产品质量数据等。通过数据收集系统，可以实时收集这些数据，并对其进行清洗、整理和分析。数据分析技术可以对这些数据进行深入挖掘，提取有用的信息，为生产决策提供更加准确的数据支持。通过对数据的分析，可以发现工业生产与制造过程中的问题和瓶颈，提出优化建议和改进措施。

（2）预测性维护与生产优化。预测性维护与生产优化是实现数据驱动的生产优化的重要手段。通过引入人工智能等新兴技术，可以对工业生产与制造过程中产生的数据进行预测性分析。通过对设备运行数据进行分析，可以预测设备可能出现的故障和问题，提前进行维护和维修，避免生产中断和停机。同时，通过对工业生产与制造过程中的数据进行分析，可以预测工业生产与制造过程中的瓶颈和问题，提前进行生产调整和优化。

（3）实时监测与反馈系统。实时监测与反馈系统是实现数据驱动的生产优化的关键环节。通过引入先进的监测技术和传感器设备，可以对工业生产与制造过程中的各种数据进行实时监测和反馈。实时监测系统可以实时显示工业生产与制造过程中的各种数据和状态，方便操作人员进行监测和操作。反馈系统可以将实时监测系统的结果及时反馈给操作人员和系统管理员，让他们及时了解工业生产与制造过程中的问题和瓶颈，提出优化建议和改进措施。通过实时监测与反馈系统，可以实现工业生产与制造过程的自动化和智能化控制。

数据驱动的生产优化推动了工控系统的数字化、智能化和网络化发展，为工业生产与制造带来了更多的便利和创新。随着技术的不断发展，数据驱动的生产优化将发挥更加重要的作用。

1.1.3.5 数字控制技术带来的生产变革

（1）自动化生产的发展趋势。数字控制技术使工业生产与制造过程实现了更加全面和深入的自动化。传统的工业生产与制造过程往往需要大量的人工操作和干预，而数字控制技术通过精确的控制和监测，可以实现工业生产与制造过程的自动化和智能化。这种自动化生产的发展趋势，不仅可以提高生产效率和质量，还可以减少人为因素对生产造成的影响，提高工业生产与制造过程的稳定性和可靠性。

（2）灵活化制造与定制化生产。通过引入先进的数字化技术和设备，可以对工业生产与制造过程进行精确控制和调整，根据市场需求的变化和个性化需求，快速调整生产计划和流程。这种灵活化制造与定制化生产的模式，可以满足消费者对个性化、多样化产品的需求，提高企业的市场竞争力。

（3）新型产业模式与数字化转型。传统的工业生产与制造过程往往依赖于人工操作和经验积累，而数字控制技术通过引入先进的数字化技术和设备，实现了对工业生产与制造过程的全面数字化管理。这种数字化转型不仅提高了生产效率和产品质量，还为企业带来了更多的商机和创新空间。同时，数字化转型也推动了新型工业化的发展，如互联网+制造业、智能制造等，为工业生产与制造带来了更多的便利和创新。

数字控制技术带来的生产变革推动了工业生产与制造向数字化、智能化和网络化方向发展，为工业生产与制造带来了更多的便利和创新。

1.1.4 现代工控系统的特点

进入 21 世纪，随着科学技术的飞速发展，现代工控系统正面临着数字化、网络化和智能化的全面转型，这被认为是自动控制领域的新篇章，标志着现代工控系统进入了数字化智能时代。现代工控系统不仅在技术上发生了深刻变革，更在产业应用、商业模式和社会影响等方面产生了革命性的变化。

现代工控系统的一个显著特点是数字化与网络化的深度融合。数字化技术使得控制逻辑、数据和信息都可以以数字形式进行处理和传输，从而实现了工业生产与制造过程的高度精确性和灵活性。此外，网络技术的广泛应用可以使工业生产与制造过程的各个环节之间实现实时通信和协同工作。工业互联网的兴起，使不同的生产设备、工厂甚至全球范围内的生产线能够连接在一起，实现资源的共享和优化。

现代工控系统不仅强调数字化和网络化，更加强调智能化。人工智能等新兴技术的应用使得现代工控系统能够在海量数据中进行学习和优化，实现自适应控制和智能决策，从而根据环境变化和生产需求自主调整控制策略。这种智能化还体现在工业机器人和自动化设备上，它们可以模仿人类操作，甚至超越人类的精度和速度。

现代工控系统的运行离不开大数据的支持。通过分析和挖掘工业生产与制造过程中产生的海量数据，可以揭示工业生产与制造过程中的规律和潜在问题。基于数据的决策和优化，使现代工控系统能够更加精准地进行生产调度、质量控制和设备维护。这种数据驱动的运营模式，不仅提高了生产效率，也降低了生产成本和资源的浪费。

现代工控系统在人机交互方面也取得了显著进展。图形化界面、虚拟现实等技术使操作人员能够以更直观的方式监测和控制工业生产与制造过程。这种可视化的交互方式使操作人员能够更及时发现问题并做出反应，从而提高工业生产与制造过程的安全性和效率。

现代工控系统为工业生产与制造带来了全新的模式和可能性。在这个充满挑战和机遇的时代，现代工控系统不仅需要具备卓越的技术能力，更需要与时俱进，不断适应新的技术和市场需求。

结语

工控系统的历史演进，如同一幅跌宕起伏的画卷，记录了人类智慧与技术创新。从机械控制时代的简单自动化到数字控制时代的复杂控制，不断提高工业生产与制造的效率、精度和灵活性。工控系统的发展既是技术进步的见证，也是社会需求的回应。随着智能制造的兴起，我们面临着更多的挑战和机遇，工控系统需要不断适应新技术、新环境，以满足工业生产与制造的需要。

工控系统的历史演进告诉我们，技术的进步永无止境，我们需要不断学习、创新，秉持开放的心态迎接新的机遇和挑战。只有这样，我们才能不断推动工控系统迈向更加智能、高效、安全的未来。

1.2 智能制造的核心理念与技术基础

引言

智能制造作为当今工业领域的关键发展方向，正在引领制造业进入全新的时代。在信息时代，智能制造以其前瞻性的理念和颠覆性的技术，不仅彻底改变了传统制造业的模式，更为工控系统带来了巨大的机遇和挑战。本节将深入探讨智能制造的核心理念和技术基础，从数字化、智能化、灵活化等多个角度阐述智能制造如何塑造着现代工控系统的未来。

1.2.1 数字化转型与智能制造

1.2.1.1 数字化发展的趋势及数字化转型的意义

1. 数字化发展的趋势

随着信息技术的发展，制造业正在经历着数字化转型的重要阶段。数字化转型已经成为制造业发展的必然趋势，它将深刻地改变制造业的生产模式、组织结构和商业模式。数字化转型将实现制造业的自动化、智能化、网络化、柔性化、绿色化等目标，提高生产效率、降低生产成本、提升产品品质和服务质量，推动制造业的可持续发展。

2. 数字化转型的意义

传统制造业是指以机械、电气、材料等为主要生产要素，以大规模生产为特征的制造业。然而，随着市场竞争的加剧和消费者需求的多样化，传统制造业面临着许多挑战，如生产效率低、产品质量不稳定、缺乏个性化定制等。为了应对这些挑战，传统制造业需要进行数字化转型。

1.2.1.2 智能制造的核心理念及其对生产方式的影响

1. 智能制造的核心理念

智能制造是一种基于先进制造技术和信息技术的制造模式，它利用计算机模拟人类的智能活动，如分析、判断、推理、构思和决策，旨在取代或延伸制造环境中人的部分脑力劳动。同时，智能制造还融合了信息化和工业化，将数字技术与制造技术融入设计、生产、管理、服务等制造活动的各个环节。智能制造具有自感知、自学习、自决策、自执行、自适应等功能，能够显著提高制造效率，降低制造成本，提升产品品质和服务质量。智能制造的关键技术如图 1-7 所示。

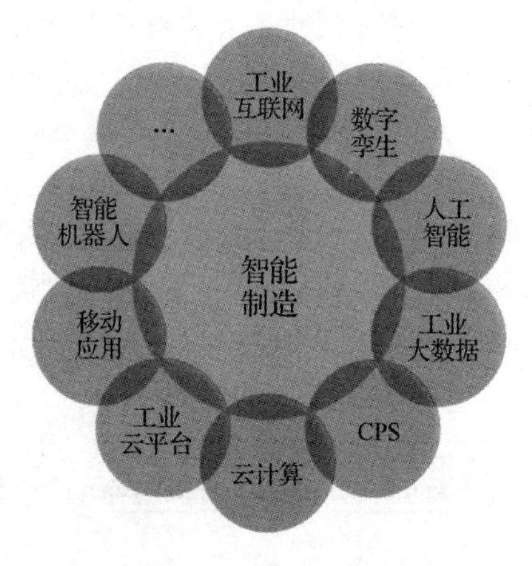

图 1-7 智能制造的关键技术

2. 智能制造对生产方式的影响

智能制造对生产方式产生了深远的影响。首先，智能制造实现了生产过程的自动化和智能化，提高了生产效率和产品质量。其次，智能制造实现了生产过程的个性化和定制化，满足了消费者多样化的需求。再次，智能制造实现了生产过程的柔性和敏捷性，使企业能够快速响应市场需求变化。最后，智能制造实现了生产过程的绿色化和环保化，降低了能源消耗和环境污染。

1.2.1.3 数字化转型与智能制造的关系

1. 数字化转型对智能制造的推动作用

（1）技术基础。数字化转型为智能制造提供了必要的技术基础。通过引入大数据、云计算、物联网等新兴技术，智能制造得以实现生产过程的自动化、智能化和网络化。这些新兴技术使生产过程更加高效、准确和可靠，从而推动了智能制造的发展。

（2）数据驱动。数字化转型通过收集、存储和分析工业生产和制造过程中的各种数据，为智能制造提供了宝贵的数据资源。这些数据可以用于指导生产决策、优化生产流程、预测市场需求等，从而推动智能制造的进一步发展。

（3）创新驱动。数字化转型鼓励企业进行技术创新和模式创新，推动制造业向智能化、绿色化、服务化的方向发展。这种创新驱动为智能制造提供了源源不断的动力，使智能制造能够不断适应市场需求的变化，提高企业的核心竞争力。

2. 智能制造推动数字化转型的需求

（1）高效性需求。通过引入先进的生产技术和管理模式，智能制造可提高生产效率和产品质量。这种高效性需求促使企业进行数字化转型，以进一步提高生产效率和降低成本。同时，智能制造还要求企业具备快速响应市场需求变化的能力，这也需要数字化转型的支持。

（2）个性化需求。智能制造能够实现个性化定制和柔性生产，满足消费者多样化的需求。这种个性化需求促使企业进行数字化转型，以更好地掌握市场需求和消费者行为，实现精准营销和个性化生产。同时，智能制造还要求企业具备快速响应消费者需求变化的能力，这也需要数字化转型的支持。

（3）可持续性需求。智能制造注重绿色生产和环保，推动制造业可持续发展。这种可持续性需求促使企业进行数字化转型，以降低能源消耗和减少环境污染，提高企业的社会责任感和竞争力。同时，智能制造还要求企业具备应对未来市场变化的能力，这也需要数字化转型的支持。

1.2.1.4 智能制造的技术基础与支撑

1. 互联网、物联网与工业互联网

（1）互联网。互联网为智能制造提供了全球范围内的信息交流和共享平台。通过互联网，企业可以与供应商、客户、合作伙伴等实现实时的数据交换和信息共享，提高生产效率和供应链协同。

（2）物联网。物联网通过连接各种设备、传感器和系统，实现了数据的自动采集和传输。在智能制造中，物联网技术可以帮助制造业实现设备的自动控制、生产过程的实时监测和优化，提高生产效率和产品质量。

（3）工业互联网。工业互联网是互联网与工业的深度融合，它通过连接设备、人员和服务，实现了工业生产与制造过程的数字化、智能化和网络化。工业互联网为工业生产与制造提供了更高效、更灵活的生产方式，推动了智能制造的发展。

2. 大数据与智能分析技术

（1）大数据技术。随着工业生产与制造过程中的数据量不断增长，大数据技术可实现数据的存储、处理和分析。在智能制造中，大数据技术可以用来挖掘数据中的价值，指导生产决策、优化生产流程、预测市场需求等，提高企业的核心竞争力。

（2）智能分析技术。通过对数据的深度挖掘和分析，智能分析技术可实现数据的智能化处理和应用。在智能制造中，智能分析技术可以实现工业生产与制造过程的自动控制、产品质量检测和预测等，提高生产效率和产品质量。

1.2.1.5　智能制造的发展趋势及其对工控系统的影响

1. 智能制造的发展趋势

（1）个性化定制。随着消费者需求的多样化，智能制造将更加注重个性化定制和柔性生产。通过引入先进的生产技术和管理模式，智能制造将实现生产过程的灵活性和可配置性，满足消费者多样化的需求。

（2）人工智能。人工智能将在智能制造中发挥越来越重要的作用。通过自动学习和优化生产参数，人工智能可以提高生产效率、减少能源消耗和降低废品率。

（3）数据化决策。数据化决策是指通过收集、分析和利用数据来支持业务决策的一种方式。这种决策方式的核心思想是以数据为基础来进行业务决策，而不是仅凭直觉或经验。为了确保数据的质量，需要建立有效的数据采集、存储和处理机制，并制定数据管理和质量控制的策略和流程。数据化决策过程如图 1-8 所示。

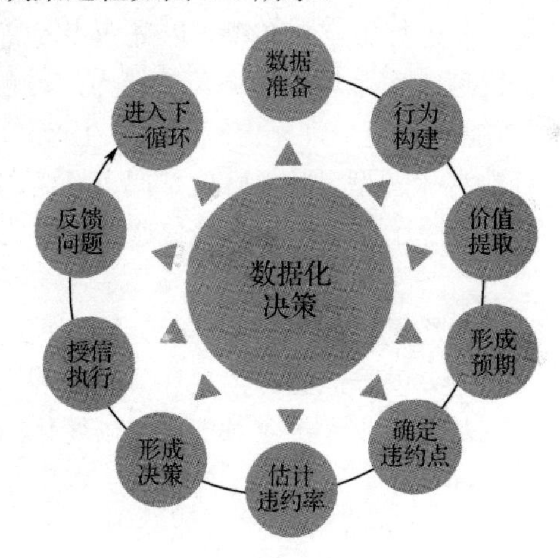

图 1-8　数据化决策过程

（4）绿色制造。随着人们环保意识的提高，绿色制造将成为智能制造的重要发展方向。通过采用先进的环保材料和生产工艺，智能制造可减少能源消耗和废弃物的排放，实现生产过程的绿色化和环保化。

2. 智能制造对工控系统的影响

（1）安全性挑战。智能制造的引入将增加工控系统的复杂性，从而增加工控系统被攻击的风险，因此保障工控系统信息安全是智能制造发展的重要前提。

（2）提高控制精度。智能制造将引入先进的控制技术和算法，提高控制精度。这有助于提高产品质量和生产效率。

（3）数据分析与优化。智能制造将通过大数据技术对生产过程进行实时监测和优化，可及时发现工业生产与制造过程中的问题并进行调整。这有助于提高生产效率和降低成本。

（4）系统集成与协同。智能制造将实现不同系统之间的集成与协同，包括生产设备、传感器、控制系统、信息系统等。这有助于提高整体效率和协同性。

在智能制造的背景下，数字化转型成为推动工控系统演进的关键驱动力。数字化转型强调对传统的生产和管理过程进行数字化，以数据为基础进行分析、决策和优化，从而实现生产效率和灵活性的提升。

1.2.2　智能化生产与自动化决策

1.2.2.1　智能化生产的概念、特征与重要性

1. 智能化生产的概念

智能化生产是指利用先进的制造技术、信息技术和人工智能技术，实现生产过程的自动化、智能化和网络化。智能化生产的体系架构如图 1-9 所示，它通过高度集成化的生产系统，实现了生产设备的互联互通、生产数据的实时采集和处理、生产过程的自动监测和优化，从而降低了生产成本，提高了生产效率、产品质量和服务质量。

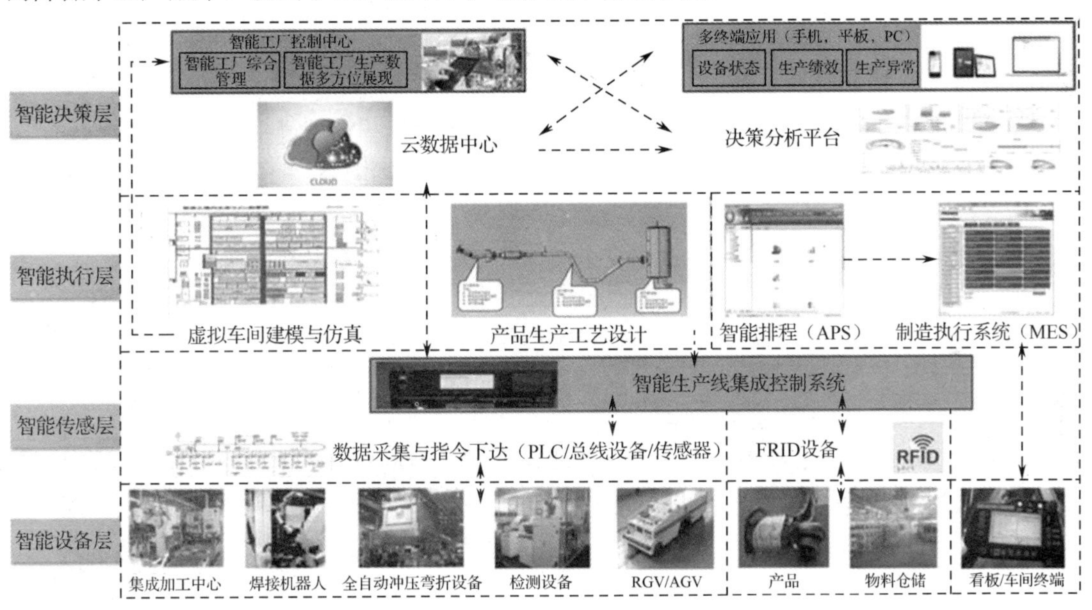

图 1-9　智能化生产的体系架构

2. 智能化生产的特征

（1）自动化。智能化生产通过引入先进的自动化技术和设备，实现了工业生产与制造过程的自动化和无人化。这可以减少人工干预，提高生产效率和产品质量。

（2）智能化。智能化生产利用人工智能等技术，实现了生产设备的自主决策和优化。这可以使生产设备根据实时数据进行自我调整和优化，提高生产效率和产品质量。

（3）网络化。智能化生产通过工业互联网等技术，实现了生产设备、传感器、控制系统之间的互联互通。这可以实现生产数据的实时共享和处理，提高生产协同性和整体效率。

（4）柔性化。智能化生产具备较高的柔性生产能力，可以根据市场需求变化快速调整生产计划和生产方式。这可以满足消费者多样化的需求，提高企业的市场竞争力。

3. 智能化生产的重要性

（1）提高生产效率。智能化生产通过自动化和智能化技术，可以显著提高生产效率，降低生产成本。

（2）提高产品质量。智能化生产通过精确控制和优化生产过程，可以提高产品质量。

（3）满足个性化需求。智能化生产可以实现个性化定制和柔性生产，可以满足消费者的个性化需求。

（4）推动产业升级。智能化生产是制造业转型升级的重要方向，可以推动产业向高端化、智能化方向发展。

1.2.2.2 自动化决策的基本理念、技术要素与发展趋势

1. 自动化决策的基本理念

自动化决策旨在通过先进的信息技术和人工智能技术，对生产过程中产生的海量数据进行实时分析和处理，并根据预设的规则和算法自动做出决策，这些决策涉及生产设备的控制、生产计划的调整、产品质量的监测等，从而提高生产效率、降低成本并优化生产过程。

2. 自动化决策的技术要素

（1）数据采集与处理。自动化决策依赖于实时、准确的数据，因此数据采集与处理是实现自动化决策的基础。数据采集与处理包括传感器数据、设备状态数据、生产环境数据等的采集、存储和处理。

（2）决策算法与模型。自动化决策需要基于一定的算法和模型进行，这些算法和模型可以是基于统计学的、基于机器学习的或基于深度学习的，用于从数据中提取有用信息并进行决策。

（3）实时分析与响应。自动化决策要求系统能够实时分析数据并快速做出响应，这需要强大计算能力和高效算法的支持，以确保决策的准确性和及时性。

（4）网络安全与保障。在实现自动化决策的过程中，必须考虑网络安全问题，确保数据和系统的安全性，包括防止数据泄露、防止恶意攻击、确保系统的稳定性和可靠性。

3. 自动化决策的发展趋势

（1）数据驱动决策。随着大数据技术的不断发展，自动化决策将更加依赖于数据驱动。通过对海量数据进行深度分析和挖掘，企业可以发现更多潜在的规律和价值，为决策提供更准确的依据。

（2）人工智能。人工智能的发展将进一步提高自动化决策的智能水平。通过学习和优化算法，系统可以不断提高决策的准确性和效率，实现更高级别的自动化。

（3）多系统协同决策。不同系统之间的协同决策是自动化决策的重要发展趋势之一。通过实现不同系统之间的数据共享和协同工作，可以进一步提高整体决策的效率和准确性。

（4）人机协同决策。虽然自动化决策能够提高生产效率和准确性，但在某些复杂场景下，人类的判断和决策仍然具有不可替代的作用。因此，自动化决策将更加注重人机协同，实现人与机器的优势互补。

1.2.2.3 自动化决策对智能化生产的推动作用

（1）提高生产效率。自动化决策可以显著提高生产效率，减少人工干预和等待时间，实现生产过程的连续性和高效性。例如，部分企业采用状态感知、实时分析、优化决策、精准执行等手段，对供热信息系统和供热物理系统进行融合调控（见图 1-10），实现了信息化和智慧化建设、自动化建设。

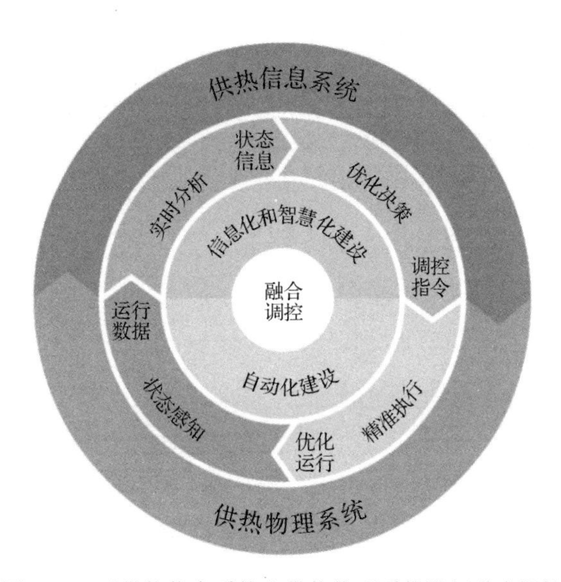

图 1-10　对供热信息系统和供热物理系统进行融合调控

（2）降低生产成本。通过自动化决策，企业可以优化生产计划和资源配置，降低原材料消耗和能源消耗，从而降低生产成本。

（3）提高产品质量。自动化决策可以确保生产过程的稳定性和一致性，减少人为错误，提高产品质量和客户满意度。

（4）推动产业升级。随着自动化决策技术的不断发展和应用，企业将不断推动产业升级和转型，实现制造业的高质量发展。例如，部分企业通过人机协同与增强决策的先进生产方式，通过人、机器、设备的创新协同，推动产业升级。人机协同与增强决策的工作流程如图 1-11 所示。

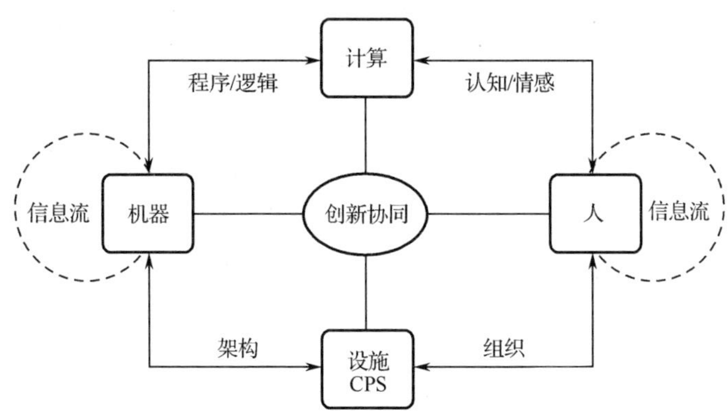

图 1-11　人机协同与增强决策的工作流程

智能化生产是智能制造的核心理念之一，它基于人工智能等新兴技术，使工控系统实现自动化决策、自适应优化和智能调度，从而提高生产效率和产品质量。

1.2.2.4　人工智能与自动化决策

1. 机器学习在自动化决策中的角色

机器学习可以通过训练模型从数据中学习并自动优化决策过程。在自动化决策中，机器学习可以发挥以下作用：

（1）数据分类与预测。机器学习可以对生产过程中产生的数据进行分类和预测，从而帮助企业更好地理解生产过程，预测未来的趋势和需求。

（2）异常检测与处理。机器学习可以检测生产过程中的异常情况（如设备故障、产品质量问题等），并自动采取相应的措施进行干预，确保生产过程的稳定性和连续性。

（3）参数优化与调整。机器学习可以对生产过程中的参数（如生产工艺参数、设备运行参数等）进行优化和调整，从而提高生产效率和产品质量。

2. 深度学习与自动化决策

深度学习可以通过构建深度神经网络模型来处理复杂的非线性问题。在自动化决策中，深度学习可以发挥以下作用：

（1）图像识别与处理。深度学习可以用于图像识别和处理，如对产品缺陷进行自动检测和分类，提高产品质量和生产效率。

（2）语音识别与处理。深度学习可以用于语音识别和处理，如对设备运行状态进行自动监测和报警，提高设备的可靠性和安全性。

3. 自然语言处理对决策的影响

自然语言处理可以通过处理和理解人类语言来为决策提供支持。在自动化决策中，自然语言处理可以发挥以下作用：

（1）文本分析。自然语言处理可以对生产过程中的文本数据进行自动分析和理解，提取关键信息和语义关系，为决策提供更准确的信息。

（2）语音识别与交互。自然语言处理可以用于语音识别和交互，如通过语音控制设备、查询生产数据等，提高生产过程的便捷性和效率。

（3）情感分析。自然语言处理可以分析和理解生产过程中的情感（如员工情绪、客户反馈等），为决策提供更全面的信息。

1.2.2.5 智能化生产的应用场景与成功案例

1. 智能化生产的应用场景

（1）汽车制造。在汽车制造领域，智能化生产通过引入先进的机器人技术、自动化生产线和智能化设备，实现了生产过程的自动化和智能化，显著提高了生产效率、降低了生产成本，并确保了产品质量的一致性和稳定性。

（2）电子产品制造。在电子产品制造领域，智能化生产通过引入先进的 SMT 设备（见图 1-12）、自动化测试设备和智能化仓储系统，实现了生产过程的自动化和智能化，提高了生产效率、减少了人为错误，可满足市场对高质量、快速交付的需求。

图 1-12 SMT 设备

（3）机械制造。在机械制造领域，智能化生产通过引入先进的数控机床、机器人焊接和自动化装配线，实现了生产过程的自动化和智能化，提高了生产效率、降低了劳动强度，确保了产品的精度和稳定性。

2. 智能化生产的成功案例

（1）宝马汽车。宝马汽车在其生产过程中广泛应用了智能化生产技术，包括自动化生产线、机器人技术和智能化设备，这些技术显著提高了生产效率和质量，降低了生产成本。宝马汽车的智能化生产线如图 1-13 所示。

图 1-13　宝马汽车的智能化生产线

（2）富士康。作为全球知名的电子产品制造商，富士康通过引入智能化生产线、智能化设备和先进的生产管理系统，实现了生产过程的自动化和智能化，显著提高了生产效率和产品质量，可满足客户对快速交付的需求。

1.2.3　灵活化制造与定制化生产

1.2.3.1　灵活化制造的概念、特征及优势

1. 灵活化制造的概念

灵活化制造是一种能够快速响应市场变化、满足客户需求的生产模式。它通过高度集成化的生产系统，实现了生产设备的互联互通、生产数据的实时采集和处理、生产过程的自动监测和优化，可灵活适应不同产品的生产需求。

2. 灵活化制造的特征

（1）快速响应能力。灵活化制造能够快速响应市场变化和客户需求，及时调整生产计划和生产方式。

（2）高度集成化。灵活化制造通过高度集成化的生产系统，实现了生产设备、传感器、控制系统等之间的互联互通，实现了生产数据的实时共享和处理。

（3）模块化设计。灵活化制造采用模块化设计，使得生产设备可以灵活组合和配置，以适应不同产品的生产需求。

（4）智能化决策。灵活化制造利用自动化决策技术，实现了生产过程的自动化和智能化，可提高生产效率和质量。

3. 灵活化制造的优势

（1）满足个性化需求。灵活化制造能够快速响应客户需求，提供个性化的产品和服务，

满足市场多样化的需求。

（2）提高生产效率。灵活化制造通过高度集成化的生产系统和智能化决策，可以显著提高生产效率，降低生产成本。

（3）降低库存风险。灵活化制造能够实现按需生产，减少库存积压和浪费，降低库存风险。

（4）增强市场竞争力。灵活化制造能够快速适应市场变化，提供高质量、个性化的产品和服务，增强企业的市场竞争力。

1.2.3.2 定制化生产的技术支持

1. 3D 打印在定制化生产中的应用

3D 打印技术为定制化生产提供了重要的技术支持。通过 3D 打印技术，企业可以根据客户需求快速打印出个性化的产品，实现真正的按需生产。3D 打印设备如图 1-14 所示。

图 1-14 3D 打印设备

3D 打印技术具有以下优势：

（1）快速响应。3D 打印技术可以快速响应客户需求，缩短产品开发周期，提高生产效率。

（2）个性化设计。3D 打印技术可以实现个性化设计，满足客户的多样化需求。

（3）降低库存成本。3D 打印技术可以实现按需生产，减少库存积压和浪费，降低库存成本。

2. 物联网对定制化生产的促进作用

物联网为定制化生产提供了全面的数据支持。通过物联网，企业可以实时监测生产设备的运行状态、收集生产数据，并利用大数据分析和挖掘技术，对生产数据进行深度处理和分析，为定制化生产提供决策支持。物联网对定制化生产的促进作用表现在以下几个方面：

（1）实时监测。物联网可以实时监测生产设备的运行状态和生产过程，确保生产过程的稳定性和连续性。

（2）数据收集与分析。物联网可以收集大量的生产数据，并利用大数据分析和挖掘技术对数据进行处理和分析，为定制化生产提供决策支持。

（3）优化资源配置。物联网可以实现生产资源的优化配置和调度，提高生产效率和产品质量。

3. 虚拟现实和增强现实技术在定制化生产中的应用

虚拟现实（VR）和增强现实（AR）技术为定制化生产提供了全新的交互体验和设计手段。通过 VR 和 AR 技术，企业可以为客户提供更加直观、生动的产品展示和设计体验，帮助客户更好地理解和选择产品。同时，VR 和 AR 技术也可以为设计师提供更加便捷、高效的设计工具和环境，提高了设计效率。VR 和 AR 技术在定制化生产中的应用表现在以下几个方面：

（1）产品展示。VR 和 AR 技术可以为客户提供更加直观、生动的产品展示，帮助客户更好地理解和选择产品。

（2）设计体验。VR 和 AR 技术可以为设计师提供更加便捷、高效的设计工具和环境，提高设计效率。

（3）交互体验。VR 和 AR 技术可以为客户提供更加自然、真实的交互体验，增强客户对产品的认知感和信任感。

1.2.3.3　灵活化制造和定制化生产的成功案例

1. 定制化生产的实际案例分析

（1）宝马汽车。宝马汽车通过灵活化制造，实现了个性化汽车的生产。客户可以根据自己的需求，选择汽车的颜色、内饰、配置等，并下单定制。宝马汽车通过灵活化制造，可快速生产出符合客户个性化需求的产品，提高生产效率和客户满意度。

（2）耐克公司。耐克公司通过引入 3D 打印技术，实现了个性化鞋品的定制化生产。客户可以通过耐克公司的在线平台，选择鞋子的设计、颜色、材料等，并下单定制。耐克公司可以利用 3D 打印技术快速生产出满足客户个性化需求的产品，提高生产效率和客户满意度。

2. 灵活化制造和定制化生产对工业领域的影响

（1）满足个性化需求。灵活化制造能够快速响应客户需求，提供个性化的产品和服务，满足市场多样化的需求。

（2）提高生产效率。灵活化制造通过高度集成化的生产系统和智能化决策，可以显著提高生产效率，降低生产成本。

（3）降低库存风险。灵活化制造能够实现按需生产，减少库存积压和浪费，降低库存风险。

（4）增强市场竞争力。灵活化制造能够快速适应市场变化，提供高质量、个性化的产品和服务，增强企业的市场竞争力。

3. 智能制造对灵活化制造和定制化生产的推动作用

（1）技术支持。智能制造为灵活化制造和定制化生产提供了全面的技术支持，包括自动化生产线、智能化设备、大数据分析等，这些技术为灵活化制造和定制化生产提供了高效、准确的生产能力和数据支持。

（2）供应链管理。智能制造可以实现供应链的优化管理，提高供应链的响应速度和灵活性。这使得灵活化制造和定制化生产能够更好地满足客户需求，并实现快速交付。

（3）质量控制。智能制造通过引入先进的检测设备和智能化质量控制技术，可确保灵活化制造和定制化生产的产品质量的稳定性和一致性，有助于提高客户满意度和品牌形象。

（4）成本控制。智能制造通过优化生产流程和资源配置，可降低灵活化制造和定制化生产的成本，使企业能够以更低的成本提供个性化的产品和服务，增强市场竞争力。

1.2.3.4　灵活化制造和定制化生产的影响因素

1. 人工智能对灵活化制造和定制化生产的影响

人工智能将在灵活化制造和定制化生产中发挥越来越重要的作用。通过人工智能可对生产数据进行实时分析和处理，为灵活化制造和定制化生产提供更加准确、智能的决策支持。

同时，人工智能也可应用于生产设备的自主控制和优化，实现生产过程的自动化和智能化，这将进一步提高灵活化制造和定制化生产的生产效率和产品质量，降低生产成本，满足市场多样化的需求。

2. 自动化技术对灵活化制造和定制化生产的影响

自动化技术将在灵活化制造和定制化生产中发挥更加重要的作用。随着自动化技术的不断发展和完善，企业可实现生产设备的自主控制和优化，实现生产过程的自动化和智能化，使灵活化制造和定制化生产能够更加高效、准确地完成，提高生产效率和产品质量，降低生产成本。同时，自动化技术也可对生产数据进行实时采集和处理，为灵活化制造和定制化生产提供更加全面、准确的数据支持。

1.2.3.5 灵活化制造和定制化生产在智能制造中的地位和前景

灵活化制造和定制化生产是智能制造的重要组成部分，将在制造业中发挥越来越重要的作用。随着市场的不断变化和客户需求的多样化，灵活化制造和定制化生产可满足市场的多样化需求，提供个性化的产品和服务。同时，伴随工业物联网能力的充分发挥，灵活化制造和定制化生产将推动企业实现生产过程的自动化和智能化，提高生产效率和质量，降低生产成本。因此，灵活化制造和定制化生产在智能制造中具有广阔的应用前景和发展空间。

结语

智能制造为工控系统带来了深刻的变革和巨大的推动力。数字化转型、智能化生产、灵活化制造，以及工业物联网的支撑，共同构建了一个高效、智能、灵活的制造生态系统。工控系统需要紧密跟随智能制造的步伐，不断融入新技术。

1.3 工控系统在智能制造中的角色及其面临的挑战

引言

在智能制造的时代，工控系统扮演着关键的角色，它是实现智能化、灵活化和高效化生产的重要支撑。工控系统不仅负责监测生产过程，还需要融合物联网、人工智能等新兴技术，实现自动化决策、生产优化和资源配置。然而，随着制造业的不断发展和技术的不断进步，工控系统也面临着诸多挑战和机遇。

1.3.1 工控系统在智能制造中的角色

工控系统在智能制造中扮演着重要角色，涵盖了智能制造的各个方面，从数据采集到决策优化，都有重要作用。

1.3.1.1 工控系统在生产过程控制中的角色

1. 工控系统在生产线中的作用

工控系统在生产线中发挥着核心作用。通过收集、处理和分析生产数据，对工业生产与制造过程进行实时监测和控制，可确保工业生产与制造过程的稳定性和效率。工控系统不仅可以实现对生产设备的自动控制，提高生产效率和质量，降低生产成本；还可以实现生产数据的实时采集和处理，为生产决策提供数据支持。

2. 实时监测与控制

实时监测与控制是工控系统的重要功能。通过对生产设备的运行状态、生产过程参数等进行实时监测，不仅可以及时发现并处理异常情况，确保工业生产与制造过程的稳定性和安全性；还可以根据生产需求和生产数据进行实时调整和控制，实现生产过程的自动化和智能化。

1.3.1.2　工控系统在设备与资源管理中的角色

1. 设备控制与资源分配

工控系统在智能制造中承担着设备控制与资源分配的重要职责。通过对生产设备进行自动控制，不仅可以实现设备的精准操作和协同工作，确保生产过程的顺利进行；还可以根据生产需求和资源状况合理分配生产资源，实现资源的优化配置和高效利用。

2. 生产资源的智能化利用

通过在工控系统中引入智能化技术，可实现对生产资源的智能化利用。通过对生产数据的实时采集和分析，不仅可以预测设备故障、优化生产流程，提高生产效率；还可以根据市场需求和生产计划，智能调整生产资源的配置，实现生产资源的动态管理和优化利用。

1.3.1.3　工控系统在安全保障与可靠性中的角色

1. 工控系统在安全保障中的作用

工控系统在智能制造的安全保障中发挥着重要作用。通过采取一系列安全措施，可确保生产过程的安全性和稳定性。工控系统不仅可以对生产设备进行实时监测和异常检测，及时发现并处理潜在的安全隐患，防止事故的发生；还可以采取访问控制、数据加密等措施，保护生产数据的安全性和完整性，防止数据泄露和被篡改。

2. 工控系统在可靠性保障中的作用

工控系统是智能制造可靠性的重要保障。智能制造不仅需要具备高可靠性和稳定性，确保生产过程的连续性和稳定性；也需要采用高质量的硬件和软件，确保设备的稳定运行和数据的可靠性；还需要采取容错措施，如备份设备、冗余设计等，以应对突发情况下的故障或异常情况。

1.3.1.4　工控系统在数据采集和分析中的角色

1. 传感器数据的采集与应用

传感器是工控系统中的数据采集设备，能够实时监测生产设备的运行状态、生产过程中的参数等。工控系统中常用的传感器如图 1-15 所示。通过传感器采集数据，工控系统不仅可以对工业生产与制造过程进行实时监测和数据记录，为后续的数据分析提供基础数据；还可以用于生产设备的故障预测、性能优化，提高生产设备的可靠性和稳定性。

2. 数据分析对生产效率的提升

数据分析是工控系统中重要的环节。通过对采集到的数据进行处理和分析，可以提取出有价值的信息和知识，为生产决策提供支持。数据分析不仅可以帮助企业了解工业生产与制造过程的运行状况、发现潜在的问题和改进空间，从而优化生产流程、提高生产效率；还可以为企业提供预测性的维护和保养建议，降低维修成本。

图 1-15　工控系统中常用的传感器

3. 数据在智能决策中的应用

数据在智能决策中发挥着重要作用。通过对生产数据的实时监测和分析，不仅可以及时发现异常情况并采取相应的措施，避免事故的发生；还可以预测市场需求、优化产品设计和生产计划等，为企业制定更加科学合理的决策提供支持。

1.3.2　工控系统面临的挑战

1.3.2.1　技术挑战

1. 新技术应用带来的挑战

随着科学技术的不断发展，工控系统和智能制造领域中的新技术不断涌现，这为企业提供了更多的选择和机遇。然而，新技术的应用也带来了一些挑战。首先，企业需要不断学习和掌握新技术，了解其原理、应用和优势，以适应市场变化和生产需求。其次，新技术的应用需要投入大量的资金和人力资源，企业需要考虑其可行性和成本效益。此外，新技术的应用还可能带来安全风险和数据隐私问题，企业需要加强安全管理和保护措施。

2. 技术整合与兼容性问题

智能制造涉及多种技术和系统的整合与兼容。不同厂商和品牌的产品可能存在差异和限制，这给技术整合和兼容性带来了挑战。企业不仅需要关注不同产品和技术之间的互联互通问题，确保系统之间的数据交互和协同工作；还需要考虑标准化和开放性，以便实现互操作性和可扩展性。

1.3.2.2　安全挑战

1. 数据安全与隐私保护

工控系统涉及大量的生产数据，数据安全和隐私保护是工控系统面临的重要挑战之一。首先，企业需要采取一系列措施来保护生产数据的安全性和完整性，防止数据泄露和被篡改，如采用加密技术、访问控制技术等来确保数据的机密性和完整性。其次，企业还需要关注员工和供应商的隐私保护，遵守相关法律法规和道德规范，确保个人隐私不被侵犯。

2. 网络安全与防护策略

工控系统面临着来自网络攻击的威胁，网络安全和防护策略是保障工控系统信息安全的重要手段。首先，企业需要建立完善的网络安全体系，包括防火墙、入侵检测系统等，防止外部攻击和非法访问。其次，企业还需要加强内部网络的安全管理，防止内部人员滥用权限或恶意操作。此外，企业还需要定期进行安全漏洞扫描和风险评估，及时发现并修复潜在的安全隐患。

结语

工控系统在智能制造中的角色不仅是传统意义上的生产监测与调度，更是实现数字化、智能化转型的关键。在不断变化的市场环境下，工控系统需要适应不同产品、小批量生产、个性化需求等多样化特点，保障生产的高效、灵活和安全。面对日益复杂的制造业环境，工控系统必须与时俱进，整合先进技术，应对数据安全、系统稳定等挑战，为智能制造的持续发展提供可靠的支持。

本章小结

本章主要介绍工控系统的历史演进、智能制造的核心概念和技术基础，以及工控系统在智能制造中的角色及其面临的挑战。本章通过梳理工控系统从机械控制时代的萌芽到电气控制时代的崛起，再到数字控制时代的来临这一历史脉络，为读者提供了一个深入理解工控系统演进的角度，展示了工控系统在不同时期的关键进展和技术飞跃。这一历史脉络清晰地展示了工控系统作为制造业变革的引领者，在不断适应新技术、满足新需求。

现代工控系统的本质特征是自动化、数字化和智能化。这些特征对实现智能制造的愿景具有重要意义。现代工控系统能够实现实时监测与控制，通过实时采集和传输数据，使工业生产与制造过程更加精细化和敏捷化，其自动化决策与优化能力为制造业带来了更高的生产效率。

然而，在智能制造的背景下，工控系统面临的不仅仅是优势和机遇，还面临着技术和安全等挑战。数据的大规模采集和传输使数据安全成为一项迫切的任务，工控系统必须在保障数据完整性和隐私的前提下实现数据的高效传输。多样化的设备、传感器和系统需要协同工作，对工控系统兼容性和标准化的要求不断提高。另外，技术的更新速度日新月异，工控系统需要持续采用新技术，以应对未来的变革。只有解决上述挑战，工控系统才能在智能制造中持续发挥重要作用，为制造业的可持续发展做出贡献。

第 2 章
工控系统信息安全的重要性

在当今的制造业中，数字化转型已经成为推动创新和提升竞争力的关键要素。作为制造业的核心，工控系统正迅速地实现数字化转型，以适应快速的市场变化和技术进步。然而，随着工控系统数字化转型的加速，信息安全问题也逐渐显露出来。工控系统信息安全问题不仅影响生产运营的稳定性，更关系到国家经济安全和社会稳定。

数字化转型正在重塑各个行业，制造业作为全球经济的支柱之一，也在积极迎接数字化转型的挑战。工控系统数字化转型旨在实现生产流程的自动化、智能化和灵活化，以提高生产效率、降低成本，并支持个性化生产。然而，这种数字化转型也使工控系统变得更加互联和开放，增加了工控系统受到网络攻击的潜在风险。

在数字化转型的背景下，工控系统信息安全变得尤为重要。工控系统信息安全问题不仅涉及技术层面的防护，还涉及制度、管理和文化等方面的因素。工控系统信息安全的失败可能会导致生产中断、机密信息泄露，甚至生产安全事故，因此确保工控系统信息安全至关重要。

工控系统信息安全面临的威胁多种多样。从传统的恶意软件到高级持续性威胁（Advanced Persistent Threat，APT）攻击，都可能对工控系统造成严重影响。其中的主要威胁包括恶意软件和病毒、网络攻击、物联网风险、内部威胁，以及数据泄露与隐私保护。

工控系统信息安全不仅是技术层面的问题，更是一个战略性的议题。信息安全的保障不仅需要技术手段，还需要制度和管理的支持。建立一个全面的工控系统信息安全策略，包括安全意识培训、风险评估和应急响应等，是确保工控系统信息安全的关键。

随着工控系统数字化转型的加速，安全问题变得越发凸显。在智能制造时代，工控系统信息安全成为制造业可持续发展的基石。在接下来的章节中，我们将更加深入探讨工控系统信息安全策略和措施，帮助读者更好地应对数字化转型的安全挑战。

2.1 数字化转型与工控系统信息安全

引言

数字化转型是制造业发展的必然趋势，它不仅为生产流程带来了更高的智能化和灵活性，还在产品质量、生产效率等方面带来了显著提升，但数字化转型也给工控系统信息安全带来了新的挑战。本节将从数字化转型的背景出发，探讨信息安全对工控系统的重要性，强调数字化转型与工控系统信息安全的紧密关系。

2.1.1　数字化转型的背景与意义

2.1.1.1　数字化转型的起源

1. 信息技术与工业化融合

信息技术（如计算机辅助设计、计算机辅助制造、自动控制等）的应用，不仅改变了传统的工业生产与制造模式，实现了生产过程的自动化、智能化和信息化，提高了生产效率和产品质量，还为企业提供了更加全面、准确的市场信息和客户需求，帮助企业制定更加科学合理的决策。信息化和工业化的融合成为推动数字化转型的重要驱动力。信息化与工业化的融合如图 2-1 所示。

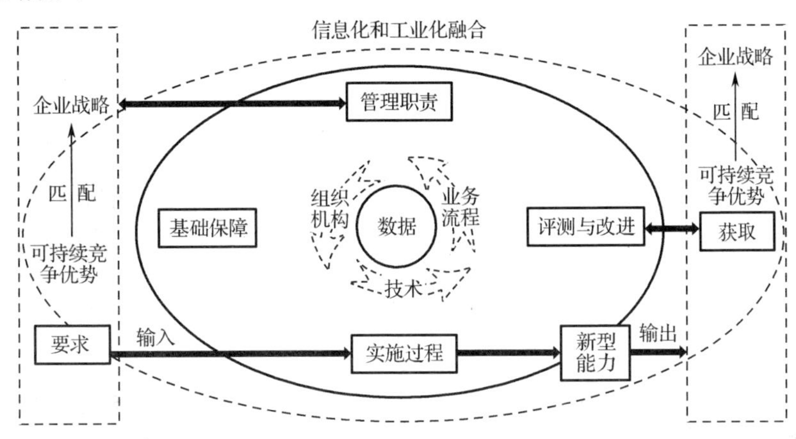

图 2-1　信息化与工业化的融合

2. 工业生产与制造的数字化趋势

随着互联网、大数据、人工智能等技术的不断发展，工业生产与制造的数字化趋势日益明显。这些技术不仅可以帮助企业实现生产过程的自动化、智能化和信息化，提高生产效率和产品质量；也可以帮助企业实现供应链的协同和优化，提高供应链的透明度和响应速度；还可以为企业提供更加全面、准确的市场信息和客户需求，帮助企业制定更加科学合理的决策。

2.1.1.2　数字化转型的意义

1. 生产效率提升与成本优化

对工控系统来说，数字化转型的首要意义是提升生产效率并优化成本。通过引入自动化设备、传感器、云计算等，数字化转型不仅可以实现生产过程的自动化和智能化，减少人工干预，提高生产效率；还可以帮助企业实现资源的优化配置和高效利用，减少浪费和排放，从而优化成本。

2. 产品质量与可追溯性改善

数字化转型还有助于改善产品质量和可追溯性。通过实时监测和数据分析，数字化转型不仅可以帮助企业更加准确地了解生产过程的运行状况和问题，及时发现并处理潜在的质量问题；还可以实现产品生产过程中的信息记录和追溯，帮助企业实现对产品的全生命周期管理，提高产品质量和可追溯性。

工控系统的数字化转型是当今制造业向智能制造演进的重要阶段，它源于信息技术的飞速发展与普及，以及全球产业对高效、智能、可持续生产方式的迫切需求。这一转型旨在通过将信息技术融入制造业，实现生产流程的数字化、智能化、自动化和柔性化，从而提升生产效率、产品质量和企业整体竞争力。

2.1.2 工控系统信息安全面临的挑战

随着数字化转型的推进，工控系统面临的安全挑战也呈现出新的局面和复杂性。工控系统信息安全问题已经不再是传统意义上的系统隔离和防火墙所能解决的简单问题，而是涉及技术、人员、政策、法规等的网络攻击风险。随着工控系统与网络的互联，网络攻击已经成为工控系统信息安全的主要威胁之一。黑客可以通过网络入侵工控系统，利用各种攻击手段破坏工控系统的稳定性和完整性。常见的网络攻击包括拒绝服务（DoS）攻击、跨站脚本（XSS）攻击、SQL 注入攻击等，这些攻击可能导致系统运行缓慢、崩溃甚至瘫痪，对生产的正常运行造成严重影响。

（1）恶意软件威胁。恶意软件（如病毒、木马、蠕虫等）侵入工控系统，可能导致数据泄露、设备故障、系统瘫痪等问题。特别是勒索软件（Ransomware），可对工控系统进行加密并勒索赎金，对生产运营造成严重威胁。

（2）供应链攻击。工控系统的数字化转型涉及多个供应商和合作伙伴，这增加了恶意供应链攻击的风险。攻击者可以在供应链中植入恶意硬件或软件，从而影响整个工控系统的安全性。这需要企业对供应链进行有效的安全管理和审查。

（3）人员问题。内部人员的疏忽、不当操作或恶意行为可能引发安全事件，对工控系统信息安全构成重要影响。此外，内部人员可能会成为社会工程学攻击的目标，通过钓鱼邮件、社会工程学攻击等手段泄露敏感数据。

（4）数据隐私保护。在数字化转型过程中，大量的生产数据被采集和分析，涉及企业的商业机密、生产流程等敏感数据。数据泄露可能导致知识产权被侵犯、商业机密被泄露等问题，给企业带来巨大损失。

（5）物联网风险。物联网的普及将大量设备与工控系统相互连接在一起，增加了工控系统受到攻击的风险。攻击者可能通过连接的设备来影响整个生产过程，甚至造成生产事故。

（6）远程访问和终端设备。随着工控系统数字化转型的推进，远程访问和移动设备的使用日益增多。然而，远程访问可能会带来安全风险，如果未经适当控制和保护，黑客可远程入侵系统。移动设备的不安全使用也可能导致数据泄露和使工控系统受到威胁。

综上所述，工控系统信息安全面临的挑战日益显著，不仅仅是技术层面的问题，更涵盖了管理、制度、文化等多个方面。工控系统信息安全不仅需要技术的支持，还需要企业制定全面的信息安全策略，加强员工的安全意识培训，建立完善的安全监测和应急响应计划，以应对日益复杂的威胁。

2.1.3 工控系统信息安全的策略与措施

在面对工控系统信息安全的复杂挑战时，企业需要制定一系列综合性的信息安全策略和措施，以保障系统的可持续运行、数据的保密性和完整性。这些策略和措施应该从多个方面出发，包括技术、管理、培训等，共同构筑一道坚实的工控系统信息安全防线。

（1）风险评估和漏洞管理。企业需要建立全面的风险评估体系，识别工控系统中可能存在的潜在威胁和漏洞。通过定期的漏洞扫描和安全评估，可及时发现和修复系统中的漏洞，减少被攻击的风险。

（2）多层次防御体系。建立多层次防御体系是保障工控系统信息安全的关键。多层次防御体系包括网络层、终端层和应用层的安全措施。在网络层中，可以采用防火墙、入侵检测系统等技术来限制网络入侵。在终端层中，可以实施终端设备安全策略，如设备认证、访问控制等。在应用层中，可以使用加密技术来保护数据传输和存储的安全。

（3）访问控制和身份认证。强化访问控制和身份认证是防止未经授权访问的重要手段。企业可以采用多因素身份认证，限制不同用户对工控系统的访问权限。对于重要的操作和敏感的数据，可以实施严格的访问审计和审查。

（4）安全意识培训。员工是工控系统信息安全的重要环节，因此必须加强员工的安全意识。员工应该了解常见的网络攻击和欺诈手段，学会识别可疑邮件、链接和附件，避免成为社会工程学攻击的目标。

（5）安全监测和应急响应。完善的安全监测和应急响应计划对于及时发现和应对安全事件至关重要。安全团队应当时刻监测工控系统的运行状态，及时发现异常行为。应预先制订的应急响应计划，确保在安全事故发生时能够迅速采取措施来降低损失。安全监测和应急响应如图 2-2 所示。

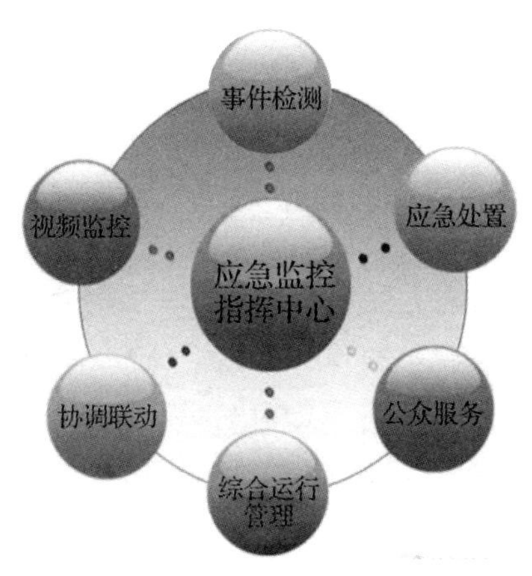

图 2-2　安全监测和应急响应

（6）数据加密和隐私保护。对于工控系统中的敏感数据，应采用数据加密技术来保护其在传输和存储过程中的安全。此外，还需要制定隐私保护政策，合规处理用户数据，遵循相关法规和法律。

（7）供应链管理。为减少恶意供应链攻击的风险，企业应建立严格的供应链管理机制，对供应商和合作伙伴进行安全审查和身份认证，确保其设备和组件的安全性。

（8）定期进行安全演练。企业应定期进行安全演练，模拟不同类型的安全事件，检验应急响应计划的有效性。通过安全演练，可以发现和纠正安全防御体系中的弱点，提升整体安全水平。

综上所述，工控系统信息安全的策略和措施需要综合考虑技术、管理和人员等多个方面。只有在多方面的努力下，企业才能够有效地应对数字化时代的安全挑战，确保工控系统的可靠运行和数据的安全性。

结语

工控系统的数字化转型在当今制造业中扮演着至关重要的角色，它为企业带来了前所未有的提升生产效率、产品质量和灵活性的机会。然而，随着数字化转型的加速推进，安全问题也逐渐浮现，工控系统信息安全成为不容忽视的焦点。工控系统信息安全面临的威胁主要有网络攻击、恶意软件、供应链风险等。这些威胁需要企业制定全面的安全策略和措施，以保障工控系统的可持续性。

工控系统信息安全策略与措施涵盖了技术、管理、人员等多个方面。风险评估和漏洞管理、多层次防御体系、访问控制和身份认证、安全意识培训、安全监测和应急响应等都是构筑工控系统信息安全防线的关键要素。通过数据加密、隐私保护、供应链管理等手段，企业可以在数字化转型的道路上行稳致远。

工控系统信息安全的保障远不是单一部门或个体所能完成的，它需要企业内外的协同合作，不断更新安全策略和措施。只有在各方的共同努力下，工控系统信息安全才能得到切实保障，为企业的可持续发展提供坚实支撑。

2.2 工控系统信息安全的关键威胁

引言

随着工控系统的数字化转型的加速推进，工控系统信息安全已经成为制造业和工业界面临的一项重要议题。工控系统信息安全的威胁直接关系到企业的生产运行、数据保护和商业机密的安全。这些威胁不仅包括传统的网络攻击和恶意软件，还涉及更具针对性的工业环境攻击和供应链风险。本节将深入探讨工控系统信息安全的关键威胁，以便读者更好地了解工控系统在数字化转型过程中需要面对的风险和挑战。通过对这些威胁进行深入分析，可制定更有针对性的安全策略和措施，确保工控系统在数字化时代的稳健运行。

2.2.1 网络攻击与入侵威胁

在工控系统的数字化转型过程中，网络攻击与入侵威胁已经成为工控系统信息安全的关键威胁。随着工业设备和工控系统的互联互通，工控系统面临着来自内外部的各种威胁，这些威胁可能对生产正常运行、设备稳定性和数据完整性造成严重影响。

（1）攻击类型多样化。网络攻击的类型日益繁多，从传统的拒绝服务（DoS）攻击到更复杂的恶意软件，攻击者不断创新其手段以便逃避安全防御。恶意软件可以通过网络渠道入侵，损坏或篡改系统数据，甚至完全控制设备。社会工程学攻击也是一种常见的网络威胁，攻击者通过钓鱼邮件、虚假网站等手段欺骗用户，获取机密信息或登录凭证。针对工控系统的攻击类型统计如图 2-3 所示。

（2）内外部威胁。工控系统数字化转型的一个显著特点是其与外部网络的连接性增强。虽然这样的连接带来了诸多便利，但也增加了工控系统面临的外部攻击风险。黑客可以通过网络漏洞、弱口令等手段入侵工控系统，破坏其稳定性和完整性。同时，内部威胁也不容忽视，员工可能因疏忽、不当操作甚至恶意行为导致安全漏洞。

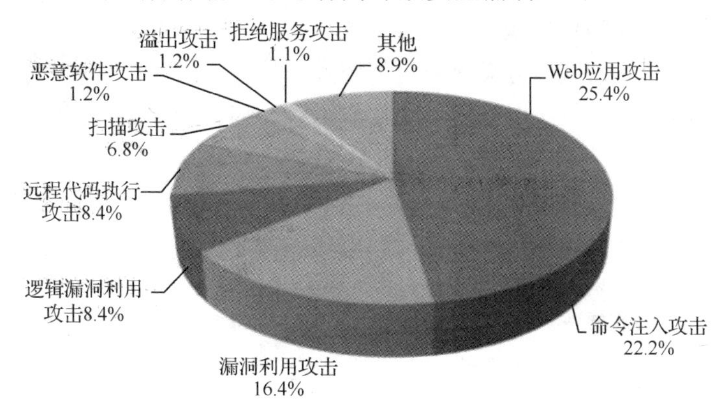

图 2-3 针对工控系统的攻击类型统计

（3）工业特殊性。与传统 IT 系统有所不同，工控系统更加关注实时性、稳定性和可靠性。然而，这也使得工控系统更容易受到网络攻击的影响。网络攻击可能导致工控系统的延时、崩溃，甚至造成整个生产过程的中断。在工业环境中，网络攻击可能带来更严重的后果，如工业事故和安全风险。

（4）防御措施。为了有效抵御网络攻击与入侵威胁，企业需要实施一系列的防御措施。首先，需要建立安全的网络架构，实现网络隔离、流量监测和入侵检测。其次，需要定期进行网络安全评估，识别和修复可能的漏洞，强化身份认证和访问控制，限制用户权限，减少恶意入侵的机会。此外，还需要引入网络流量分析技术和行为分析技术，及时发现异常网络活动。针对新型威胁，企业可以采用人工智能技术，识别和阻止未知的攻击行为。

（5）国际合作和标准。鉴于网络攻击可以跨越国界，国际合作和标准的制定也变得至关重要。各国政府、国际组织和企业需要共同合作，共享情报信息，共同应对网络威胁，制定统一的网络安全标准和指南，有助于建立更健全的网络安全防御体系。

综上所述，网络攻击与入侵威胁已经成为工控系统信息安全的关键威胁，企业需要综合考虑内外部威胁，采取多层次防御体系，不断更新安全策略和措施，确保工控系统的稳定运行和数据的安全。

2.2.2 恶意软件及其相关攻击

恶意软件及其相关攻击是工控系统信息安全的严重威胁之一。恶意软件，通常称为恶意代码或恶意程序，旨在侵犯计算机系统并对其造成损害。在工控系统中，恶意软件的攻击可能导致生产中断、设备损坏、数据泄露等严重后果，因此恶意软件的威胁需要得到高度关注和有效应对。

（1）恶意软件的类型。恶意软件的类型多种多样，常见的包括病毒、蠕虫、木马、间谍软件、勒索软件等。病毒是一种能够自我复制并传播的恶意代码；蠕虫是能够自行传播到其他计算机的恶意代码；木马是指伪装成正常程序但实际上会在系统中执行恶意操作的代码；间谍软件能够窃取用户信息；勒索软件则会将系统或数据锁定，要求用户支付赎金以解锁。

（2）攻击方式与后果。恶意软件的攻击可以通过多种方式进行，如网络传播、恶意附件、恶意链接等。攻击者可能利用漏洞入侵工控系统，然后在其中部署恶意软件。一旦恶意软件成功入侵工控系统，它可能会导致工业设备崩溃、停机，甚至操控工业过程导致安全事故。此外，恶意软件还可能窃取敏感数据，如生产数据、用户信息等，给企业造成巨大损失。

（3）工控系统的特殊挑战。恶意软件对工控系统的威胁更为严重，可能导致控制过程延时，影响生产效率，甚至对工业自动化过程造成干扰。在一些重要的工业环境中，恶意软件的攻击可能导致严重的生产事故。

（4）防御与应对策略。针对恶意软件的威胁，企业需要采取一系列防御和应对措施。首先，需要保持系统和设备的更新，及时修复已知漏洞，减少攻击者的入侵机会。其次，需要建立功能强大的防火墙和入侵检测系统（见图 2-4），监测网络流量和异常行为。安全意识培养也是防御恶意软件的重要手段，教育员工如何识别可疑邮件、链接和附件。在发生恶意软件攻击时，应急响应计划能够帮助企业快速隔离感染点、清除恶意软件，最小化损失。

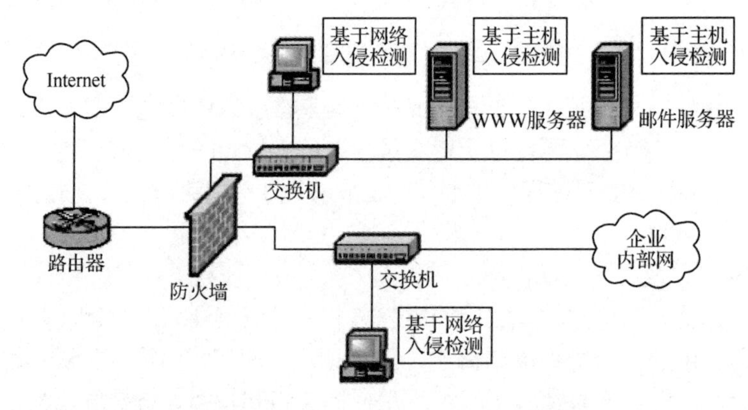

图 2-4　完全防火墙和入侵检测系统

（5）创新防御技术。随着恶意软件攻击的不断进化，创新的防御技术也在不断涌现。人工智能技术可以用于识别未知的恶意软件行为，从而增强防御效果。行为分析技术能够监测工控系统的异常行为，及时发现潜在的恶意软件攻击。创新防御技术的架构如图 2-5 所示。

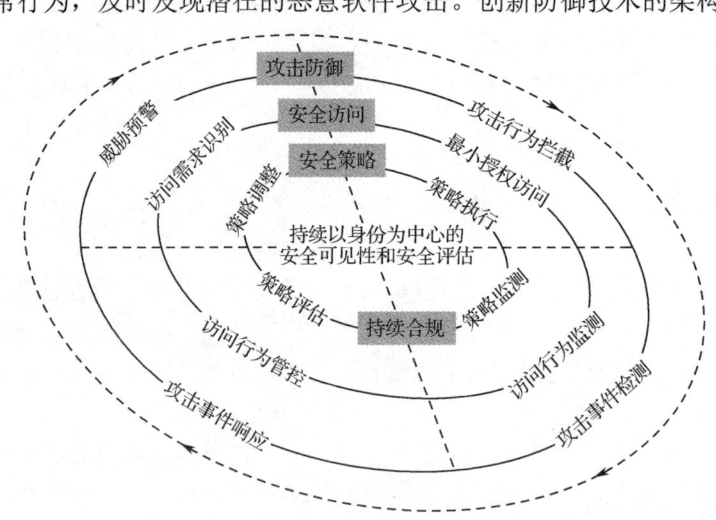

图 2-5　创新防御技术的架构

综上所述，恶意软件及其攻击对工控系统信息安全构成了严重威胁。企业需要采取多层次防御体系，从漏洞修复到网络监测，从安全意识培养到应急响应计划，共同应对恶意软件的挑战。只有在综合考虑防御技术和实践的基础上，工控系统信息安全才能得到更加可靠的保障。

2.2.3　供应链风险与恶意供应链攻击

随着工控系统数字化转型的加速，供应链风险与恶意供应链攻击成为工控系统信息安全领域的一个重要议题。供应链在现代制造业中扮演着至关重要的角色，但同时也为恶意攻击者提供了潜在的入侵渠道和攻击目标。

（1）供应链的复杂性。现代制造业的供应链通常涉及多个环节，包括原材料采购、零部件制造、组装和分销等。随着供应链的全球化和复杂化，企业往往需要与数以百计的供应商和合作伙伴合作。然而，这也带来了潜在的风险，因为供应链中的每个环节都可能成为攻击的入口点。

（2）供应链风险的来源。供应链风险来自多个方面，包括供应商的信息安全实践不足、恶意供应商或合作伙伴、供应链的薄弱环节等。攻击者可能通过操纵供应链中的一环，将恶意代码或恶意硬件植入产品，从而在生产过程中引入安全漏洞。

（3）恶意供应链攻击的危害。恶意供应链攻击是指攻击者通过操纵供应链环节来实施攻击，其原理如图 2-6 所示。例如，攻击者可能在产品硬件中植入后门，从而远程操控产品；还可以篡改软件，在系统运行时进行恶意操作，这种类型的攻击可以导致数据泄露、系统崩溃、机密信息泄露，甚至危及生产设施和人员安全。

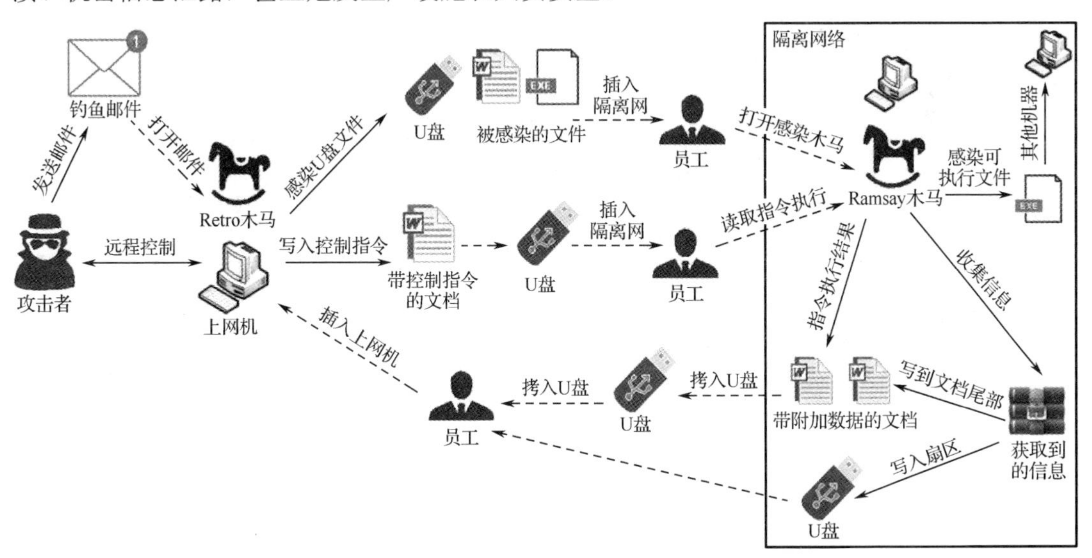

图 2-6　恶意供应链攻击原理

（4）供应链风险的应对策略。为了应对供应链风险和恶意供应链攻击，企业需要采取一系列防御措施。首先，需要建立供应商风险评估机制，对供应商的信息安全进行审查。其次，在与供应商建立合作关系时，需要在合同中包含明确的信息安全要求，确保供应商也遵循相应的安全标准。供应链也需要加强监管，以防止不良影响。

（5）跨部门合作。应对供应链风险需要企业内部多个部门的协同合作，包括采购、信息技术、信息安全等部门。信息共享和合作是有效应对供应链风险的关键。

（6）未来挑战与发展。随着供应链的进一步数字化和全球化，恶意供应链攻击可能变得更加隐蔽和复杂。防御这些攻击需要不断创新和合作，以确保供应链的完整性和安全性。

综上所述，供应链风险与恶意供应链攻击已经成为工控系统信息安全的严重挑战。企业需要综合考虑供应链中的各个环节，制定相应的防御措施，加强与供应商的合作和监管，确保工控系统数字化转型的安全进行。

2.2.4 物联网和设备连接的威胁

随着工控系统数字化转型的加速，物联网（IoT）的应用越来越广泛，大大增强了工业设备和传感器之间的连接性，但也给工控系统带来了一系列新的威胁和挑战。

（1）物联网的应用。物联网在工业领域中的应用已经成为提高生产效率和优化资源利用的关键驱动因素。工业设备和传感器的连接性使得企业能够实时监测设备状态、生产过程和资源利用情况，这为实时决策和智能化生产提供了可能性，但同时也带来了安全风险。

（2）设备连接的威胁。物联网和设备连接的威胁涵盖多个方面。首先，由于设备数量庞大且分散，管理和维护设备变得更加困难，攻击者可能利用未经授权的设备接入网络，窃取数据或攻击系统。其次，部分物联网设备的制造商可能忽视了安全性，导致设备本身存在漏洞，容易被攻击者利用。此外，数据在设备之间传输时可能面临数据泄露和被篡改的风险。

（3）远程攻击。物联网和设备连接的威胁通常涉及远程攻击。攻击者可能通过网络入侵设备，从而操控设备或篡改其功能。例如，攻击者可能通过入侵工业传感器，改变其测量值，导致工控系统误判，从而影响生产过程。此外，攻击者还可以通过操纵物联网设备来实施分布式拒绝服务（DDoS）攻击，导致系统崩溃。DDoS 攻击的原理如图 2-7 所示。

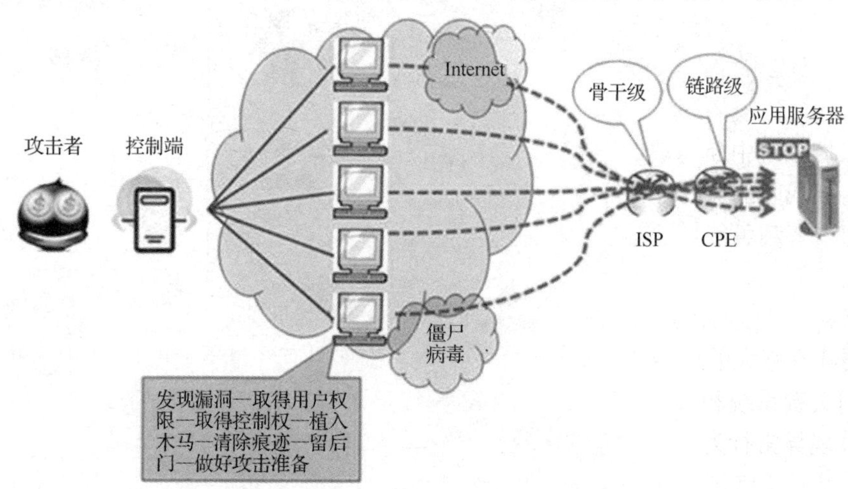

图 2-7　DDoS 攻击的原理

（4）数据隐私和数据泄露。物联网设备收集的数据可能包含敏感数据，如生产数据、设备状态等。未经适当保护，这些数据可能被攻击者窃取，导致商业机密泄露或隐私被侵犯。此外，数据在传输过程中的安全性也是一个关键问题，数据在传输中可能被拦截或被篡改。

（5）防御和应对策略。为了应对物联网和设备连接的威胁，企业需要采取一系列的防御措施。首先，需要建立强大的身份认证和访问控制机制，确保只有经过授权的设备和用户可以接入网络。其次，需要加强设备的安全性，对设备进行漏洞扫描和更新，及时修补可能存在的安全漏洞。此外，在数据传输时进行加密，确保数据在传输过程中不被窃取或篡改。

（6）安全意识教育。企业需要提高员工和用户的安全意识，教育他们如何识别可疑的设备和行为。由于很多的物联网攻击涉及社会工程学攻击手段，强化安全意识培训对于防范社会工程学攻击至关重要。

（7）未来挑战。随着物联网应用的不断扩展，设备连接的威胁可能变得更加复杂和隐蔽，新的攻击方式和漏洞可能不断出现，需要不断创新安全技术和策略。

综上所述，物联网和设备连接为工控系统带来了巨大的机遇，但同时也伴随着新的威胁。企业需要制定综合的防御策略，从设备安全到数据传输安全，从身份认证到安全意识教育，以确保工控系统数字化转型在安全的环境下进行。

2.2.5　内部威胁与人为因素

在工控系统数字化转型进程中，内部威胁与人为因素成为工控系统信息安全的一个重要方面。虽然外部攻击可能是威胁的一部分，但内部员工和合作伙伴的意外行为或恶意行为同样可能对工控系统的安全造成重大影响。

（1）内部威胁的形式。内部威胁可以分为恶意行为和意外行为两种形式。恶意行为是指内部员工或合作伙伴有意实施的攻击，可能是为了窃取机密信息、报复企业或者干扰生产过程。意外行为是指内部员工或合作伙伴无意中导致的安全事件，如误操作、错误配置等。

（2）恶意行为的挑战。恶意行为是最具破坏性的威胁之一，因为这种威胁已经在工控系统内部，了解工控系统的结构和弱点。这种威胁不仅可以对数据和设备造成损害，还可以引发严重的安全事件。另外，恶意行为的难以检测性也增加了防范的难度。

（3）意外行为的影响。意外行为通常是由内部员工或合作伙伴的疏忽或错误造成的，可能包括误操作、错误的配置、设备的不当使用等。虽然这些行为可能没有恶意，但它们同样可能导致工控系统中断、数据丢失，甚至设备损坏。

（4）内部威胁的原因。内部威胁的产生可能源于多个因素，如内部员工的不满、报复心理、利益驱使等都可能导致恶意行为。此外，缺乏足够的安全意识也可能导致意外行为。合作伙伴的信任度和安全实践也可能对内部威胁产生影响。

（5）应对内部威胁的策略。为了应对内部威胁，企业需要采取一系列的防御和监测措施。首先，需要建立强大的访问控制和权限管理机制，确保只有经过授权的内部员工和合作伙伴才可以访问关键系统和数据。其次，需要实施行为分析技术，监测内部员工和合作伙伴的行为，及时发现异常行为。

（6）安全意识培训。安全意识培训对于防止内部威胁至关重要。内部员工和合作伙伴需要了解安全最佳实践，学会识别可疑行为，并知道如何正确处理敏感数据。

（7）数据监测与审计。实施数据监测和审计机制可以帮助企业发现潜在的内部威胁，监测内部员工和合作伙伴的活动，记录他们对系统和数据的访问，有助于及早发现异常行为。

（8）建立信任文化。企业需要建立积极的信任文化，使内部员工和合作伙伴愿意报告可能的安全问题。这有助于发现和解决问题，避免内部威胁升级。

（9）未来展望。随着工控系统数字化转型的加速，内部威胁和人为因素可能会进一步增加。未来，企业需要更加注重内部安全措施，通过技术创新和信任文化建设，建立更加稳固的安全防线。

综上所述，内部威胁与人为因素在工控系统数字化转型中具有重要性，企业需要采取综合的防御策略，从访问控制到安全培训，从行为分析到信任文化的建设，以确保内部威胁不会危及工控系统数字化转型的安全进行。

2.2.6 数据泄露和隐私侵犯的威胁

2.2.6.1 数据泄露类型

1. 敏感数据的泄露

工控系统涉及大量的生产数据，如工艺参数、设备状态、生产计划等。这些数据对企业的运营和决策具有重要意义，一旦泄露，可能导致企业遭受重大损失。敏感数据的泄露可能是由于系统漏洞、人为错误或恶意攻击等原因造成的。为了防止敏感数据泄露，企业需要加强数据保护措施，如采用加密技术、访问控制机制等，确保数据的机密性和完整性。

2. 隐私数据泄露

工控系统还可能涉及员工的个人隐私数据，如身份信息等。这些数据一旦泄露，可能导致员工隐私受到侵犯，给企业带来法律风险和声誉损失。隐私数据泄露可能是由于系统漏洞、内部人员滥用权限或恶意攻击等原因造成的。为了防止隐私数据泄露，企业需要遵守相关法律法规和道德规范，加强员工隐私保护意识，同时采用加密技术、访问控制机制等措施来保护员工的个人隐私数据。

2.2.6.2 数据泄露的风险与影响

1. 经济损失与声誉损失

工控系统的数据泄露可能导致企业遭受巨大的经济损失。敏感数据和隐私数据的泄露可能被竞争对手利用，导致企业丧失商业机密、客户信息等重要资源，进而影响企业的业务运营和市场竞争力。此外，数据泄露还可能导致企业声誉受损，影响企业的形象和品牌价值。为了应对这种风险，企业需要加强数据保护措施，确保数据的机密性和完整性，同时建立完善的数据泄露应对机制，及时应对数据泄露事件。数据泄露的应对机制如图 2-8 所示。

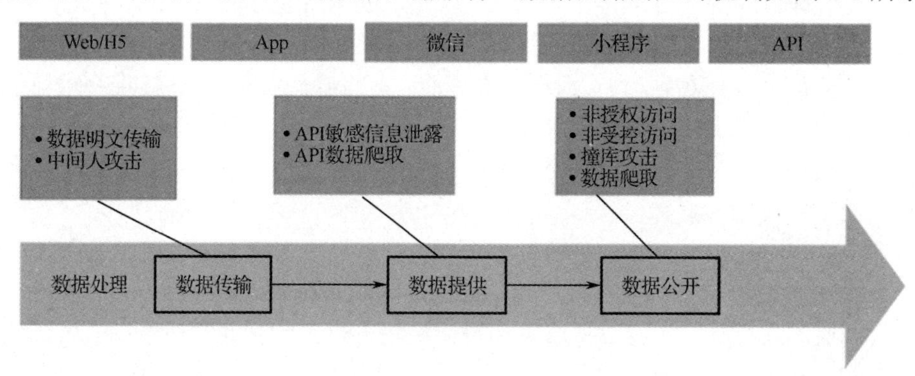

图 2-8　数据泄露的应对机制

2. 法律法规遵从问题

工控系统涉及大量的生产数据，这些数据受到相关法律法规的保护。一旦数据泄露，企业可能面临违反法律法规的风险。例如，违反个人信息保护、商业秘密保护等相关法律法规，可能导致罚款、行政处罚等。为了应对这种风险，企业需要遵守相关法律法规和道德规范，加强员工隐私保护意识教育，同时建立完善的数据保护机制，确保数据的合规性和安全性。

2.2.6.3　数据保护和隐私措施

1. 数据加密技术与数据脱敏技术

数据加密技术是保护工控系统数据安全的重要手段。通过对敏感数据进行加密处理，可以防止数据在传输和存储过程中被非法获取和篡改。企业可以采用先进的加密算法和密钥管理技术，确保数据的机密性和完整性。数据脱敏技术也是保护数据隐私的有效手段，通过对敏感数据进行脱敏处理，保护个人隐私和企业敏感数据。数据脱敏的原理如图 2-9 所示。

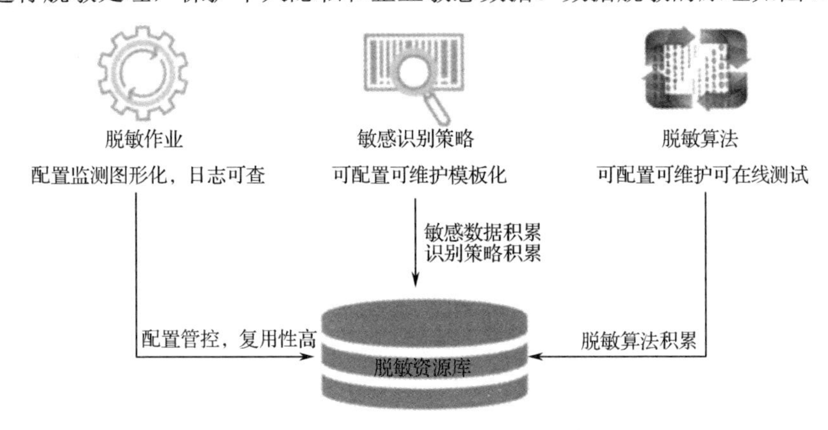

图 2-9　数据脱敏的原理

2. 隐私保护的法律合规策略

为了确保工控系统数据和隐私保护措施的有效性，企业需要制定和执行隐私保护的法律合规策略。企业应遵守相关法律法规和道德规范，明确数据收集、处理、存储和使用的合法性和必要性。同时，企业还应建立完善的数据保护机制，包括数据分类、访问控制、数据泄露、应急响应等，确保数据的合规性和安全性。此外，企业还应加强员工隐私保护意识，提高员工对数据保护和隐私保护措施的重视程度和执行能力。

在数字化时代，数据被视为一项重要资产，尤其是在工控系统中。随着工控系统数字化转型的加速，数据泄露和隐私侵犯的威胁日益凸显，这些威胁可能导致敏感数据泄露、商业机密泄露，以及个人隐私被侵犯等问题。

（1）工控系统的数据价值。工控系统在数字化转型过程中生成了大量的数据，包括生产数据、设备状态、传感器读数等，这些数据对于优化生产过程、进行智能化决策和改进设备维护非常关键。这些数据的价值也使其成为攻击者的目标。

（2）数据泄露的影响。数据泄露可能导致敏感数据曝光，包括客户数据、产品规格、生产计划等，这不仅会损害企业声誉，还可能导致竞争优势的丧失。此外，数据泄露还可能引发法律合规问题，特别是在涉及个人隐私数据的情况下。

数据泄露和隐私侵犯威胁着工控系统信息安全，企业需要采取综合的数据保护和隐私保护策略，从加密到访问控制，确保数据在工控系统数字化转型中得到妥善保护。

结语

本节深入探讨了工控系统信息安全的关键威胁，包括网络攻击与入侵、恶意软件及其相关攻击、供应链风险与恶意供应链攻击、物联网和设备连接的威胁、内部威胁与人为因素，以及数据泄露和隐私侵犯的威胁等。这些威胁在工控系统数字化转型过程中愈加凸显，可能对工控系统的安全和稳定造成严重威胁。

随着工控系统数字化转型的加速，防范这些威胁变得愈加迫切。为了保障工控系统信息安全，企业需要采取多层次防御体系和综合性的防御策略。从技术角度来看，构建强大的网络安全防护体系、实施恶意软件检测和防御、监测设备连接情况等都是至关重要的。同时，从组织和管理层面来看，加强安全培训、制定严格的访问控制机制、建立应急响应机制等都能有效提升工控系统的安全性。

随着技术的不断发展，威胁的形式也在不断演进，因此持续的安全性评估、漏洞管理，以及不断更新的安全措施都是保护工控系统信息安全的关键。通过综合性的防御策略，企业可以在数字化时代充分发挥工控系统的潜力，确保其在安全的基础上稳健运行。

2.3 工控系统信息安全在智能制造中的战略地位

引言

在数字化时代，智能制造正在以前所未有的力度改变着生产方式和商业模式。随着制造业不断向智能化方向发展，工控系统数字化转型成为现实，为生产过程带来了高效性、灵活性和智能化。然而，智能制造的快速崛起也带来了一系列前所未有的安全挑战，威胁着工控系统的稳定性、数据的保密性，以及整个产业链的可信度。

工控系统信息安全在智能制造中的战略地位愈加凸显。智能制造所依赖的数据交换、信息共享和网络通信使得工控系统变得更加开放和联动，但这也让工控系统暴露在各种潜在的风险和威胁之下，可能导致数据泄露、恶意攻击、生产中断等严重后果。因此，为了确保智能制造的可持续发展，工控系统信息安全必须成为一个战略性优先事项。

2.3.1 智能制造的背景与挑战

2.3.1.1 智能制造的发展历程

1. 传统制造到智能制造的转变

随着科技的发展，制造业逐渐从传统制造走向智能制造。传统制造主要依赖于人工操作和经验，生产效率低，产品质量不稳定。智能制造通过引入先进的数字化技术，如工业互联网、大数据、人工智能等，实现了生产过程的自动化、智能化和信息化。智能制造可以提高生产效率和产品质量，降低生产成本，为企业提供更加全面、准确的市场信息和客户需求，帮助企业制定更加科学合理的决策。

2. 科技发展对制造业的影响

科技发展对制造业的影响主要体现在以下几个方面：

（1）提高生产效率和产品质量。科技发展使制造业的生产过程更加高效、精确。例如，引入机器人和自动化设备可以减少人工干预，提高生产效率和产品质量。同时，通过引入检测技术和质量控制系统，可以确保产品质量的一致性和稳定性。

（2）降低成本。科技发展使制造业的生产成本不断降低。例如，通过引入供应链管理系统和物流技术，可以优化资源配置、降低库存成本。同时，通过引入能源管理技术和节能技术，可以降低能源消耗和减少环境污染。

（3）推动产业升级和转型。科技发展使制造业不断向高端化和智能化的方向发展。例如，引入人工智能和大数据技术，可以实现制造业的个性化定制和柔性制造，使企业适应市场需求的变化。同时，通过引入工业互联网技术，可以实现制造业的互联互通和协同创新，推动产业升级和转型。

2.3.1.2　智能制造面临的挑战

1. 技术集成与互操作性的挑战

智能制造涉及多种技术的集成和互操作性，包括工业互联网、大数据、人工智能、云计算等。这些技术的集成和互操作性对于智能制造的顺利实施至关重要。然而，由于不同技术之间的标准和规范存在差异，技术集成和互操作性面临诸多挑战。例如，不同设备之间的通信协议和数据格式可能不兼容，导致数据传输和处理的效率低。此外，不同系统之间的数据共享和协同工作也可能存在困难，需要解决技术上的瓶颈和兼容性问题。

2. 安全性与隐私保护的挑战

智能制造涉及大量的生产数据，这些数据的安全性和隐私保护对于企业的运营和声誉至关重要。随着智能制造的不断发展，安全性与隐私保护面临着诸多挑战。例如，黑客攻击、病毒传播等网络威胁可能对工控系统造成破坏，导致生产中断或数据泄露。此外，员工的不当行为也可能导致数据泄露，给企业带来经济损失和声誉损失。因此，企业需要加强安全管理和培训，提高员工的安全意识和技能水平，同时建立完善的数据保护机制，确保数据的机密性和完整性。

2.3.1.3　智能制造带来的机遇

1. 高效生产和个性化定制

通过引入先进的数字化技术和自动化设备，智能制造可以实现生产过程的高效化和智能化，这使企业能够提高生产效率和产品质量，降低生产成本，同时满足个性化定制需求。在智能制造的背景下，企业可以通过数据分析和挖掘，了解消费者的需求和偏好，实现个性化定制和差异化生产，提高市场竞争力。

2. 数据驱动的决策与创新加速

智能制造的发展使企业可以获得更多的数据来源和数据类型，包括生产、销售、市场需求等数据。这些数据可以实现数据驱动的决策和创新加速。通过数据分析和挖掘技术，企业可以发现新商机和市场趋势，加速产品研发和创新进程。同时，数据驱动的决策还可以帮助企业优化资源配置，提高生产效率和产品质量，实现可持续发展。

作为现代制造业的一个重要方向，智能制造将信息技术与制造工艺相结合，实现了生产流程的数字化、自动化和智能化。智能制造背后蕴含着提高生产效率、降低成本、提升产品质量等诸多潜在好处，然而实现智能制造并不仅仅是技术的问题，还涉及一系列挑战，其中工控系统信息安全问题尤为突出。

2.3.2 工控系统信息安全与智能制造的关系

2.3.2.1 智能制造与工控系统信息安全的融合

1. 数据安全与智能制造的互补性

智能制造与工控系统信息安全的融合体现在数据安全与智能制造的互补性上。智能制造依赖于大量的数据，而数据安全是确保这些数据不被泄露、篡改或破坏的关键。通过加强数据加密、访问控制、数据备份等措施，可以确保智能制造过程中的数据安全，为企业的决策和生产提供准确、可靠的数据支持。同时，智能制造的发展也为数据安全提供了更多的应用场景和需求，推动了数据安全技术的不断创新和发展。

2. 工控系统信息安全是智能制造的重要基石

工控系统信息安全是智能制造的重要基石，对于保障企业运营和声誉至关重要。在智能制造中，企业需要处理大量的敏感数据和隐私信息，这些数据的安全性和隐私保护对于企业的生存和发展至关重要。因此，企业需要建立完善的工控系统信息安全管理体系，包括制定工控系统信息安全政策、建立工控系统信息安全团队、加强员工培训等，以确保工控系统信息安全。同时，政府和社会也需要加强监管和合作，共同推动智能制造的健康发展。

2.3.2.2 工控系统信息安全对智能制造的支撑

1. 数据完整性与可靠性的重要性

工控系统信息安全对智能制造的支撑之一是保障数据的完整性和可靠性。智能制造依赖于大量的数据，数据的完整性和可靠性对于企业的决策和生产至关重要。通过采取有效的工控系统信息安全措施，如数据加密、访问控制、数据备份等，可以确保数据的机密性和完整性，避免数据泄露、篡改或破坏，为智能制造提供可靠的数据支持。

2. 隐私保护对于智能制造的必要性

随着智能制造的不断发展，隐私保护成为越来越重要的问题。在智能制造中，企业需要收集和处理大量的个人数据，如个人信息、健康状况等，这些数据的隐私保护对于消费者和企业声誉至关重要。因此，企业需要采取有效的隐私保护措施，如数据脱敏、隐私保护算法等，确保个人数据不被泄露和滥用。

2.3.2.3 智能制造对工控系统信息安全的影响

智能制造依赖于大量的数据，如生产、销售、市场需求等数据，这些数据需要进行挖掘和分析，以帮助企业更好地了解市场需求，实现个性化定制和差异化生产。然而，数据挖掘和分析会带来安全挑战。

人工智能、区块链、物联网等新兴技术不断涌现，对工控系统信息安全提出了更高的要求。例如，人工智能技术可以帮助企业实现自动化决策和智能化生产，但同时也带来了数据隐私和算法安全等问题；区块链技术可以提高数据的透明度和可信度，但同时也需要解决数据安全和隐私保护等问题；物联网技术可以实现设备的互联互通和协同工作，但同时也需要解决设备安全和网络攻击等问题。因此，企业需要加强技术研发和创新，提高工控系统信息安全的技术水平和应用能力。区块链在工控系统信息安全中的应用如图 2-10 所示。

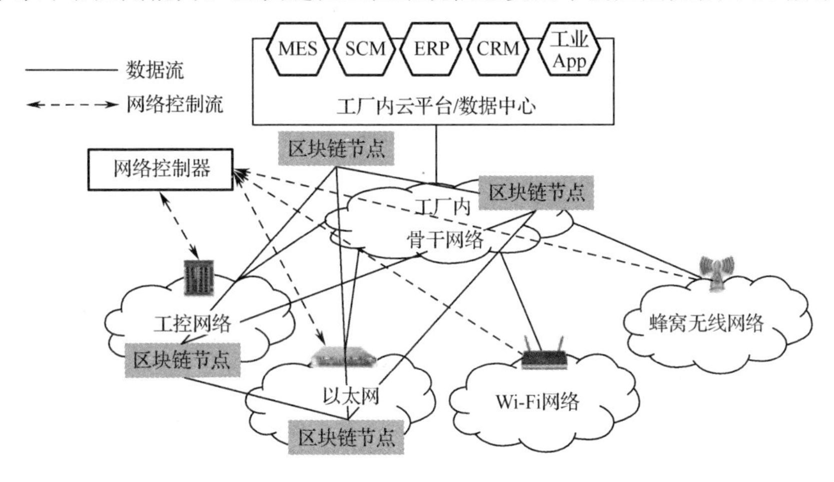

图 2-10　区块链在工控系统信息安全中的应用

智能制造的崛起在工业生产与制造中引入了数以亿计的互联设备，这些设备相互连接，实时交换信息，以提高生产效率和产品质量。然而，这也给工控系统信息安全带来了新的挑战和机会。

1. 工控系统信息安全与智能制造的交叉点

（1）物联网和传感器网络安全。智能制造依赖于大量的物联网设备和传感器，用于收集生产环境的数据。工控系统信息安全的挑战包括保护这些设备免受物理攻击和网络攻击，确保数据的完整性和可靠性。

（2）数据隐私和知识产权。在智能制造中，大量的生产数据被采集、存储和共享，工控系统信息安全要求保护这些数据隐私，同时防止知识产权被侵犯，特别是在供应链中。

（3）网络和通信安全。智能制造依赖于高度互联的网络，用于传输数据和控制生产设备。工控系统信息安全需要保护这些网络免受入侵、干扰。

（4）自动化决策安全。智能制造通常具有自动化决策功能，能够实时做出生产调整。工控系统信息安全需要确保这些决策不受操纵或破坏。

2. 工控系统信息安全的关键作用

（1）生产连续性。工控系统信息安全可保障生产不受网络攻击或数据泄露的干扰。

（2）数据完整性。保护数据免受篡改，确保生产数据的准确性和可信度。

（3）隐私保护。保护员工和客户的隐私，合规处理敏感数据。

（4）知识产权保护。防止知识产权被窃取，保护创新和竞争优势。

（5）业务连续性。工控系统信息安全可帮助企业快速应对安全事件，避免生产中断。

3. 工控系统信息安全与智能制造的协同发展

工控系统信息安全不仅是智能制造面临的挑战，还是推动其发展的关键。在工控系统信息安全策略的支持下，智能制造可以实现更高的效率、灵活性和竞争力，同时降低风险。因此，工控系统信息安全的专业人员和智能制造领域的专家应紧密合作，共同推动二者的协同发展。工控系统的风险路径如图 2-11 所示，有效的工控系统信息安全策略不仅可保护企业的利益，还有助于实现智能制造。

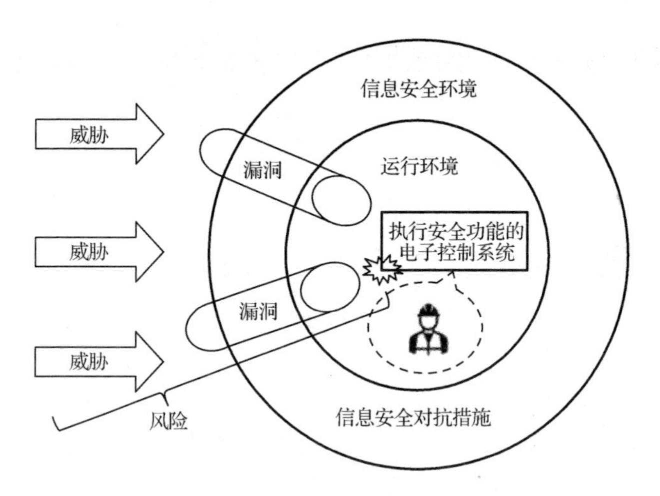

图 2-11 工控系统的风险路径

2.3.3 智能制造对工控系统信息安全的需求

2.3.3.1 数据隐私与保密性

1. 智能制造中的敏感数据

智能制造涉及大量的敏感数据，包括产品设计、工艺流程、生产计划、库存信息、人员管理等。这些数据不仅反映了企业的生产状况和商业机密，还可能涉及个人隐私和消费者信息。因此，保护这些敏感数据对于企业的生存和发展至关重要。企业需要采取有效的措施，如数据加密、访问控制、数据备份等，确保这些敏感数据的机密性和完整性，避免它们被泄露、篡改或破坏。

2. 保护数据隐私的挑战

保护数据隐私是智能制造面临的挑战之一。一方面，智能制造涉及大量的数据，数据的隐私保护需要贯穿数据处理的整个流程，确保个人数据不被泄露和滥用；另一方面，新兴技术的不断涌现，如人工智能、区块链、物联网等，给数据隐私保护带来了新的挑战。因此，企业需要加强技术研发和创新，提高工控系统信息安全的技术水平和应用能力，同时加强工控系统信息安全管理，确保工控系统的安全性。

2.3.3.2 实时性与可靠性

1. 数据的实时性对智能制造的重要性

工控系统的实时性对于智能制造至关重要，工控系统的实时性控制架构如图 2-12 所示。在智能制造中，实时性意味着能够及时、准确地获取和传输生产数据，以便进行实时决策和控制。数据的实时性对于生产过程的优化、产品质量的控制、能源消耗的管理等都具有重要意义。如果数据的实时性遭到破坏，可能导致生产过程的延时、错误或故障，影响企业的生产效率和产品质量。因此，确保工控系统的实时性是智能制造的重要前提。

2. 数据的可靠性对生产流程的影响

数据的可靠性对于工控系统的正常运行和生产流程的稳定具有重要影响。如果数据不可靠，则可能会导致错误的决策和控制，进而影响生产流程的稳定和产品质量。数据的可靠性包括数据的完整性、准确性和一致性。如果数据在采集、传输、处理和应用过程中出现错误或丢失，可能导致生产过程出现故障或事故，给企业带来经济损失和声誉损失。因此，确保数据的可靠性是智能制造的重要基础。

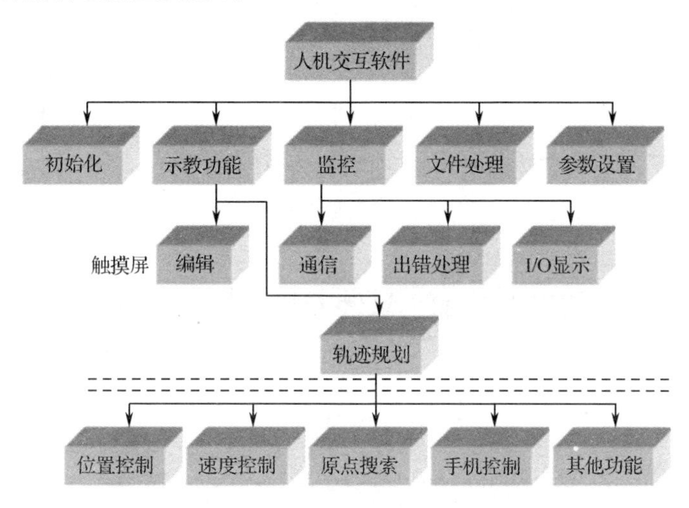

图 2-12　工控系统的实时性控制架构

2.3.3.3　工控系统的完整性与可用性

1. 工控系统的完整性

工控系统的完整性是指工控系统能够保持其设计时的功能和性能，并防止未经授权的修改或破坏。保障工控系统的完整性是确保工控系统正常运行和智能制造顺利实施的关键。如果工控系统的完整性遭到破坏，则可能导致工控系统崩溃、数据丢失或功能失效，进而影响生产流程的稳定和产品质量。因此，企业需要采取有效的措施，如定期更新和修补工控系统信息安全漏洞、实施访问控制和身份认证等，确保工控系统的完整性。

2. 工控系统的可用性

工控系统信息安全对其可用性具有重要影响。一方面，工控系统信息安全可以保护工控系统免受恶意攻击和数据泄露，确保工控系统的稳定性和可用性；另一方面，不当的工控系统信息安全措施可能导致工控系统的性能下降或功能受限，影响其可用性。因此，企业需要权衡工控系统安全性和可用性之间的关系，制定合理的工控系统信息安全策略和管理措施，在确保工控系统信息安全的同时，不影响工控系统的正常运行和智能制造的顺利实施。

智能制造对工控系统信息安全的需求是确保生产过程和数据不受损害、不被未经授权的访问和利用。以下是智能制造对工控系统信息安全的需求：

（1）数据保密性。智能制造的数据包含设计图纸、生产计划和财务等敏感数据，确保这些敏感数据的保密性至关重要，以防止未经授权的访问和泄露。

（2）数据完整性。数据完整性是指数据在传输和存储过程中不被篡改。在智能制造中，数据完整性可确保生产过程的准确性，防止错误的决策和操作。

（3）数据可用性。生产中断会导致严重的损失，确保数据可用性至关重要，防止由于网络攻击或硬件故障而导致的生产中断。

（4）访问控制。确保只有授权用户才能访问关键系统和数据。通过强制访问控制策略，可以防止未经授权的访问。

（5）身份认证。确认每个用户或设备的身份，防止冒充和未经授权的访问。双因素身份认证等技术可提高安全性。

（6）防止恶意软件入侵。防止病毒、恶意程序和恶意脚本的入侵，可避免工控系统瘫痪或数据泄露。

（7）漏洞管理。定期审查和修补工控系统信息安全与应用程序中的漏洞，可防止潜在的入侵。工控系统中的漏洞管理如图 2-13 所示。

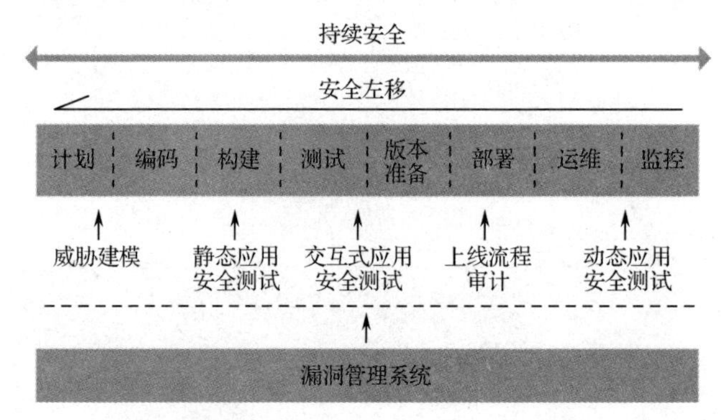

图 2-13　工控系统中的漏洞管理

（8）监测与响应。部署实时监测系统，能够监测异常活动并立即采取措施，以减少潜在威胁。

（9）教育与培训。企业员工需要接受信息安全培训，了解工控系统信息安全的最佳实践、风险，以及如何识别潜在威胁。

（10）合规性。企业需要遵守各种信息安全法规和行业标准，降低法律风险。

（11）应急响应计划。制订并测试应急响应计划，可迅速应对安全事故，减少损失。

综合考虑智能制造对工控系统信息安全的需求，并采取适当的技术和管理措施，可以确保工控系统信息安全，维护生产的连续性和可信度，这不仅有助于减少潜在威胁，还有助于提高整个智能制造的效率和可持续性。

2.3.4　工控系统信息安全策略的制定与实施

2.3.4.1　工控系统信息安全策略的制定阶段

1. 确定工控系统信息安全的目标

在制定工控系统信息安全策略时，首先需要明确工控系统信息安全的目标，该目标不仅要与企业的整体战略目标相一致，还要考虑智能制造的特点和需求。例如，工控系统信息安全的目标可能包括保护生产数据的安全性和完整性、防止未经授权的访问、确保工控系统的可用性和稳定性等。通过明确这些目标，可以为工控系统信息安全策略的制定和实施提供明确的指导。

2. 制定符合智能制造需求的工控系统信息安全策略

在确定工控系统信息安全的目标后，还需要制定符合智能制造需求的安全策略。工控系统信息安全策略应该涵盖数据保护、访问控制、入侵检测、漏洞管理等多个方面，确保工控系统的安全性和稳定性。同时，工控系统信息安全策略还应该考虑新兴技术的应用，如人工智能、区块链、物联网等，确保这些技术在提高生产效率的同时，不会对工控系统信息安全带来新的挑战。工控系统信息安全策略模型如图 2-14 所示。

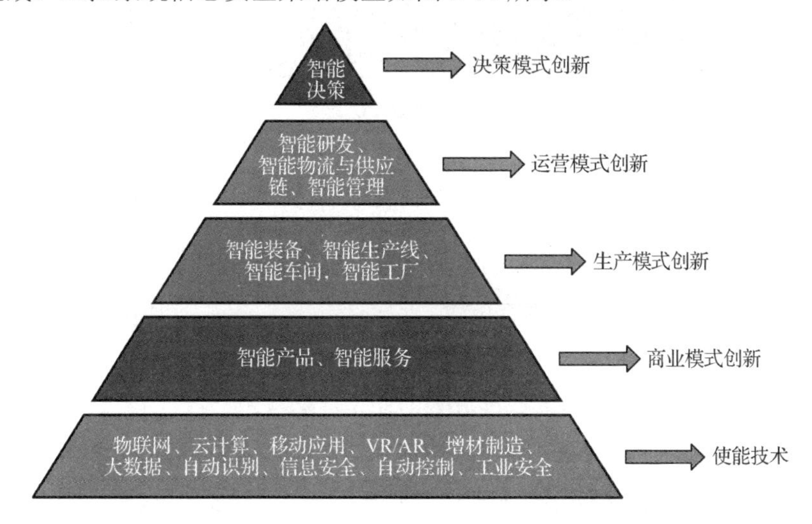

图 2-14　工控系统信息安全策略模型

2.3.4.2　资源配置与技术选择

1. 分配安全资源和预算

为了确保工控系统信息安全，企业需要合理分配安全资源和预算，包括人员、技术、设备和资金等方面。

（1）企业需要设立专门的工控系统信息安全团队或部门，负责管理和实施工控系统信息安全策略。这个团队或部门需要具备专业的技术能力和丰富的经验，以确保能够有效应对各种威胁。

（2）企业需要投入足够的技术和设备资源，用于加强工控系统信息安全，包括防火墙、入侵检测系统、加密技术等；同时，还需要定期对工控系统和相关设备进行更新和升级，以应对新的威胁和漏洞。

（3）企业需要合理规划预算，确保在工控系统信息安全方面的投入能够得到有效回报。这需要企业在制定预算时，充分考虑工控系统信息安全的需求和成本效益，确保投入的资源能够最大限度地提高工控系统的安全性。

2. 所选技术与工控系统信息安全策略的匹配

在选择工控系统的技术时，需要考虑其与工控系统信息安全策略的匹配。一些新兴技术，如人工智能、区块链、物联网等，虽然可以提高生产效率和灵活性，但也会带来新的威胁和挑战。因此，在选择技术时，需要充分评估其安全性和风险，确保所选技术能够与现有的工控系统信息安全策略相匹配，共同提高工控系统的安全性。

在选择工控系统技术时，需要考虑到工控系统信息安全的要求。例如，在选择人工智能技术时，需要考虑如何保护敏感数据和算法的安全性，可通过基于多维主体的安全屋数据安全模型（见图 2-15）进行相关配置；在选择物联网技术时，需要考虑如何确保设备的安全性和数据的隐私性。

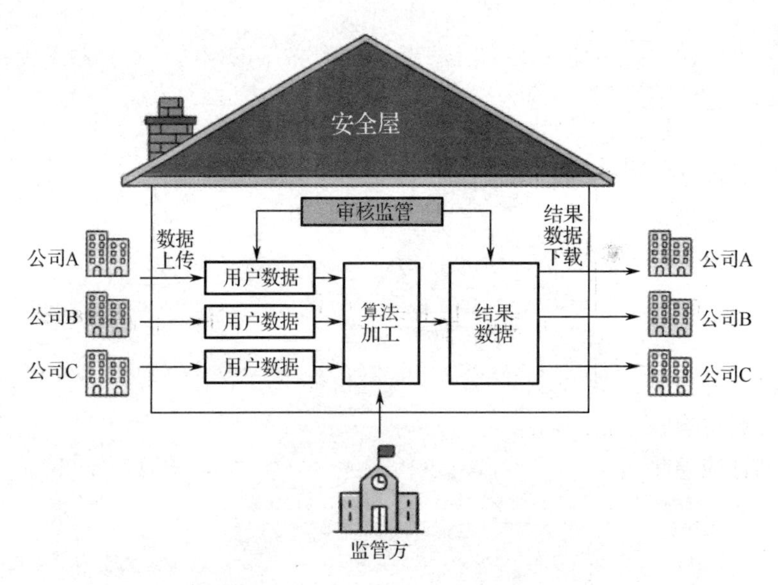

图 2-15　基于多维主体的安全屋数据安全模型

2.3.4.3　工控系统信息安全策略的实施与监测

1. 工控系统信息安全策略的实施

（1）制订安全措施计划。企业需要制订详细的安全措施计划，明确安全措施的目标、范围、时间表和责任人。这个计划应该基于企业的整体战略目标，以及工控系统的特点和需求来制订。

（2）实施安全措施。根据安全措施计划，企业需要采取一系列的安全措施，包括物理安全措施、网络安全措施、数据安全措施等。这些措施应该覆盖工控系统的各个层面，确保系统的安全性得到全面保障。

（3）监测与评估。在实施安全措施的过程中，企业需要对实施情况进行监测和评估。这包括对安全措施的效果进行评估，及时发现和解决潜在的安全问题。同时，还需要对安全措施进行持续改进，以适应不断变化的威胁和挑战。

2. 工控系统信息安全策略的监测

（1）监测机制。企业需要建立完善的安全监测机制，包括实时监测、日志分析、入侵检测等功能。这些机制可以帮助企业及时发现和应对潜在的威胁和攻击。

（2）评估标准。为了对安全措施进行有效的评估，企业需要制定明确的评估标准。这些标准应该包括安全漏洞的数量、攻击成功的概率、系统可用性等多个方面。通过定期对系统进行评估，可以及时发现和解决潜在的安全问题。

（3）改进建议。根据评估结果，企业需要提出有针对性的改进建议。这些建议应该包括完善现有安全措施、优化安全流程、提高员工信息安全意识等方面。通过持续改进，可以不断提高工控系统的安全性。

在智能制造环境中，制定和实施工控系统信息安全策略至关重要。这个战略应该是全面的、多层次的，旨在保护企业的资产、数据和运营不受威胁。以下是工控系统信息安全策略的关键要素：

（1）风险评估与威胁建模。首先，企业需要进行风险评估，识别潜在的威胁和漏洞。这包括对生产环境、网络基础设施和数据存储的分析。威胁建模是一项关键任务，它有助于理解各种威胁对企业的潜在影响。

（2）安全政策。制定详细的工控系统信息安全政策，这些政策应明确规定如何处理敏感数据、访问控制、身份认证、密码策略等，应与行业标准和法规一致。

（3）访问控制和身份认证。部署访问控制措施，确保只有授权用户可以访问关键系统和数据。使用多因素身份认证，如生物识别或硬件令牌，以增强身份认证的安全性。

（4）数据加密和隐私保护。对数据进行端到端的加密，确保数据在传输和存储过程中得到保护，特别要关注个人隐私和敏感数据，应遵守相关法规。

（5）安全培训与意识。定期进行员工培训，使他们了解工控系统信息安全的最佳实践和威胁识别，建设一种安全意识文化，使员工能够主动参与工控系统信息安全的建设。

（6）威胁检测与响应。部署威胁检测系统，实时监测网络和工控系统的活动，以便检测潜在的入侵；制订应急响应计划，以便在发生安全事件时能快速采取行动，减少损失。

（7）安全更新与漏洞管理。定期审查和更新工控系统、应用程序和设备，确保安装最新的安全补丁；建立漏洞管理流程，及时修补已知漏洞。漏洞管理的关键过程如图 2-16 所示。

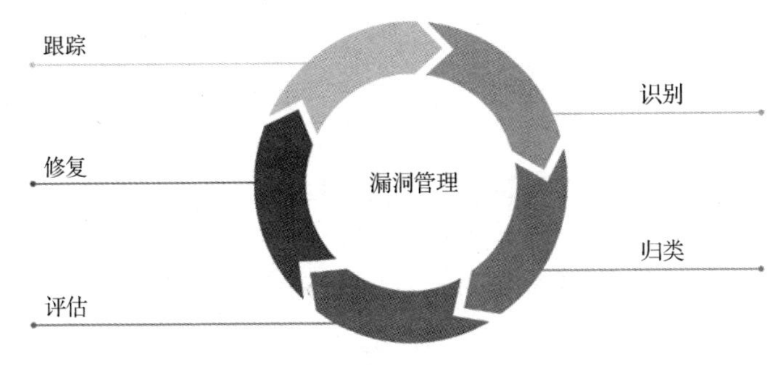

图 2-16　漏洞管理的关键过程

（8）合规性检查和报告机制。确保工控系统信息安全策略符合法规和行业标准，建立合规性检查和报告机制，以满足法规要求。

（9）安全文档和记录。保留详细的安全文档和记录，包括安全事件的日志、审计报告和工控系统信息安全策略的历史版本。这些记录对于合规性检查非常重要。

（10）定期评估和改进。对工控系统信息安全策略进行定期评估和改进，考虑新的威胁和技术发展，不断优化安全策略以适应不断变化的风险。

综合考虑上述要素，工控系统信息安全策略应该是一个持续改进的过程，以适应不断变化的威胁。只有通过综合的、多层次防御体系，才能确保智能制造的安全性和可信度，同时降低潜在的风险。

结语

本节介绍了工控系统信息安全在智能制造中的战略性地位。智能制造的兴起改变了制造业的面貌，将数据和智能化决策置于核心位置，提高了生产效率和产品质量。在这一变革中，工控系统信息安全不再仅仅是一项技术挑战，而是制造业成功的关键要素之一。首先，智能制造依赖于高度可信的数据和通信。工控系统信息安全在确保数据完整性、保护隐私、防止未经授权访问和维护智能化决策的可信度方面发挥着至关重要的作用。其次，智能制造引入了新的威胁和挑战。工控系统数字化转型增加了网络攻击、恶意软件、供应链风险等安全风险。因此，工控系统信息安全策略不仅需要与制造业的业务策略相一致，还需要考虑新的威胁和挑战。最后，制定和实施工控系统信息安全策略是确保智能制造的可持续发展的关键。工控系统信息安全策略应包括风险评估、政策制定、技术投资、员工培训和持续监测等方面。只有通过综合性、多层次防御体系，才能确保智能制造的安全性和可信度，同时提高生产效率和产品质量。

本章小结

本章深入探讨了工控系统（ICS）信息安全的紧迫性和重要性。首先，审视了数字化转型对工控系统的影响，分析了工控系统信息安全成为当务之急的原因。接着，研究了工控系统信息安全的关键威胁，包括网络攻击、恶意软件、供应链风险、物联网威胁、内部威胁和数据泄露。这些威胁对生产过程和企业资产构成了严重的风险，必须得到有效应对。

工控系统信息安全在智能制造中具有战略性地位。工控系统信息安全直接关系到智能制造的成功实施。工控系统信息安全策略，如访问控制、身份认证、威胁检测、数据保护等，都是保障智能制造可信度和持续性的重要组成部分。

通过深入了解工控系统信息安全面临的挑战和解决方案，读者将更好地应对数字化时代的工控系统信息安全威胁，确保工控系统的稳定运行。第 3 章将进一步探讨工控系统信息安全的智能化安全架构设计，为构建安全的制造环境提供实用指导。

第 3 章
工控系统的智能化安全架构设计

本章将深入探讨工控系统信息安全的实施，重点关注智能化安全架构的设计原则和方法，以及如何在数字化环境中构建安全可靠的工控系统，以应对日益复杂的威胁。

在设计智能化安全架构前，本章首先介绍了工控系统信息安全的需求分析和威胁建模，如工控系统的关键组件、通信通道、数据流程，以及可能的攻击面。

接着介绍了工控系统智能化安全架构的设计原则（如网络隔离、最小权限原则、纵深防御、安全审计等），并探讨如何将这些设计原则应用于实际的设计中。

工控系统的智能化安全架构设计并不是一次性任务，而是一个持续优化的过程。本章最后介绍了如何评估智能化安全架构的有效性，以及如何根据新的威胁和需求进行持续优化。

通过本章的学习，读者将了解如何设计工控系统智能化安全架构。智能化安全架构的设计不仅关乎技术，还需要考虑业务需求和风险管理，本章将为读者提供实用的指导，帮助读者应对工控系统信息安全面临的挑战。

3.1 工控系统信息安全的需求分析与威胁建模

引言

在工控系统信息安全中，需求分析与威胁建模是确保工控系统安全性的基础性工作。工控系统在数字化转型中发挥着越来越关键的作用，但随着工控系统变得越来越互联和智能，也出现了新的安全挑战。因此，工控系统信息安全的需求分析和威胁建模对于工控系统的安全性至关重要。

本节不仅将引导读者探讨如何进行工控系统信息安全的需求分析，包括数据完整性、可用性、保密性和可信度；还将探讨如何进行威胁建模，以识别潜在的威胁、漏洞和风险。

在数字化时代，工控系统信息安全对于维护生产连续性和数据完整性至关重要。通过工控系统信息安全的需求分析和威胁建模，可以更好地了解并应对威胁，确保工控系统信息安全。

3.1.1 工控系统信息安全策略的制定与实施

3.1.1.1 工控系统信息安全的需求分析

1. 确定系统安全需求

（1）明确系统功能与安全需求。首先需要明确工控系统的功能需求，包括生产控制、数据采集、设备监测等；其次，基于功能需求分析相关的安全需求，如数据保密性、完整性、可用性等。

（2）识别关键业务与安全需求。工控系统中的关键业务是保障生产流程稳定运行的关键，因此需要识别关键业务，并明确与之相关的安全需求，如防止业务中断、保障数据一致性等。

（3）考虑法律法规与合规性。根据相关的法律法规要求，分析工控系统需要满足的合规性要求，如个人信息保护、数据安全等。

2. 分析工控系统信息安全的关键指标和目标

（1）关键指标。为了评估工控系统信息安全水平，需要确定一系列关键指标。这些指标应涵盖系统安全性、数据完整性、可用性、保密性等方面，以全面评估工控系统信息安全状况。

（2）目标。根据工控系统的功能需求和安全需求，设定明确的工控系统信息安全目标。这些目标应与企业的整体战略和业务目标相一致，并考虑可实现性和可衡量性。通过设定明确的目标，可以为企业制定和实施工控系统信息安全策略提供明确的指导。

3.1.1.2 威胁建模

1. 潜在威胁识别

（1）识别潜在攻击者。分析可能对工控系统发起攻击的潜在攻击者，包括外部黑客、内部员工。对于不同类型的攻击者，可能需要采取不同的防御策略。

（2）识别潜在威胁。分析可能对工控系统构成威胁的潜在因素，如网络钓鱼、恶意代码、拒绝服务攻击等。这些威胁可能利用工控系统的漏洞或弱点，对企业和生产流程造成严重影响，需要综合工控系统的态势、知、感的性能识别潜在威胁。工控系统潜在威胁的识别原理如图 3-1 所示。

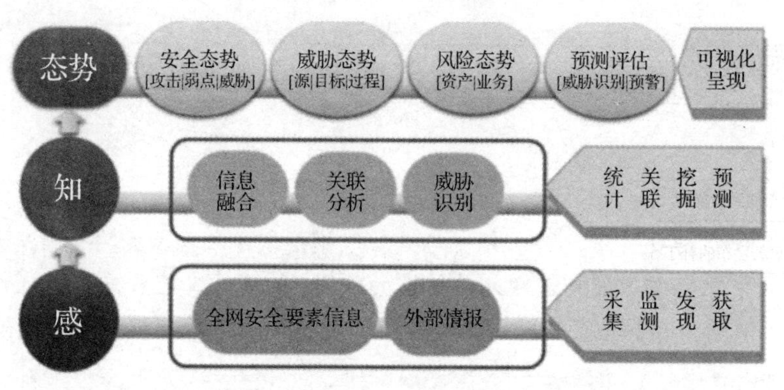

图 3-1 工控系统潜在威胁的识别原理

（3）分析威胁来源。对潜在威胁的来源进行分析，包括网络威胁、物理威胁、人为威胁等。了解威胁的来源有助于企业采取相应的防护措施，减少安全风险。

2. 威胁建模

（1）威胁分类与评估。对识别到的威胁进行分类，评估其对工控系统的威胁程度。威胁的严重性和可能性可为制定安全策略提供依据。

（2）威胁传播模型。建立威胁传播模型，分析潜在攻击者是如何利用工控系统的漏洞或弱点，实现攻击和传播恶意软件的。通过分析威胁传播路径，有助于确定防御措施的重点和优先级。

（3）攻击树模型。建立攻击树模型，分析潜在攻击者可能采取的攻击路径和手段。攻击树模型有助于企业全面了解潜在攻击者的攻击能力和手段，从而采取有效的防御措施。

3.1.1.3　安全策略的制定、实施和监督

1. 安全策略的制定

基于工控系统信息安全需求和威胁模型，制定有针对性的安全策略。安全策略应涵盖系统安全性，数据完整性、可用性、保密性等方面，以确保工控系统的全面安全。根据安全策略，规划工控系统信息安全架构，包括网络拓扑结构、防火墙配置、数据加密技术等。通过合理规划安全架构，可以使工控系统的安全性得到全面保障。

2. 安全策略的实施

（1）安全措施的实施。根据安全策略和安全框架，实施有效的安全措施，包括安装防火墙、配置入侵检测系统、加密传输数据等，可以降低工控系统面临的安全风险。

（2）员工培训与安全意识的提升。加强对员工的工控系统信息安全培训和教育，提高员工的安全意识。员工是企业工控系统信息安全的第一道防线，提升员工的安全意识是保障工控系统信息安全的重要环节。

3. 安全策略的监测机制

建立完善的安全策略监测机制，对工控系统信息安全状况进行实时监测和评估，包括对网络流量、系统日志、异常行为等进行监测和分析，及时发现和应对潜在的威胁。根据监测和评估结果，持续改进安全策略和安全措施，包括优化安全架构、更新安全防护设备、提升员工信息安全意识等。通过持续改进，可以不断提高工控系统的安全性。

在工控系统信息安全中，制定和实施工控系统信息安全策略是确保工控系统可信度和持续性的核心任务之一。工控系统信息安全策略旨在明确企业在保护工控系统方面的目标、方法和优先级。

工控系统信息安全策略的制定和实施流程如图 3-2 所示。

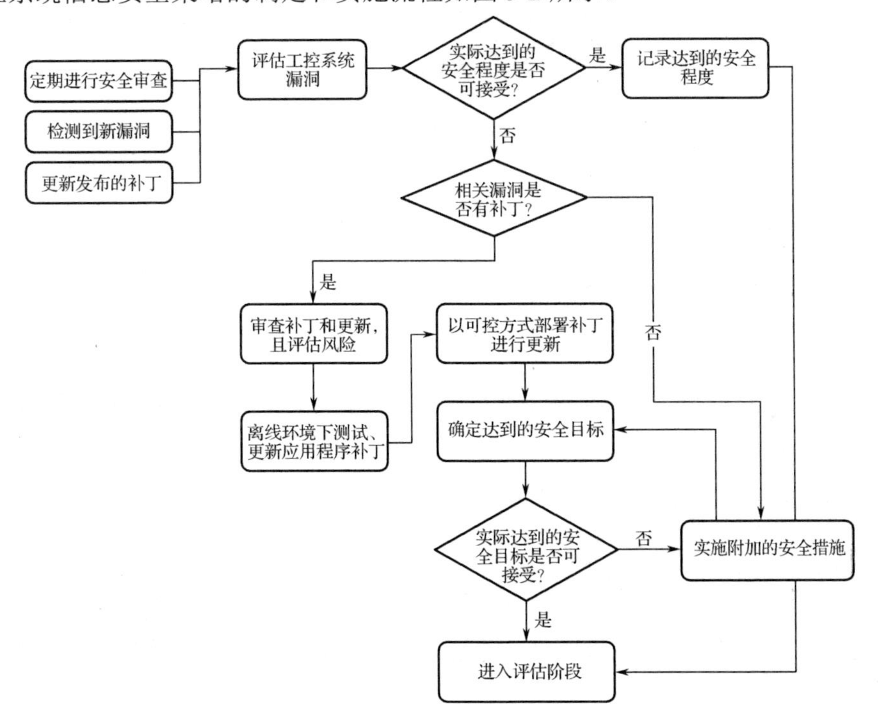

图 3-2　工控系统信息安全策略的制定与实施流程

3.1.2 工控系统信息安全威胁建模的步骤

工控系统信息安全的威胁建模是工控系统信息安全的核心工作之一，旨在识别、分析和理解潜在的威胁，以便制定有效的防御策略。威胁建模是一项复杂而系统的过程，需要考虑多个因素，包括工控系统的特性、组件、通信方式和外部环境。工控系统信息安全威胁建模的步骤如下：

（1）威胁源的识别。威胁建模的第一步是识别可能的威胁源。威胁源可以是外部的，如恶意黑客、网络攻击者、间谍组织；也可以是内部的，如员工、供应商或合作伙伴。了解威胁源的特征和潜在动机对于确定威胁的性质和严重性至关重要。

（2）威胁向量的分析。威胁向量是威胁源使用的具体方法或手段，包括恶意软件、漏洞利用、社会工程学攻击等。分析威胁向量有助于了解攻击者可能采取的行动，并识别工控系统的弱点。

（3）攻击路径的建模。在工控系统中，攻击路径指的是攻击者如何进入工控系统，并在其中移动和扩散的路径。攻击路径建模需要考虑工控系统的拓扑结构、通信协议、权限和访问控制等因素，有助于识别可能的攻击路径，以及在哪里采取防御措施。

（4）攻击影响和漏洞分析。对潜在攻击的影响和漏洞进行分析是威胁建模的关键组成部分，包括确定攻击可能导致的损害、生产中断、数据泄露等后果，以及已知漏洞和弱点的识别。攻击影响和漏洞分析的架构如图 3-3 所示。

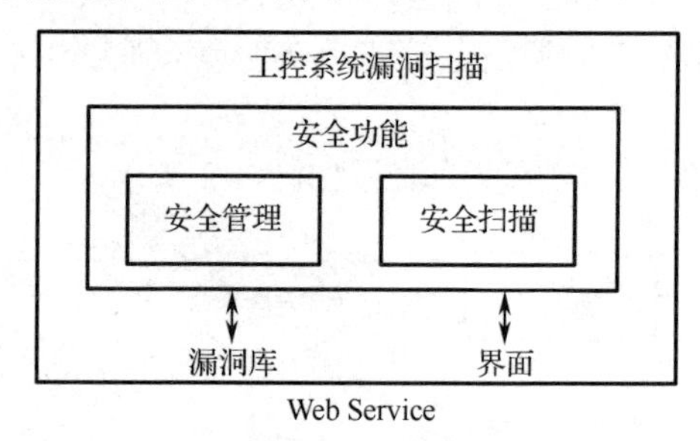

图 3-3　攻击影响和漏洞分析的架构

（5）威胁评估。在完成前 4 步后，就可以评估威胁的严重性、概率及潜在的影响。评估结果将有助于确定哪些威胁最值得关注。

（6）防御策略的制定。基于威胁建模的结果，企业可以制定有效的防御策略，减少威胁的影响和概率。

（7）持续监测和更新。威胁建模不是一次性任务，而是一个持续的过程。随着威胁环境的变化和新攻击技术的出现，威胁建模需要定期更新和重新评估。

工控系统的威胁建模是确保工控系统安全性的关键。通过深入分析威胁源、威胁向量、攻击路径和潜在影响，企业可以更好地理解威胁，并制定相应的防御策略，保护工控系统的完整性和可用性。这是在数字化时代中确保工控系统信息安全的不可或缺的过程。

3.1.3 工控系统信息安全的威胁源识别与分析

工控系统信息安全建设始于对威胁源的识别和分析。了解潜在的威胁源是制定有效安全策略的第一步。本节将介绍常见的威胁源的识别与分析。

1. 外部威胁源

（1）黑客和攻击者。黑客和攻击者是工控系统面临的常见威胁之一，他们可能试图入侵系统、窃取敏感数据、干扰生产或进行破坏性攻击。了解黑客和攻击者的动机和技术能力对于评估潜在威胁至关重要。

（2）恶意软件。恶意软件（如病毒、木马和勒索软件）是工控系统的潜在威胁源之一，了解恶意软件的传播路径和入侵方式有助于制定有效的反恶意软件策略。

（3）竞争对手和间谍组织。竞争对手可能通过窃取商业机密或破坏竞争对手的生产来试图获取竞争性优势。间谍组织可能试图获取国家机密或军事信息。了解这些威胁源的动机和方法对于保护敏感数据至关重要。

2. 内部威胁源

（1）内部员工。不论内部员工的无意行为还是恶意行为，都可能构成威胁。了解内部员工的访问权限和操作行为，以及如何监测和限制其访问行为，对于减轻内部威胁的风险至关重要。

（2）供应商和合作伙伴。与供应商和合作伙伴共享访问或数据的企业可能会受到他们行为的影响，确保合同中包含适当的安全条款，以及监测供应链的安全性是关键。

3. 物理威胁源

（1）自然灾害。自然灾害（如火灾、地震、洪水等）可能对工控系统造成破坏，在设计和部署工控系统时，应采取物理安全措施以应对这些威胁。

（2）未经授权用户。未经授权用户可能试图通过物理访问节点入侵设施以获得访问权限，监测和保护物理访问节点对于防止这种类型的威胁至关重要。

4. 社会工程学攻击

社会工程学攻击是利用欺骗或操纵人员来获取访问权限或信息的。了解社会工程学攻击的方法和预防措施对于保护员工免受此类攻击至关重要。

在威胁源识别与分析中，企业需要深入了解特定领域的潜在威胁，并评估这些威胁对工控系统的潜在影响。这为后续的安全策略制定和威胁防范提供了关键的信息基础，可确保工控系统的可持续性和安全性。

3.1.4 工控系统信息安全的漏洞评估与风险分析

在工控系统信息安全建设中，漏洞评估和风险分析是至关重要的步骤。这一步骤旨在识别工控系统中可能存在的漏洞和潜在风险，以便采取适当的措施来降低这些风险的影响。

1. 漏洞评估

（1）漏洞扫描和测试。漏洞评估通常是指使用漏洞扫描工具和渗透测试工具来检查工控系统中可能存在的漏洞。漏洞扫描工具可以自动检测已知漏洞，而渗透测试工具则是通过模拟攻击者的行为来查找未知漏洞的。

（2）漏洞分类和优先级。评估发现的漏洞，对它们进行分类并为不同的漏洞分配不同的优先级，有助于企业确定哪些漏洞需要立即修复，以及哪些可以稍后处理。

（3）漏洞修复和更新。企业需要基于漏洞评估结果制订漏洞修复计划，并确保及时修复已识别的漏洞。此外，定期更新系统和应用程序也是降低漏洞风险的关键。

2. 风险分析

（1）风险识别。风险分析的第一步是识别与漏洞相关的风险，包括考虑漏洞的潜在利用方式及其对工控系统的影响。

（2）风险评估。风险评估需要确定每个风险的严重性和概率。使用风险矩阵或其他方法可以量化风险的严重性和概率。

（3）风险优先级。风险评估的结果可用于确定哪些风险最值得关注和处理，有助于企业分配资源以应对最严重的风险。

漏洞评估和风险分析是确保工控系统安全性的关键步骤。通过定期评估漏洞并分析与之相关的风险，企业可以更好地了解工控系统的安全状况，并采取适当的措施来降低风险，从而确保工控系统的可持续性和安全性。漏洞评估和风险分析是数字化时代工控系统信息安全的不可或缺的组成部分。

3.1.5 工控系统信息安全的关键资产识别

在工控系统的安全架构设计中，关键资产的识别是一项至关重要的任务。关键资产是指对于企业的运行和安全至关重要的系统、设备、数据和资源。本节介绍关键资产识别的重要性、识别方法和实践建议。

1. 关键资产识别的重要性

（1）风险管理。了解哪些资产对企业的运行是至关重要的，可以帮助企业识别和管理潜在的风险。这些风险可能来自威胁、漏洞或自然灾害等。

（2）资源分配。有效的资源分配需要知道哪些资产最需要保护，有助于企业将有限的安全资源投入关键的领域，以最大限度地提高整体安全性。

（3）应急响应。在紧急情况下，如发生安全事件或系统故障，知道哪些资产是关键资产可以帮助企业优先处理问题，确保工控系统的快速恢复。

2. 关键资产的识别方法

（1）资产清单编制。在开始识别关键资产时，企业应编制一份详细的资产清单，包括所有与工控系统相关的硬件、软件、网络设备和数据。这一步骤是识别关键资产的基础。

（2）关键性评估。通过对资产进行关键性评估，可以确定哪些资产对企业的运行是至关重要的。关键性评估通常需要关联业务流程和目标，从而确定资产对实现目标的贡献。

（3）脆弱性分析。对资产进行脆弱性分析有助于识别潜在的漏洞和风险。脆弱性分析包括查找可能被攻击者利用的漏洞或弱点。脆弱性分析的流程如图 3-4 所示。

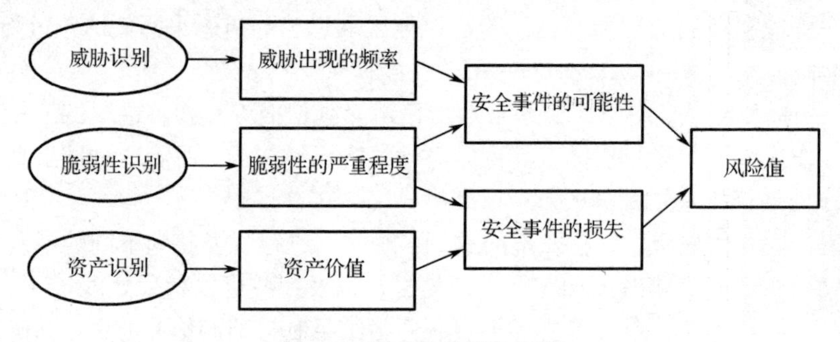

图 3-4 脆弱性分析的流程

（4）业务影响分析。业务影响分析是指分析资产的失效对业务运行的潜在影响，有助于确定哪些资产的失效可能对企业的连续性产生严重影响。

3. 实践建议

（1）定期更新资产清单。资产清单需要定期更新，以反映工控系统的变化。新的设备、应用程序或数据源应及时添加到清单中。

（2）建立访问控制策略。包括实施身份认证和访问控制策略，确保只有授权用户才能访问关键资产。

（3）备份和灾难恢复。对关键资产的数据进行定期备份，制订灾难恢复计划，确保在发生系统故障或安全事件时能够迅速恢复正常。

关键资产识别是工控系统智能化安全架构设计的基础，有助于企业更好地了解并采取适当的措施来保护这些关键资产。

3.1.6 工控系统信息安全的需求分析与威胁建模工具

在工控系统的智能化安全架构设计中，使用适当的需求分析工具与威胁建模工具可以帮助安全专家、工程师和设计师更好地理解工控系统信息安全需求，并识别潜在的威胁和漏洞。

1. 需求分析工具

（1）需求定义与分析。需求分析工具允许安全团队定义工控系统信息安全需求。这些需求包括访问控制、身份认证、数据保护、事件响应等，必须与系统的业务和功能需求协调一致。

（2）自动化需求生成。一些需求分析工具还具备自动生成需求的功能，它们可以根据特定的安全标准或最佳实践自动生成需求，从而减轻手工编写需求的工作负担。

（3）需求跟踪和管理。需求分析工具通常提供需求跟踪和管理功能，可确保需求的完整性和一致性。

2. 威胁建模工具

（1）模型建立。威胁建模工具可帮助安全团队创建工控系统信息安全的威胁模型，这些模型描述了潜在的威胁来源、攻击路径和可能的攻击方式。

（2）威胁分析。威胁建模工具还可对威胁进行分析，评估威胁的可能性和影响，有助于确定哪些威胁是工控系统的最大威胁。工控系统信息安全的威胁分类如图3-5所示。

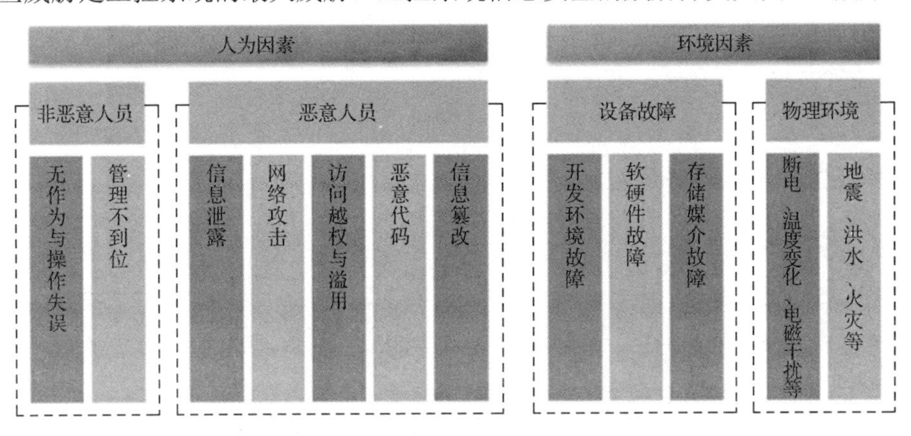

图3-5 工控系统信息安全的威胁分类

（3）漏洞识别。一些威胁建模工具可以自动识别与威胁相关的漏洞和弱点，这有助于及早发现潜在的安全问题。

3. 工具选择与能力整合

（1）工具选择。不同的工具有不同的功能，支持不同的标准和模型，选择适合特定安全需求的工具至关重要。

（2）能力整合。需求分析工具与威胁建模工具通常要与其他工具（如系统设计工具、编码工具等）进行整合，以确保工控系统信息安全的全生命周期管理。

4. 实践建议

（1）培训与教育。使用需求分析工具和威胁建模工具前需要对安全团队的成员进行培训和教育，以确保安全团队成员能够充分利用这些工具的功能。

（2）持续更新。需求分析工具和威胁建模工具中的威胁库和漏洞数据库应定期进行更新，以包含最新的威胁和漏洞。

需求分析工具和威胁建模工具是确保工控系统安全性的关键组成部分，它们有助于提前识别潜在的问题，从而减少工控系统面临的风险和成本。这些工具在确保工控系统的安全性和可靠性方面发挥了重要的作用。

结语

本节介绍了工控系统信息安全的需求分析与威胁建模，及其在工控系统智能化安全架构设计中的关键作用。通过定义和理解工控系统的安全需求，可确保安全性被纳入工控系统信息安全的全生命周期管理中，并与业务需求相协调。威胁建模工具有助于企业识别和理解潜在的威胁，从而采取相应的安全措施来保护工控系统。

3.2 工控系统智能化安全架构的设计原则

引言

工控系统的智能化安全架构是确保工控系统在数字化转型和智能制造时代安全运行的关键组成部分。本节将介绍工控系统智能化安全架构的设计原则，旨在帮助安全专家和工程师构建安全可靠的工控系统。本节介绍的设计原则涵盖了系统设计、访问控制、监测和响应等多个方面，可确保工控系统在不断演进的威胁环境中保持安全性和可用性。

3.2.1 安全性优先原则

在工控系统的智能化安全架构设计中，将安全性置于优先位置是至关重要的。安全性优先配置架构如图 3-6 所示。

安全性优先原则旨在确保工控系统在数字化转型和智能制造时代仍然能够抵御威胁并保护关键基础设施。

（1）安全性是首要任务。安全性必须当成工控系统智能化安全架构设计的首要任务，这意味着在设计和实施工控系统智能化安全架构时，必须优先考虑安全性需求，而不是将其作为附加功能。必须综合考虑安全性需求和工控系统的性能、可靠性、可用性，确保工控系统在受到攻击或威胁时仍能够稳定运行。

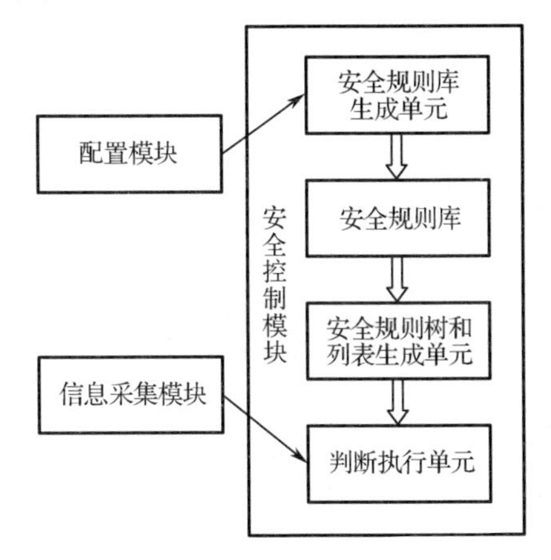

图 3-6　安全性优先配置架构

（2）风险评估与威胁建模。安全性优先原则要求在设计工控系统智能化安全构架前进行全面的风险评估和威胁建模，这有助于识别潜在的威胁、漏洞和弱点，并制定相应的安全策略和措施来减少风险。

（3）安全标准和最佳实践遵循。安全性优先原则要求工控系统智能化安全架构的设计必须遵循行业安全标准和最佳实践，包括但不限于 NIST、IEC 62443 等标准，以及其他标准组织发布的工控系统安全指南。

（4）定期的安全审查和更新。安全性优先原则要求定期进行安全审查和更新。威胁环境在不断演进，因此工控系统信息安全的策略和措施也必须定期更新。定期的审查和更新可确保工控系统能够及时应对新的威胁。

（5）安全培训和教育。安全性优先原则要求对安全团队成员进行安全培训和教育。只有拥有足够的安全意识和知识，安全团队才能更好地识别潜在的安全风险，并采取适当的措施。

（6）安全性可溯源性。安全性优先原则要求确保安全性措施的可溯源性，能够追溯特定的安全策略和配置决策，以便在发生安全事件时能够迅速定位和修复问题。

3.2.2　最小权限原则

在工控系统的智能化安全架构设计中，最小权限原则（Least Privilege Principle）是一项至关重要的原则，旨在降低潜在的威胁和风险。最小权限原则的核心思想是，任何用户、程序或系统组件都只能被授予执行其特定任务所需的最低权限，即使用户、程序或系统组件需要访问工控系统的某些部分，也不应给予其超出所需权限的访问权限。

最小权限原则的主要目标是降低潜在风险。如果某个用户、程序或系统组件被授予了过多的权限，那么在其被攻击或滥用时，攻击者可能会获得对工控系统的更多访问权限，从而造成灾难性后果。通过限制权限，可以最大限度地减少潜在的攻击面。

在工控系统智能化安全架构设计中，最小权限原则可以通过以下方式实现：

（1）角色分离。将不同的职责分配给不同的用户、程序或系统组件，并仅授予执行特定职责所需的权限。例如，操作员和管理员应该具有不同的权限级别。

（2）访问控制列表（ACL）。使用 ACL 来明确规定哪些用户、程序或系统组件可以访问特定的资源。ACL 可以基于用户身份、IP 地址、时间等进行定义。ACL 的数据流如图 3-7 所示。

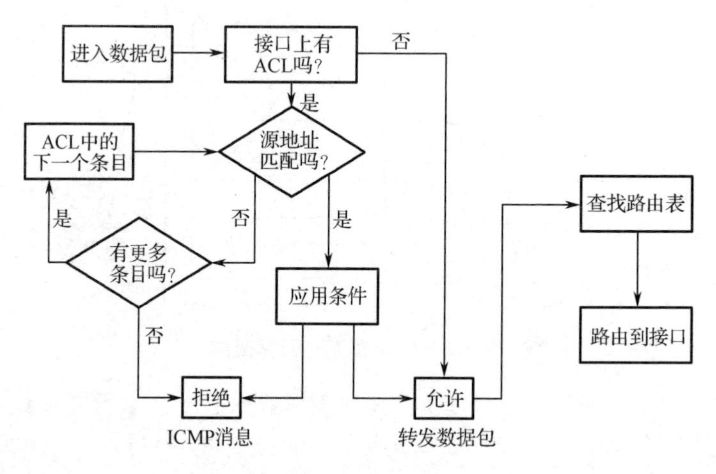

图 3-7 ACL 的数据流

（3）权限审查。定期对权限进行审查和更新，确保它们仍然与用户、程序或系统组件的工作需要相符，及时收回不再需要的权限。

（4）最小化默认权限。所有的新用户、程序或系统组件都应该以最小的默认权限启动，并在需要时逐渐升级权限。

（5）安全性与便利性的平衡。最小权限原则需要在安全性和便利性之间进行平衡。虽然降小权限可以提高安全性，但如果权限过于受限，可能会影响正常的工作流程。因此，必须进行平衡，确保权限的减少不会妨碍业务运行。

（6）实时监测与响应。即使应用了最小权限原则，仍然需要实施实时监测和响应措施，以监测和应对潜在的威胁。监测有助于发现未经授权的访问，响应有助于迅速应对任何异常情况。

最小权限原则有助于减少内部威胁和外部威胁对工控系统的影响，并提高工控系统的整体安全性。通过谨慎地分配和管理权限，可以更好地保护工控系统，确保其稳定运行并抵御各种潜在的威胁。

3.2.3 防御深度原则

工控系统的智能化安全架构设计需要采用防御深度原则，这是一种多层次、多维度的安全策略，旨在提高工控系统的安全性，以应对不断演进的威胁。

防御深度原则基于多层次的安全策略，将工控系统的安全性分为多个层次。每个层次都具有独立的安全措施和防御机制，因此即使一个层次受到攻击，其他层次仍然能够提供保护。防御深度原则的核心思想是不依赖单一的安全措施，而是将多个层次的安全措施整合在一起。这些层次可以包括网络层、应用层、物理层等，每一层都有其特定的安全功能。

（1）多维度的防御。防御深度原则不仅关注网络层的防御，还包括身份认证、访问控制、入侵检测、漏洞管理、应急响应等多个维度，可确保工控系统在各个方面都具备强大的安全性。多维度防御技术架构如图 3-8 所示。

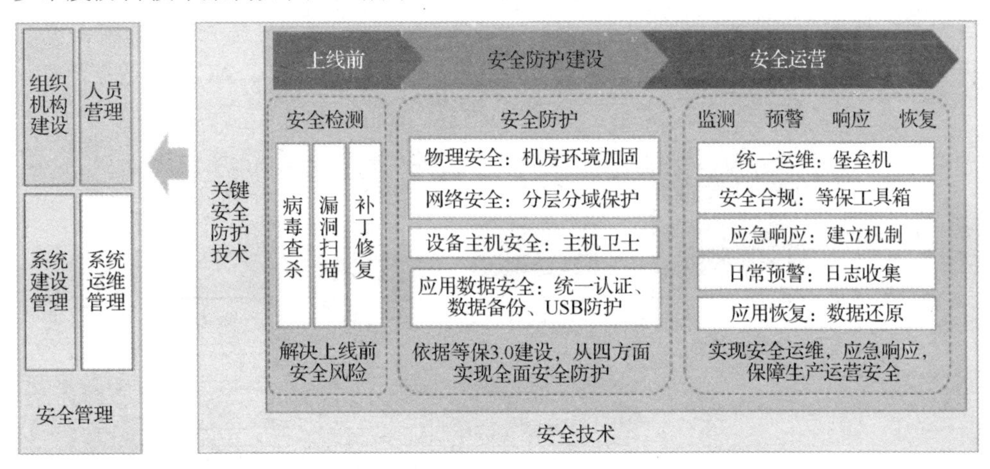

图 3-8　多维度防御技术架构

（2）安全策略的分层。防御深度原则要求将安全策略分为多个层次，每个层次都有特定的任务。例如，网络层的安全策略可以包括防火墙、入侵检测系统和入侵防御系统；应用层的安全策略可以包括应用程序安全性、数据加密和访问控制。

（3）异常检测与响应。防御深度原则还包括实时监测和快速响应机制，通过监测系统各个层的活动，可以及时发现异常情况，并采取适当的措施来应对威胁。

（4）恢复和备份策略。防御深度原则还涵盖了系统恢复和备份策略，即使工控系统的某一层受到攻击，工控系统仍然应该能够迅速恢复到正常状态，以避免生产中断。

（5）教育和培训。防御深度原则要求对系统管理员和终端用户进行培训，以确保他们理解多层次安全策略的重要性，并知道如何使用和维护工控系统。

通过在不同层次和维度上实施多层次的安全措施，可应对各种内部和外部威胁，大大提高工控系统的安全性，确保工控系统在数字化转型和智能制造时代依然能够安全运行。

3.2.4　安全审计和监测原则

在工控系统的智能化安全架构设计中，安全审计和监测原则是确保工控系统持续保持安全性的关键要素。这一原则强调对工控系统活动的监测和记录，以及对记录进行审计和分析。

（1）监测工控系统活动。安全审计和监测原则要求持续监测工控系统各个层的活动，包括网络流量、设备状态、用户登录和操作记录等。监测可以帮助企业及时发现潜在的威胁或异常行为。

（2）安全事件记录。所有与安全相关的事件都应被记录下来，包括成功和失败的登录尝试、访问请求、系统配置更改等。这些记录可以作为审计的依据，并帮助企业分析和追踪潜在的安全问题。

（3）实时报警和通知。监测系统应具备实时报警和通知机制，以便在发现异常或潜在威胁时立即通知相关人员，帮助他们迅速采取措施来减少潜在的风险。

（4）安全审计日志。所有的监测和记录应存储在安全审计日志中，并确保数据的完整性和保密性。安全审计日志应定期备份，并采用加密和访问控制来进行保护。安全审计日志存储系统的架构如图 3-9 所示。

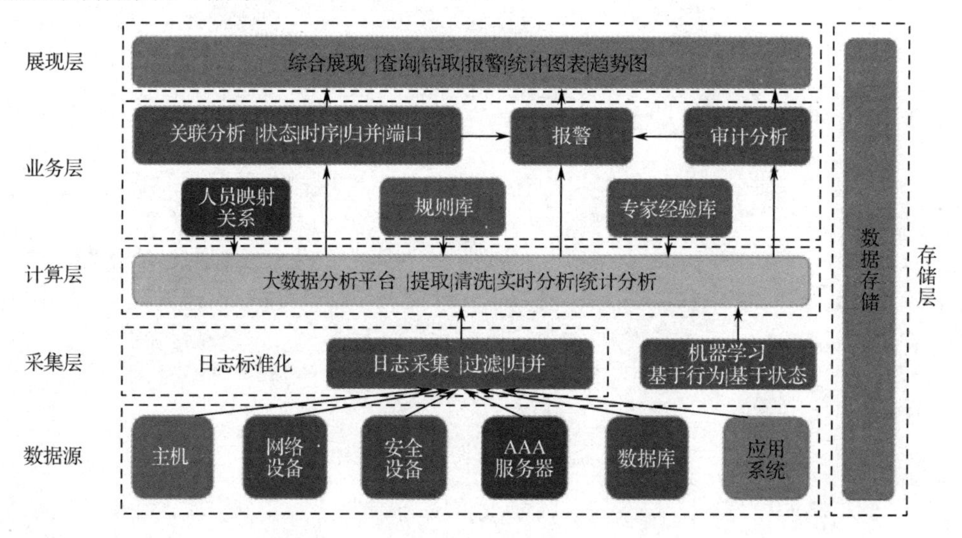

图 3-9 安全审计日志存储系统的架构

（5）审计和分析。安全审计原则要求对存储的监测数据和日志进行定期审计和分析。审计人员应检查记录以查找异常活动、潜在漏洞和安全事件，分析结果可用于改进工控系统的安全性，从而及时应对威胁。

（6）合规性和法规遵循。安全审计和监测原则还有助于确保工控系统的合规性，尤其是对于需要遵守特定法规和标准的行业。

（7）追踪和溯源。监测和审计数据可用于追踪和溯源安全事件，对确定安全事件的起因、扩散路径和受影响的部分而言至关重要。

（8）持续改进。安全审计和监测原则强调持续改进的理念，通过审计和监测可以不断识别和解决新的威胁，提高工控系统的安全性。

在工控系统智能化安全架构的设计中，安全审计和监测原则是防范威胁和减少潜在风险的重要手段。通过持续监测和记录工控系统的活动，并对记录进行审计和分析，可以更好地保护工控系统，确保其安全运行并及时应对各种潜在的威胁。

3.2.5 安全文档和培训原则

在工控系统智能化安全架构的设计中，安全文档和培训原则旨在确保工作人员能够正确理解和遵守工控系统信息安全策略，以及在面对潜在风险和威胁时能够做出正确的反应。

（1）安全政策文件。安全政策文件应明确规定工控系统信息安全的标准、政策、程序和最佳实践，应包括关于访问控制、身份认证、数据加密、漏洞管理等方面的具体指南。

（2）安全操作手册。安全操作手册提供了操作人员在日常工作中如何维护工控系统信息安全的指导，包括系统配置、应急响应、异常事件处理和漏洞报告等详细说明。

（3）培训计划。为了确保工作人员具备足够的安全意识和技能，必须制订培训计划。培训计划应包括新员工的初级培训、定期更新的培训和应对安全事件的培训，以确保工作人员知道如何应对各种情况。

（4）模拟演练和测试。安全文档和培训原则要求定期进行模拟演练和测试，有助于工作人员在紧急情况下采取正确的行动。

（5）安全培训记录。安全文档和培训原则要求建立详细的培训记录，包括员工参加的培训、考试成绩、培训日期和内容等信息。这些记录有助于跟踪员工的培训进度和合规性。

（6）培训评估和反馈。安全培训计划应包括评估员工培训效果的机制，培训后的反馈可以用于改进培训内容和方法。培训最后要有评价反馈，包括对培训内容的评价和对讲师的评价，并分别设置评价指标，如图3-10所示。

类别	指标
对培训内容的评价	培训目标的明确性
	内容编排合理性与系统性
	培训内容的实用性
	培训的趣味性与活跃度
对讲师的评价	对培训内容的理解
	实际项目与管理经验
	表达能力
	鼓励学员参与
	对学员反应的关注、问题的指导
	培训进度的把握

图3-10 培训评价的分类及相关指标

（7）合规性和法规遵循。安全文档和培训原则有助于确保工控系统合规性，以及遵循相关的法规。

（8）持续更新。安全文档和培训的内容应定期更新，以反映新的威胁、技术和最佳实践。

安全文档和培训原则在工控系统智能化安全架构的设计中具有重要作用。通过安全指南和培训，系统管理员和操作人员能够更好地理解和执行安全策略，有效应对潜在的威胁。

结语

工控系统智能化安全架构的设计原则是确保工控系统在数字化转型和智能制造时代保持安全性的关键要素，有助于保护工控系统免受威胁，可确保工控系统的安全性不断适应新的威胁和挑战。这些原则包括安全性优先原则、最小权限原则、防御深度原则、安全审计和监测原则、安全文档和培训原则等。遵循这些原则，可以构建一个坚固的安全基础，抵御各种潜在的威胁。

安全性优先原则可确保将安全性放在首要位置，强调安全性与功能性的平衡。最小权限原则可减少系统的攻击面，只为操作授予必要的权限。防御深度原则采取多层次的安全措施，可应对不同层的威胁。安全审计和监测原则有助于监测工控系统活动，以及其中的异常。安全文档和培训原则可确保员工具备必要的安全意识和技能。

3.3 工控系统智能化安全架构的评估与持续优化

引言

工控系统智能化安全架构的评估与持续优化是确保工控系统安全性的关键环节。这一环节旨在不断审查、评估和改进工控系统智能化安全架构，以适应不断演进的威胁和技术。

工控系统智能化安全架构的评估涵盖了对工控系统安全性的全面审查，包括硬件、软件、网络、访问控制、身份认证、漏洞管理等多个方面。通过评估，可以识别潜在的漏洞、威胁和风险，从而采取相应的措施进行修复和改进。

由于威胁不断演进，安全性要求不断升级，因此必须对工控系统智能化安全架构进行持续优化，包括更新安全策略、修复漏洞、改进访问控制、加强身份认证、提高监测和审计能力等。

本节将介绍工控系统智能化安全架构的评估方法和工具，以及持续优化的最佳实践。通过了解如何有效评估和改进工控系统的智能化安全架构，读者将更好地应对不断变化的安全挑战，确保工控系统在数字化和智能化时代保持较高的安全性。

3.3.1 工控系统智能化安全架构的评估方法和流程

工控系统智能化安全架构的评估是确保工控系统安全性的关键环节，它需要深入审查和评估工控系统的各个方面，以识别潜在的漏洞、威胁和风险。以下是工控系统智能化安全架构的评估方法和流程。

（1）明确评估的目标和范围。工控系统智能化安全架构评估的第一步是明确评估的目标和范围。评估范围包括确定要评估的网络、应用程序，以及评估的深度和广度。评估目标包括发现潜在的漏洞、识别威胁、检查合规性等。

（2）收集信息和文档。收集工控系统的相关信息和文档是评估的重要一步，包括工控系统的架构、网络拓扑、安全策略、安全日志、配置文件等，这些信息有助于评估团队全面了解工控系统的组成和配置。

（3）风险评估和威胁建模。在评估中，评估团队将进行风险评估和威胁建模，包括识别潜在的风险、分析系统所面临的威胁，以及威胁建模。工控系统威胁建模的三维坐标如图 3-11 所示。

（4）审查硬件和软件。评估团队将审查工控系统的硬件和软件（包括操作系统、应用程序、网络设备、传感器和执行器等），查找已知的漏洞，确保所有组件都得到适当的维护和更新。

（5）评估工控网络安全。工控网络安全是工控系统信息安全的重要组成部分，评估团队不仅要审查工控网络拓扑，识别可能的入侵点，还要检查工控网络的漏洞和弱点。

（6）审查访问控制策略和身份认证机制。评估团队将审查工控系统的访问控制策略和身份认证机制（包括查看用户和系统管理员的访问权限），确保只有授权用户才能执行关键操作。

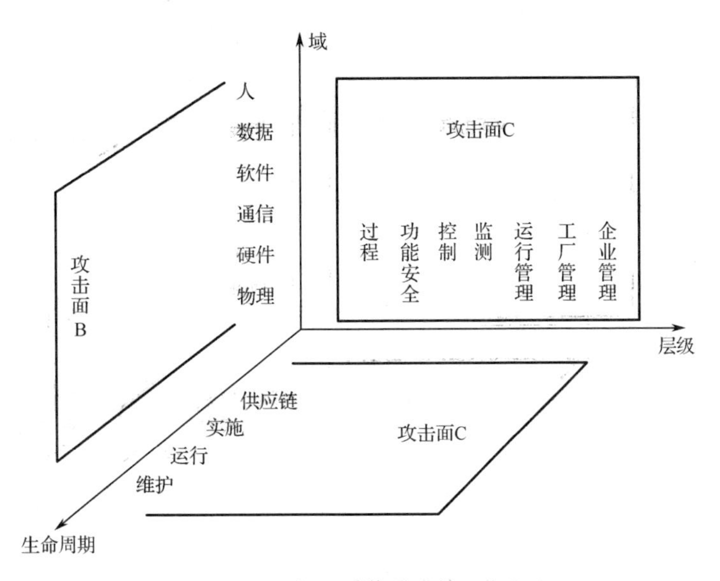

图 3-11　工控系统威胁建模的三维坐标

（7）漏洞扫描和渗透测试。为了主动发现工控系统中的漏洞，评估团队需要进行漏洞扫描和渗透测试，通过模拟潜在的攻击来识别工控系统中的漏洞和弱点。

（8）评估结果和建议。评估团队将收集所发现的信息，并生成详细的评估报告。评估报告包括潜在的漏洞和风险、改进和修复的建议，以及关于紧急性的评估结果。

（9）持续改进和优化。评估团队和系统管理员将共同制订改进计划，以修复漏洞并加强安全性。

工控系统信息智能化安全架构的评估可以更加全面和系统地审查工控系统的安全性，并采取必要的步骤来确保工控系统在数字化和智能化时代保持较高的安全性。

3.3.2　安全漏洞和威胁评估

安全漏洞和威胁评估是工控系统智能化安全架构评估中的一个重要步骤。在这个步骤中，评估团队将识别工控系统中的潜在漏洞、脆弱性和可能的威胁，确保工控系统的安全性。

（1）漏洞识别与分类。评估团队将审查系统的各个组件（包括硬件、操作系统、应用程序和网络设备），查找已知的漏洞和脆弱性，并对这些漏洞进行分类，按照影响程度和危害程度从低到高分为不同级别。

（2）潜在漏洞分析。除了已知漏洞，评估团队还会考虑潜在漏洞。潜在漏洞是尚未被发现或公开披露的漏洞，但可能被潜在的攻击者利用。评估团队将分析工控系统的设计和实施，以确定是否存在潜在漏洞。工控系统漏洞数量分析统计报告如图 3-12 所示。

（3）脆弱性评估。评估团队将审查操作系统和应用程序的配置，检查是否存在未经适当保护的脆弱性，这可能包括弱密码、不安全的访问控制策略等。

（4）威胁建模和攻击路径分析。评估团队将通过威胁建模来分析工控系统可能面临的威胁，综合考虑不同类型的攻击者、攻击目标和攻击方法，尝试构建可能的攻击路径。威胁建模和攻击路径分析有助于评估团队理解潜在攻击是如何影响工控系统安全的。

（5）潜在风险评估。评估团队将综合考虑已知漏洞、潜在漏洞、脆弱性和威胁，以评估工控系统可能面临的潜在风险。

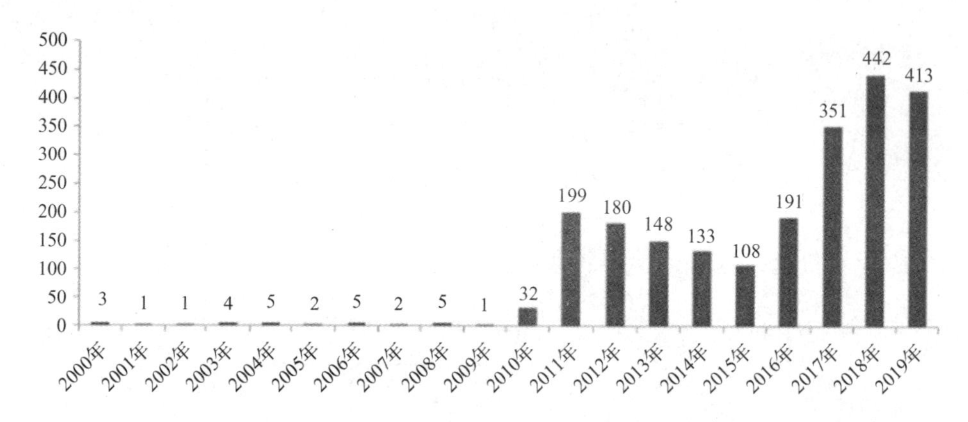

图 3-12　工控系统漏洞数量分析统计报告（源自国家信息安全漏洞共享平台）

（6）安全性能测试。除了静态分析，评估团队还可以执行安全性能测试，如模拟攻击或渗透测试，以验证工控系统是否真的容易受到攻击。安全性能测试有助于评估团队更全面地了解潜在的风险。

（7）漏洞和威胁报告。评估团队将生成漏洞和威胁报告，该报告应详细说明每个漏洞和威胁的性质、影响、潜在攻击方法，以及建议的修复措施。漏洞和威胁报告将成为改进安全性的指南。

通过安全漏洞和威胁评估，工控系统的所有者和管理员可以更好地了解工控系统的安全性，并采取必要的步骤来修复漏洞，加强工控系统的防御能力，应对潜在的威胁。

3.3.3　安全性能评估

安全性能评估是工控系统智能化安全架构设计的关键环节，旨在验证和量化工控系统在面对各种威胁和攻击时的安全性能，并确保工控系统符合预期的安全标准和要求。以下是安全性能评估的详细内容：

（1）安全性能度量。评估团队需要制定安全性能的具体度量标准，这些度量标准包括工控系统的可用性、完整性、保密性和身份认证等方面的性能指标，有助于确保评估的客观性和一致性。

（2）性能测试。评估团队将执行一系列性能测试，确定工控系统在正常操作和受到攻击时的性能表现，以及正常性能水平，并模拟各种攻击场景以测试工控系统的鲁棒性。

（3）恢复性评估。恢复性评估旨在确定工控系统在遭受攻击或发生故障时的恢复能力。评估团队将评估工控系统是否能够快速检测到攻击或故障，采取相关措施进行响应，尽快使工控系统恢复到正常状态。

（4）安全性能度量数据的收集。在性能测试和恢复性评估过程中，评估团队将收集大量数据，包括性能度量数据、日志和事件记录，这些数据将用于进一步的分析和评估。

（5）数据分析和报告。评估团队将对收集到的数据进行详细分析，以确定工控系统在各种情况下的性能水平，并生成安全性能报告。安全性能报告包括性能度量数据、评估结果和改进建议。

（6）改进建议。基于评估结果，评估团队将提供改进建议，包括增强安全策略、改进系统配置、更新软件和硬件，以及提供员工培训等。

（7）持续性能监测。安全性能评估不是一次性任务，而是一个持续的过程，必须建立定期的性能监测机制，以确保工控系统的安全性能持续达到预期水平。

通过安全性能评估，工控系统的所有者和管理员可以全面了解系统的安全性能，识别潜在的风险和改进机会，并采取必要的步骤来提高工控系统的安全性，抵御不断演化的威胁和攻击。

3.3.4　工控系统智能化安全架构的改进和优化

工控系统智能化安全架构的改进和优化是确保工控系统在不断变化的威胁环境下保持高度安全性的关键。工控系统智能化安全架构的改进和优化的主要内容如下：

（1）安全漏洞分析。工控系统智能化安全架构改进的第一步是进行全面的漏洞分析，包括审查已知漏洞和潜在漏洞，以及对工控系统的所有组件（如硬件、软件和网络设备等）进行审查。

（2）威胁建模。安全团队需要在漏洞分析结果的基础上进行威胁建模。威胁建模需要确定各种威胁和攻击场景，并评估它们对工控系统的潜在影响。

（3）安全策略更新。安全团队必须更新安全策略（如访问控制政策、身份认证要求、数据加密和审计规则等），以应对最新的威胁和漏洞。

（4）技术改进。在安全策略更新的基础上，工控系统的组件可能需要进行技术改进，如升级操作系统和应用程序、安装最新的安全补丁、加强网络防火墙和入侵检测系统等。

（5）硬件安全。工控系统智能化安全架构的改进还可能涉及硬件方面的改进，加强物理安全措施（如访问控制、视频监控和生物识别技术），使硬件设备拒绝未经授权的访问。

（6）员工培训。安全意识培训对工控系统智能化安全架构的有效实施至关重要。员工需要了解最新的安全策略和最佳实践，并知道如何应对潜在的威胁和攻击。

（7）持续改进。工控系统智能化安全架构的改进是一个持续的过程，安全团队需要定期审查和更新安全策略，监测工控系统的性能和安全事件，评估新的威胁和漏洞。

通过不断改进和优化工控系统智能化安全架构，可提高工控系统的抵御能力，降低受到威胁和攻击的风险。

3.3.5　工控系统智能化安全架构的持续监测与审计

工控系统智能化安全架构的持续监测与审计是确保工控系统安全性的关键环节之一。这一环节旨在识别和响应潜在的安全问题，确保工控系统在运行过程中符合安全策略和标准。以下是这一环节的详细内容：

（1）实时监测。安全团队将建立实时监测系统，以监测工控系统各组件的性能和活动，包括网络流量、系统日志、用户活动和设备状态等。实时监测有助于迅速识别潜在的威胁和异常行为。安全事件监测是实时监测的重要组成部分，它使用入侵检测系统（IDS）和入侵防御系统（IPS）来识别可能的攻击行为，如恶意流量、异常登录和未经授权的访问。

（2）记录日志和事件。所有的安全事件和系统活动都应该被详细记录，这些日志和事件不仅可用于识别安全问题，还可用于审计和调查，因此要确保日志和事件的完整性与可审计性。记录日志的流程如图 3-13 所示。

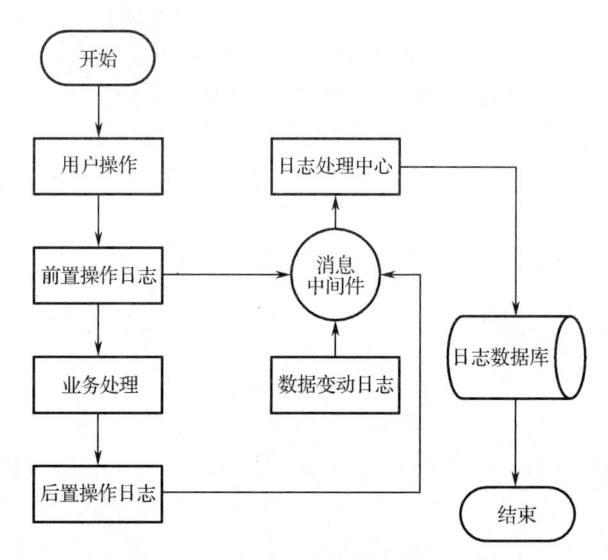

图 3-13　记录日志的流程

（3）定期审计。定期审计是持续监测的一部分，安全团队将定期审查工控系统的配置、权限设置、网络拓扑和访问控制策略，以确保它们符合安全标准和最佳实践。

（4）攻击模拟。攻击模拟用于测试工控系统的安全性能。安全团队可以使用漏洞扫描工具和渗透测试工具来模拟攻击，评估工控系统的弱点和抵抗能力。

（5）审计报告和改进建议。审计结果应该被记录在审计报告中，审计报告应包括识别到的问题、建议的改进措施和计划，可作为持续改进工控系统的依据。

（6）自动化监测和响应。自动化工具和系统可以用于监测和响应常见的安全事件，有助于降低人为错误并提高响应速度。

（7）安全意识培训。员工和系统管理员应该接受安全意识培训，以了解如何识别潜在的安全问题，以及如何正确报告和响应安全事件。

通过持续监测和审计，工控系统可以快速发现并响应安全问题，保护敏感数据和资源，降低潜在的风险。

3.3.6　工控系统智能化安全构架持续优化面临的挑战与未来趋势

3.3.6.1　面临的挑战方面

（1）新的威胁。由于恶意攻击者在不断采用新的攻击方法和工具，因此工控系统的安全团队必须不断跟踪并适应这些新的威胁，以保持工控系统的安全性。

（2）复杂的网络环境。工控网络的复杂性增加了安全性的挑战。工控网络通常包括传统的计算机网络和专用的控制网络，需要综合考虑不同网络的安全性。

（3）供应链风险。供应链中的不安全组件和设备可能成为工控系统的弱点，需要更多关注供应链风险。

（4）人为因素。内部威胁和员工错误操作仍然是工控系统安全的重要问题，安全意识培训和访问控制策略至关重要。

（5）安全性与可用性的平衡。安全措施可能会对工控系统的可用性产生负面影响，找到安全性与可用性的平衡点是一个挑战。

3.3.6.2 未来趋势

（1）自动化和智能化。未来，工控系统信息安全将更加自动化和智能化，人工智能将用于监测和响应威胁。

（2）工业物联网（IIoT）。IIoT 将成为工控系统的主要组成部分，但它也带来了新的安全挑战。

（3）区块链技术。区块链技术可用来保护数据的完整性和安全性，减少潜在的攻击点。

（4）零信任安全架构。零信任安全架构将在工控系统领域得到更广泛的应用，确保不信任的设备和用户无法访问关键资源。零信任安全架构如图 3-14 所示。

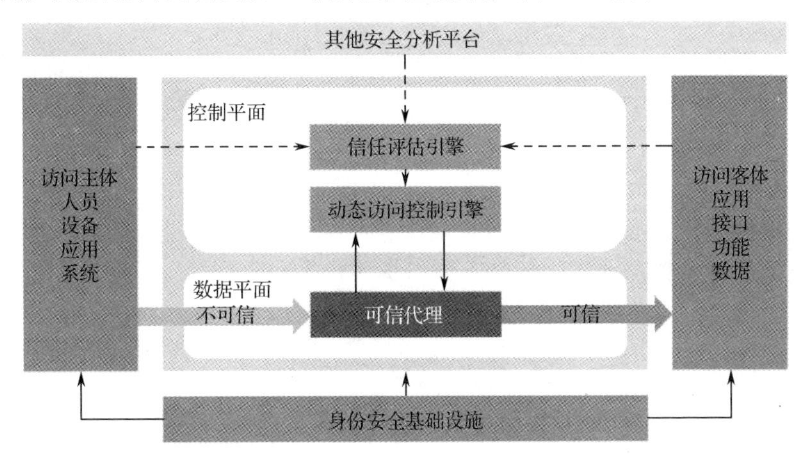

图 3-14　零信任安全架构

（5）法规合规性。未来，法规合规性的要求将不断增加，更加强调工控系统安全的重要性。

持续优化要求工控系统智能化安全架构不断采用新的技术和方法，并保持对新威胁的警惕。只有通过不断改进，工控系统才能在不断变化的威胁环境中保持安全性，并确保工业生产与制造的可靠性和持续性。

结语

本节深入探讨了工控系统智能化安全架构的评估与持续优化。

首先，本节讨论了工控系统智能化安全架构的评估方法和流程，包括漏洞评估、威胁建模、威胁源识别、系统关键资产识别，以及安全需求与威胁建模工具的使用等内容。这些内容为评估和提高工控系统的安全性提供了基础。

其次，本节强调了威胁建模和分析的重要性。了解潜在威胁和漏洞是保护工控系统安全的第一步。威胁建模和分析有助于确定谁可能会对工控系统构成威胁，并为采取相应的措施提供指导。

接着，本节讨论了持续优化的概念。工控系统的安全性不是一次性任务，而是一个持续的过程。我们必须不断评估工控系统的安全性能，寻找改进的机会并及时采取行动。持续优化是确保工控系统在不断变化的威胁面前保持安全性的关键。

最后，本节强调了未来的挑战和趋势，包括自动化和智能化、工业物联网、区块链技术、零信任安全架构以及法规合规性。

本章小结

本章深入研究了工控系统智能化安全架构的设计，旨在确保工控系统在智能制造环境中保持安全性和可靠性。本章的主要内容如下：

首先，本章强调了工控系统智能化安全架构设计的重要性。工控系统的安全性不能作为附加功能来考虑，必须在工控系统设计的早期阶段就得到充分考虑。安全性必须内置到工控系统的核心。

其次，本章介绍了工控系统智能化安全架构的设计原则，包括安全性优先原则、最小权限原则、防御深度原则、安全审计和监测原则，以及安全文档和培训原则。这些原则有助于构建具有坚实安全基础的工控系统。

最后，本章强调了工控系统智能化安全架构的评估与持续优化。工控系统的安全性管理需要综合考虑威胁建模、威胁源识别、系统关键资产识别、安全需求分析，以及持续的评估和改进。只有通过综合性的方法，才能有效保护工控系统。

第 2 部分
工控系统信息安全保障实践

第 2 部分聚焦工控系统信息安全保障实践，将探讨工控网络的安全、工控系统的身份认证与访问控制、工控系统的漏洞管理与应急响应、工控系统的数据安全与隐私保护等内容。在第 2 部分中，每一章都将提供具体的案例研究和实际操作指南，以帮助读者更好地应对工控系统信息安全挑战。

第 2 部分旨在弥合理论与实际之间的鸿沟，使读者能够在自己的企业中采取切实可行的措施，提高工控系统的安全性。无论您是工程师、安全专家，还是决策者，第 2 部分的内容都将为您提供有关如何实施安全措施以应对不断演进的威胁的知识。

第4章 工业控制网络的安全

本章将探讨工业控制网络（工控网络）的安全。工控网络是确保工控系统安全性的关键组成部分。随着工业设备与系统的数字化转型，工控网络的安全性显得愈加重要。

首先，本章将介绍工控网络的架构与通信协议，带领读者了解工控网络的特点、组件，以及不同类型的通信协议，这些通信协议在工控网络中发挥着关键作用；然后，本章将研究工控网络的安全策略，包括网络隔离、防火墙、入侵检测系统等措施，以确保工控网络的安全性；最后，本章将通过实际案例带领读者学习工控网络安全的实践经验，了解如何应对网络攻击与保护敏感数据。

本章的目标是带领读者了解如何保障工控网络的安全性，以及在实际应用中如何采取有效的安全措施，以抵御网络攻击。

4.1 工控网络的架构与通信协议

引言

工控系统数字化转型带来了许多创新与便利，但同时也引入了新的安全挑战。工控网络的架构与通信协议是确保工控网络安全性的基础，工控网络不仅连接着各种设备与控制系统，还为数据传输提供了基础设施。因此，工控网络的架构与通信协议对其可靠性和安全性至关重要。

本节将介绍工控网络的架构，以及各种通信协议，这些通信协议在工控网络中起到了关键作用。通过对工控网络通信协议的全面了解，读者将更好地理解工控网络中的潜在安全风险，并为在后续章节中学习安全策略奠定坚实基础。

通过本节的学习，读者将更加深刻地认识工控网络的架构与通信协议，更好地理解如何保障工控网络的安全。

4.1.1 工控网络架构概述

工控网络是工控系统的基础，负责连接各种控制设备、传感器、执行器与监测站点，以实现生产过程的自动化，其框架如图 4-1 所示。工控网络架构对于确保工控系统的稳定运行、性能优化与安全保障至关重要。

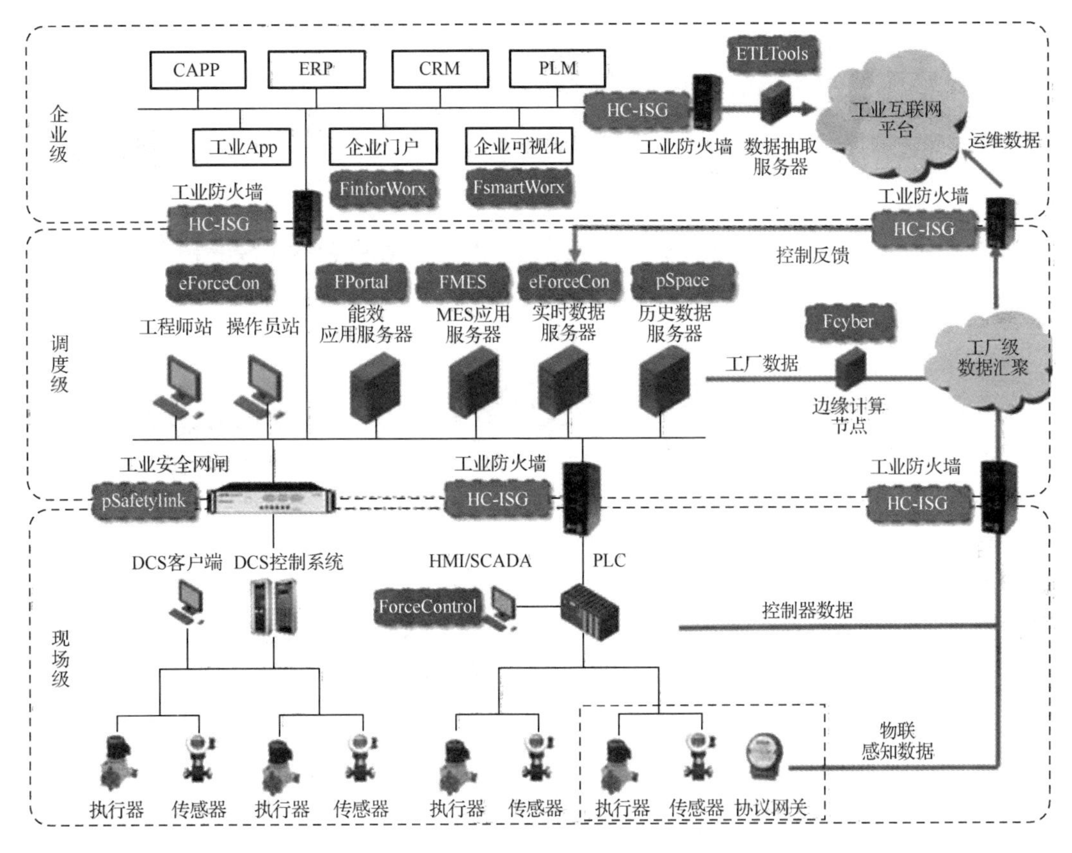

图 4-1　工控网络的框架

（1）工控网络的层次结构：工控网络通常由多个层次组成，每个层次有不同的功能。最常见的网络层次包括控制层、操作层和监测层。控制层负责处理实际的控制和执行任务，操作层用于监视和管理生产过程，监测层则用于高级数据分析和决策支持。这种分层结构有助于提高系统的可维护性和可扩展性。

（2）工控网络的拓扑结构：工控网络的拓扑结构通常是星状、环状、总线型或混合型的。每种拓扑结构都有其优点和局限性。例如，星状拓扑具有较高的可靠性和容错性，而总线型拓扑则易于部署。在选择工控网络的拓扑结构时，必须考虑到生产环境的特点和需求。

（3）工控网络的安全区划：为了提高工控网络的安全性，通常将工控网络划分为不同的安全区域。安全区域之间通过（工业）防火墙或安全网关进行隔离，以减少潜在的攻击面，但必须确保每个安全区域只能访问其必要的资源和服务。

（4）工控网络的通信协议：工控网络使用多种通信协议来实现设备之间的数据传输。常见的通信协议包括 Modbus、OPC UA、Profinet、Ethernet/IP 等。不同的通信协议适用于不同的设备和应用场景，因此需要根据需要选择通信协议。

（5）工控网络的可用性和冗余：工控网络需要高度的可用性，因为停机可能导致生产损失。为了提高工控网络的可用性，通常采用冗余配置，包括冗余网络路径、冗余电源和冗余设备，这些冗余配置有助于降低工控网络被中断的风险。

（6）网络监测和诊断：实时监测和诊断是确保工控网络健康的关键。工控网络管理系统可用于监测流量、检测异常行为和执行远程故障诊断。及时发现问题并采取措施是防止工控网络故障的关键。

综上所述，工控网络是工控系统的核心组成部分，它决定了工控系统的性能、可靠性和安全性。深入理解工控网络的架构，对于工控系统的设计和维护等是至关重要的。

4.1.2 工控网络的拓扑结构

工控网络的拓扑结构将影响工控网络的性能、可靠性和安全性。常用的拓扑结构如下：

（1）星状拓扑结构。星状拓扑结构是一种常见的工控网络拓扑结构，其中所有的设备都连接在中央交换机或集线器上。这种拓扑结构提供了良好的可维护性和可扩展性，因为每个设备都可以独立连接或断开连接，而不会影响其他设备。此外，星状拓扑结构还具有较高的可靠性，即使其中的一个设备（中央交换机或集线器除外）发生故障，其他设备仍然可以正常通信；但星状拓扑结构的缺点是需要大量的电缆，因此布线成本较高。

（2）环状拓扑结构。在环状拓扑结构中，每个设备都与左侧和右侧的设备相连接，形成一个环状结构。这种拓扑结构具有较低的布线成本，只需要一条连接每个设备的电缆。另外，环状拓扑结构对于传输实时数据具有较低的延时，适用于对实时性要求较高的应用场景；但其故障恢复比较困难，如果其中的某个设备出现故障，其他设备都会受到影响。

（3）总线型拓扑结构。在总线型拓扑结构中，所有的设备都连接在总线上。这种拓扑结构具有简单和成本效益的优势，只需要一条总线即可连接所有的设备；但总线型拓扑结构有一个重要的缺点，即单点故障的风险较高。在采用总线型拓扑结构时，必须谨慎考虑故障恢复策略。

（4）混合型拓扑结构。混合型拓扑结构组合了不同类型的拓扑结构，这种拓扑结构可以兼顾多种需求，如将星状拓扑用于控制层，而将环状拓扑用于操作层。混合型拓扑结构可以提供了高度的灵活性，可根据不同的应用场景选择合适的拓扑结构。典型的工控网络混合型拓扑结构如图 4-2 所示。

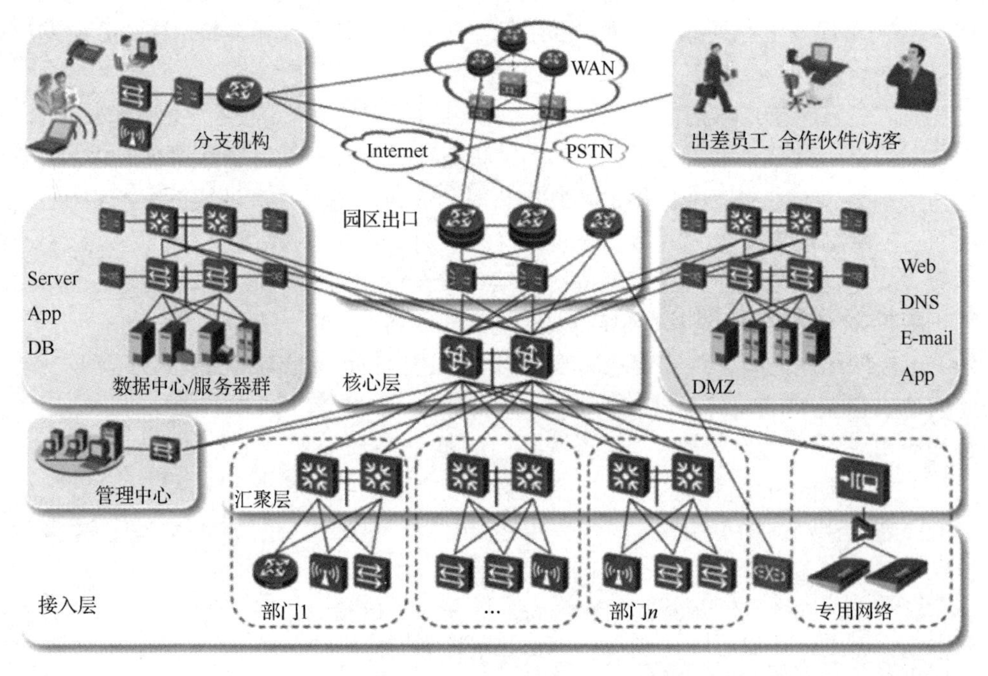

图 4-2 典型的工控网络混合型拓扑结构

影响工控网络拓扑结构选择的因素有多种，包括工控网络的性能、可靠性、成本、故障恢复要求和数据传输延时等。在设计工控网络时，需要仔细评估每种拓扑结构的优缺点，并根据具体的应用要求来选择和配置工控网络拓扑结构。无论选择哪种拓扑结构，都必须在安全性方面采取适当的措施，确保工控网络免受潜在威胁的攻击。

4.1.3　工控网络的组件与设备

工控网络是由各种组件和设备组成的，这些组件与设备共同确保了数据的流动、设备的协同工作以及工控网络的稳定性。常用的组件与设备如下：

（1）工业交换机。工业交换机是工控网络的核心组件之一。与传统的商用交换机相比，工业交换机通常更坚固耐用，具备抗振动、抗电磁干扰和温度范围广等特性，其主要功能是在工控网络中转发数据，确保数据从源设备传输到目标设备，并根据网络拓扑和配置规则进行管理和控制。

（2）工业路由器。工业路由器（见图 4-3）用于连接不同子网或不同工控网络之间的数据，可将数据从一个工控网络传输到另一个工控网络，并支持网络地址转换（NAT）和虚拟专用网络（VPN）等功能，以提供更高级的网络连接和安全性。

（3）工业防火墙。工业防火墙是保护工控网络免受网络攻击和威胁的重要设备，可用来检测和阻止恶意流量，包括入侵尝试、病毒和恶意软件。工业防火墙通常会进行数据的深度检查，以确保只有授权的数据能够通过。

（4）工业网桥。工业网桥用于将不同的工控网络连接在一起，允许不同设备和传感器之间的数据交换，提供更大的灵活性和互通性。

（5）工业服务器。工业服务器在工控网络中执行各种任务，包括数据存储、处理和控制逻辑。工业服务器通常具有高度的可靠性和稳定性，以确保工控网络的连续性和性能。

（6）工业无线设备。工业无线设备可以在工业环境中进行无线数据传输，常用于移动设备、传感器网络和难以布线的区域，可提供更大的灵活性和可扩展性。

工控网络的安全性高度依赖于上述组件和设备的正确配置和管理，必须仔细考虑每个组件和设备的功能，确保其满足工控网络需求，并采取适当的安全措施，以保护工控网络免受威胁和攻击。此外，组件和设备的选型及部署也需要考虑工业环境的特殊要求，如温度、湿度和电磁干扰等。

4.1.4　工控网络通信协议概述

工控网络通信协议在工控网络中扮演着关键的角色，定义了设备和系统之间如何进行数据交换和通信。不同的应用通常使用不同的通信协议，以满足特定的需求。

（1）Modbus 协议。Modbus 协议是一种串行通信协议，广泛用于工业自动化领域，具有简单高效的优点，支持点对点通信和多点通信。Modbus 协议通常在 RS-232、RS-485 或 TCP/IP 等协议上运行，用于传输实时数据，如读取传感器数据和发送控制命令。

（2）Profibus 协议。Profibus 协议是一种用于工业自动化和过程控制的通信协议，具有高速数据传输的能力，可用于连接各种设备（如传感器、执行器和控制器）。Profibus 协议常用于现场设备级别的通信。

（3）OPC（OLE for Process Control）协议。OPC 协议是一种开放标准的通信协议，旨在实现不同厂家的设备和软件之间的互操作性，其原理如图 4-4 所示。OPC 协议是在 Microsoft 的 OLE（对象链接和嵌入）技术的基础上实现的，支持实时数据传输和设备配置。

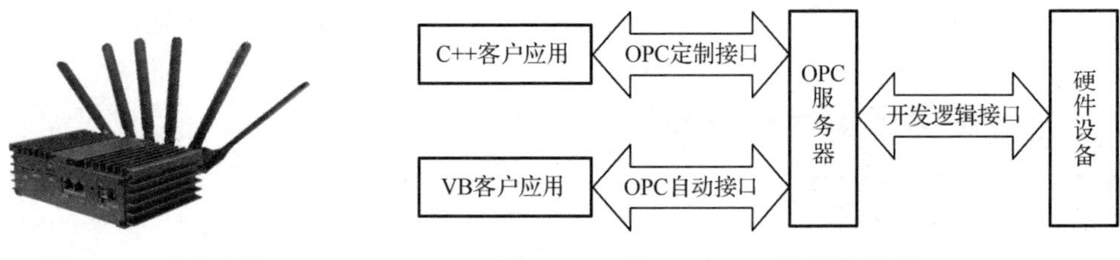

图 4-3　工业路由器

图 4-4　OPC 协议的原理

（4）Ethernet/IP 协议。Ethernet/IP 协议是一种工业以太网协议，将以太网技术引入到了工控系统中，支持快速的数据传输和广泛的设备互联。

（5）CAN（Controller Area Network）协议。CAN 协议是一种广泛用于汽车和工控系统的串行通信协议，具有高度的抗干扰性和可靠性，适用于要求实时传输数据的应用场景。

（6）MQTT（Message Queuing Telemetry Transport）协议。MQTT 协议是一种轻量级的通信协议，特别适用于物联网设备和传感器网络，具有低带宽和低功耗的特点，可用于连接大量分散的设备。

上述的通信协议都有其独特的特点和适用场景。在工控网络设计中，需要仔细考虑哪种通信协议可以满足工控网络的需求，如数据传输速率、可靠性、实时性，以及设备和软件的兼容性。此外，安全性也是选择通信协议时需要考虑的因素之一，某些通信协议可能需要额外的安全措施来保护数据的机密性和完整性。

结语

本节深入探讨了工控网络架构与通信协议，首先概述了工控网络的架构、拓扑结构，以及组件与设备；接着介绍了一些常见的通信协议，如 Modbus、Profibus、OPC、Ethernet/IP、CAN 和 MQTT。

在工控系统中，选择合适的工控网络架构和通信协议至关重要。不同的应用可能需要不同的通信协议，以满足实时性、可靠性和安全性等需求。因此，需要根据具体的要求，仔细评估并选择适合的工控网络架构和通信协议。

4.2 工控网络的安全策略

引言

本节将深入探讨工控网络的安全策略，包括物理安全措施、网络隔离与分段、防火墙与网络安全设备、入侵检测系统与入侵防御系统、身份认证与加密技术、人员管理与培训、安全政策与合规性。此外，本节还将提供一些工控网络安全的最佳实践和案例研究，以帮助读者更好地理解如何应用这些策略来保护工控网络。

工控网络安全是工控系统信息安全的基础，本节旨在帮助读者建立强大的网络安全体系，以应对各种网络攻击。

4.2.1　物理安全措施

物理安全措施的作用是保护关键设备、网络架构、数据中心和其他基础设施免受恶意入侵和自然灾害的影响。通过适当的措施，可以有效减轻物理威胁和风险，确保工控系统的可靠性和持续运行。本节将详细讨论各种物理安全措施。

4.2.1.1　访问控制技术

1. 生物识别技术

（1）指纹识别。通过指纹识别技术，可对员工身份进行身份认证。指纹具有唯一性和稳定性，指纹识别技术可有效地防止非法访问和身份冒用。

（2）虹膜识别。虹膜识别技术是通过识别眼睛的虹膜特征来进行身份认证的。与指纹识别技术相比，虹膜识别技术具有更高的安全性。

（3）面部识别。面部识别技术是通过识别人的面部特征来进行身份认证的。面部识别技术具有非接触性和便捷性，适用于工控系统的访问控制。

2. 门禁系统

（1）物理门禁系统。在工控系统中，通过设置物理门禁系统可对关键区域和设备进行物理隔离，从而防止未经授权的用户进入敏感区域，减少潜在的安全风险。

（2）智能门禁系统。智能门禁系统结合生物识别技术和电子身份认证技术，对员工的身份进行双重身份认证。智能门禁系统可以实时监测员工的出入记录，提高工控系统的安全性。

3. 安全摄像监控

（1）视频监控系统。在工控系统中安装视频监控系统，可对关键区域和设备进行实时监控。视频监控系统可以记录员工的正常行为和异常行为，为后续的安全事件调查提供证据。视频监控系统的架构如图 4-5 所示。

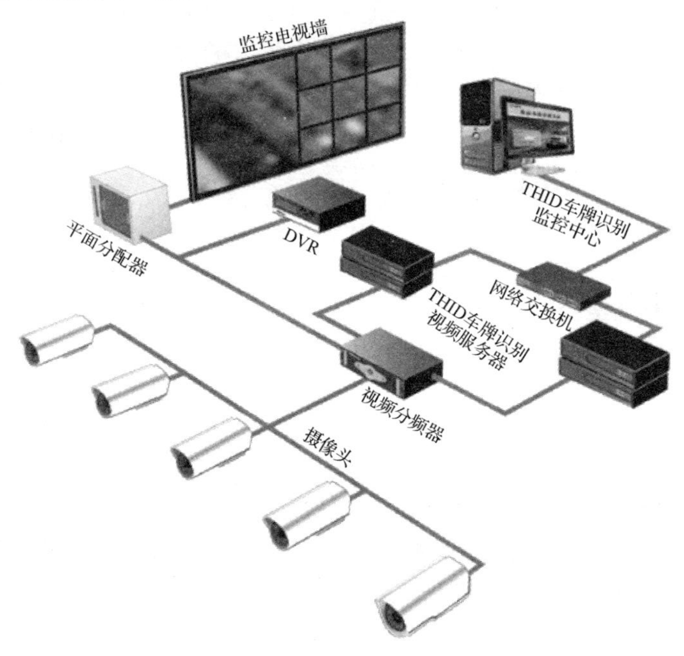

图 4-5　视频监控系统的架构

（2）智能分析技术。利用智能分析技术对视频监控数据进行处理和分析，可实现对异常行为的实时检测和报警。智能分析技术可以提高视频监控系统的效率和准确性，及时发现潜在的威胁。

4.2.1.2 设备安全

1. 设备锁定与固定

（1）设备锁定。为工控系统设备配备锁具，可确保设备在需要时能够被锁定，从而防止未经授权的用户移动或破坏设备。

（2）设备固定。将工控系统设备固定在指定的位置，可防止设备被意外移动或碰撞。固定的方式可以根据设备的类型和安装需求来选择，如使用地脚螺栓、膨胀螺栓等。

2. 防护罩与护栏

（1）防护罩。为工控系统设备安装防护罩，可防止灰尘、水汽等环境因素对设备造成损坏。防护罩的设计和材料应符合设备的要求，同时方便设备的维护和操作。

（2）护栏。在关键区域设置护栏，可防止人员意外进入或接触到危险设备。护栏的高度和材质应根据实际情况进行选择，同时设置明显的警示标志。

3. 环境监测与控制

（1）环境监测。对工控系统设备所在的环境参数（如温度、湿度、灰尘等）进行实时监测，可及时发现潜在的环境问题，并采取相应的措施。

（2）环境控制。根据环境监测结果对环境参数进行控制，可确保设备在适宜的环境下运行。例如，通过调节空调系统、加湿器等设备，可控制室内温度和湿度；通过定期清洁设备表面和内部结构，可减少灰尘对设备的影响。

4.2.1.3 电源与设备保护

1. UPS 与备份电源

（1）UPS（不间断电源）。为工控系统配备 UPS，可确保设备在电源中断或电压波动时能够继续运行一段时间，以完成重要操作或保存数据。UPS 的容量和持续时间应根据设备的实际需求来选择。

（2）备份电源。除了 UPS，还可以考虑备份电源，如备用发电机或太阳能电池等。在主电源中断时，备份电源能够迅速启动，确保工控系统的连续运行。

2. 避雷措施与电涌保护器

（1）避雷措施。在工控系统附近安装避雷装置，如避雷针、避雷带等，可减少雷电对工控系统的影响。避雷装置应定期进行检查和维护，确保其有效性。

（2）电涌保护器。为工控系统配备电涌保护器，可防止电涌对工控系统造成损坏。电涌保护器能够吸收瞬时高电压或高电流，保护工控系统免受电涌冲击。

3. 火灾预防与短路预防

（1）火灾预防。为工控系统配置火灾报警器和灭火器，可预防火灾的发生。定期检查工控系统的电缆和连接线是否老化、破损，并及时进行更换或修复。

（2）短路预防。采取相关措施（如配备过流保护装置）可防止工控系统短路，在发生短路时及时切断电源，防止工控系统进一步受损。

4.2.2　网络隔离与分段

网络隔离与分段是工控网络安全中的核心策略，可减少攻击面、限制横向扩散、提高工控网络的抗攻击性。

4.2.2.1　逻辑隔离措施

1. 虚拟局域网（Virtual LAN，VLAN）的设置

（1）VLAN 划分。根据工控系统的需求和工控网络的结构，可将工控网络划分为多个 VLAN。每个 VLAN 都对应一个逻辑隔离区域，不同 VLAN 之间的数据传输应受到限制。

（2）VLAN 隔离。通过配置交换机和路由器等设备，可实现不同 VLAN 之间的逻辑隔离，从而防止未经授权的访问和数据泄露，提高工控网络的安全性。

2. 逻辑网络划分

（1）网络分段。网络分段是指将工控网络划分为多个逻辑段，每个逻辑段对应一个特定的功能或区域。例如，可以将控制、监测、管理等功能划分到不同的逻辑段。

（2）访问控制。访问控制是指为每个逻辑段配置访问控制策略，限制不同用户的访问权限。只有授权用户才能访问相应的逻辑段，从而保护敏感数据和系统资源。

3. 子网与 IP 地址管理

（1）子网划分。根据工控系统的需求，可将工控网络划分为多个子网。每个子网对应一个特定的功能或区域，并分配独立的 IP 地址范围，这样可以更好地管理和控制网络流量，提高网络的可维护性和安全性。

（2）IP 地址管理。IP 地址管理是指建立完善的 IP 地址管理制度，对 IP 地址进行统一分配和管理，可确保每个设备或用户使用合法的 IP 地址，防止 IP 地址冲突和非法访问。同时，定期检查和更新 IP 地址分配表，确保与实际网络结构一致。

4.2.2.2　物理隔离措施

1. 网络设备隔离

（1）设备物理隔离。设备物理隔离是指通过物理方式对工控网络与外部网络进行隔离，如使用防火墙、路由器等设备，确保只有经过授权的数据才能进出工控网络。

（2）设备访问控制。设备访问控制是指对网络设备进行访问控制，限制未经授权的用户访问工控网络。例如，配置网络设备的访问控制列表（ACL），只允许特定 IP 地址或用户访问网络设备。

2. 数据流量监测和分析

（1）数据流量监测。对工控网络的数据流量进行实时监测，包括数据来源、目的地、传输内容等，可以及时发现异常数据传输和潜在的威胁。

（2）数据流量分析。对监测到的数据流量进行分析，如分析数据流量的变化趋势、异常模式等，可及时发现潜在的攻击行为或数据泄露风险。工控网络综合安全管理平台的数据流量分析架构如图 4-6 所示。

3. 网络隔离墙

（1）物理隔离墙。在工控网络中建立物理隔离墙，将关键区域或设备与外部网络进行物理隔离，可防止未经授权的访问和数据泄露，提高工控网络的安全性。

（2）逻辑隔离墙。在工控网络中建立逻辑隔离墙，通过配置工控网络设备和安全策略，可实现不同区域或设备之间的逻辑隔离，更好地保护敏感数据和系统资源，防止潜在的威胁。

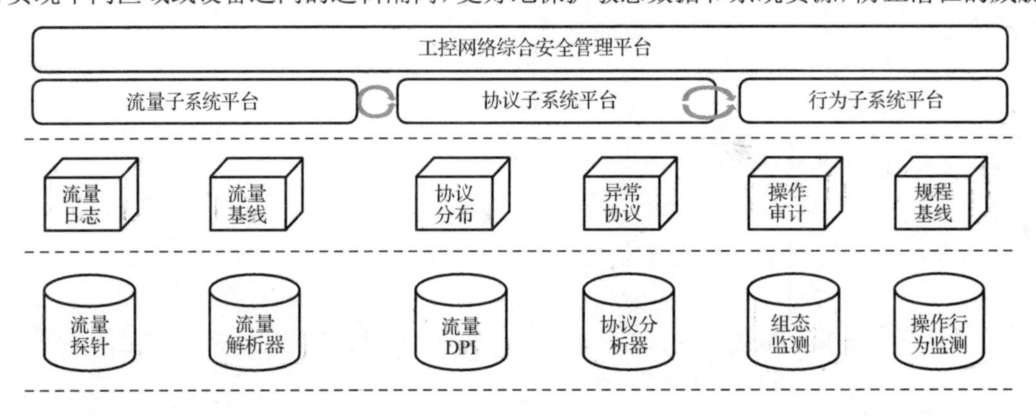

图 4-6　工控网络综合安全管理平台的数据流分析架构

4.2.2.3　安全边界设定

1. 防火墙配置

（1）防火墙的选择。防火墙应具备高性能、高可靠性、低延时等特点，应根据工控系统的实际需求选择防火墙，以满足工控系统的实时性要求。

（2）防火墙的规则设置。根据工控系统信息安全策略，配置防火墙的访问控制规则，包括允许和禁止的数据流、服务、协议等，确保只有经过授权的数据能够通过防火墙。

（3）防火墙的日志审计。开启防火墙的日志功能，记录所有通过防火墙的数据流和事件，并定期对防火墙日志进行审计和分析，可及时发现潜在的威胁和异常行为。

2. 路由器

（1）路由器的安全配置。对工控网络中的路由器进行安全配置，包括关闭不必要的服务、限制远程访问、启用访问控制列表（ACL）等，可确保路由器只转发经过授权的数据。

（2）路由器的固件升级。定期更新路由器的固件版本，可修复潜在的安全漏洞和缺陷。在进行固件升级前，应对固件进行严格的测试和验证，确保固件升级不会影响路由器的正常功能和性能。

（3）路由器的日志审计。开启路由器的日志功能，记录所有通过路由器的数据流和事件，并定期对路由器日志进行审计和分析，可及时发现潜在的威胁和异常行为。

3. 访问控制列表（ACL）

（1）ACL 的配置。根据工控系统信息安全策略，配置访问控制列表（ACL），限制不同用户或设备对网络资源的访问权限，可实现精细化的访问控制。ACL 的配置涉及 IP 地址、端口、协议等。

（2）ACL 的优化。根据实际需求定期对 ACL 进行优化，删除冗余和过期的 ACL，可提高 ACL 的执行效率。

（3）ACL 审计。定期对 ACL 进行审计和检查，可确保 ACL 的配置与实际需求一致。

4.2.2.4　通信协议保护

1. 加密通信协议

（1）选择合适的加密算法。根据工控系统信息安全需求选择合适的加密算法，如 AES、

RSA 等，可提供足够的安全强度，防止数据被窃取或篡改。

（2）加密通信配置。在工控系统中配置加密通信协议，如 SSL、TLS 协议等，可确保数据在传输过程中的安全性。SSL 协议如图 4-7 所示。

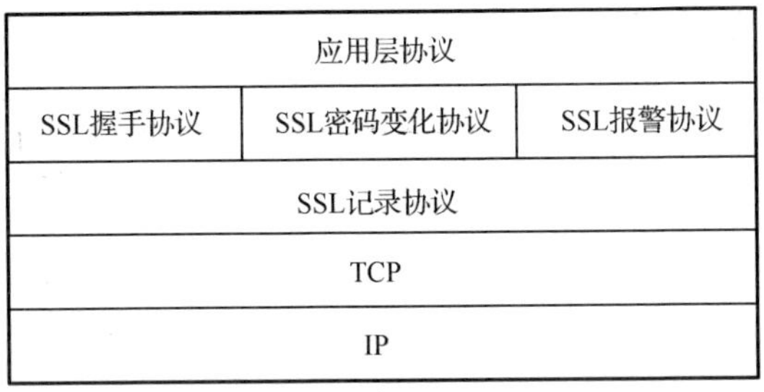

应用层协议		
SSL握手协议	SSL密码变化协议	SSL报警协议
SSL记录协议		
TCP		
IP		

图 4-7　SSL 协议

（3）密钥管理。建立完善的密钥管理体系，对加密通信中的密钥进行妥善保管和定期更换，可确保密钥的安全性，防止密钥泄露或被盗用。

2. 安全认证与授权

（1）身份认证。对工控系统中的用户进行身份认证，可确保只有授权用户才能访问资源。身份认证可以采用多种方式，如用户名密码、数字证书等。

（2）授权管理。根据用户的身份和角色，配置相应的授权策略，可确保用户只能在其授权范围内进行操作。授权策略应明确用户可以访问的资源、执行的操作等。

（3）访问控制。根据授权策略，对用户的访问请求进行访问控制，可以使只有授权用户才能访问相应的资源或执行相应的操作。

3. 数据完整性验证

（1）数据完整性校验。对工控系统中的数据进行完整性校验，可确保数据的完整性和一致性。常用的数据完整性校验算法包括哈希算法、校验码等。

（2）数据备份与恢复。建立完善的数据备份与恢复机制，可确保在数据遭到篡改或破坏时工控网络能够及时恢复数据；定期对数据进行备份，可防止数据丢失或损坏。

（3）数据审计与监测。对工控系统中的数据进行审计和监测，可及时发现数据异常和潜在的安全风险；通过对数据进行分析、挖掘和处理，可发现潜在的数据泄露、篡改等行为。

4.2.3　防火墙与网络安全设备

防火墙和网络安全设备是保护工控网络免受攻击的关键，通过采用适当的防火墙和网络安全设备，可以提高工控网络的安全性和抗攻击性。

4.2.3.1　防火墙类型

1. 网络层防火墙

（1）网络层防火墙的功能。网络层防火墙位于网络层，主要负责过滤和监测网络层的数据包，可阻止未经授权的访问和数据传输，保护工控网络的边界安全。根据工控系统信息安全需求，配置网络层防火墙的规则和策略（包括允许和禁止的数据流、服务、协议等），可确保只有经过授权的数据才能通过网络层防火墙。

（2）网络层防火墙的日志审计。开启网络层防火墙的日志功能，可记录所有通过网络层防火墙的数据；定期对日志进行审计和分析，可及时发现潜在的威胁和异常行为。

2. 应用层防火墙

（1）应用层防火墙的功能。应用层防火墙位于应用层，主要负责过滤和监测应用层的数据包，可阻止未经授权的应用程序访问和数据传输，保护应用系统的安全。根据工控系统信息安全需求，配置应用层防火墙的规则和策略（包括允许和禁止的应用程序、服务、协议等），可确保只有经过授权的数据才能通过应用层防火墙。

（2）应用层防火墙的日志审计。开启应用层防火墙的日志功能，可记录所有通过应用层防火墙的数据；定期对日志进行审计和分析，可及时发现潜在的威胁和异常行为。

3. 包过滤防火墙

（1）包过滤防火墙的功能。包过滤防火墙位于数据链路层，主要负责过滤和监测数据包的内容，可阻止未经授权的数据包传输，保护工控网络的边界安全。包过滤防火墙的工作原理如图 4-8 所示。根据工控系统信息安全需求，配置包过滤防火墙的规则和策略（包括允许和禁止的数据包内容、协议等），可确保只有经过授权的数据才能通过包过滤防火墙。

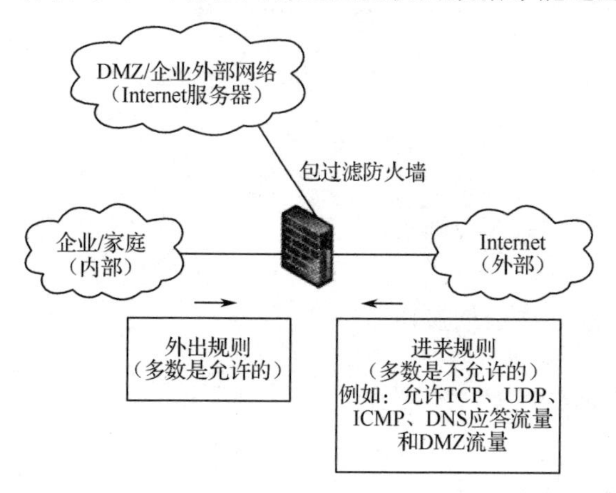

图 4-8 包过滤防火墙的工作原理

（2）包过滤防火墙的日志审计。开启包过滤防火墙的日志功能，可记录所有通过包过滤防火墙的数据：定期对日志进行审计和分析，可及时发现潜在的威胁和异常行为。

4. 网络边界防火墙

在工控网络的边界部署网络边界防火墙，作为工控网络的第一道防线，可阻止未经授权的访问和数据传输。网络边界防火墙应具备高性能、高可靠性、低延时等特点，以确保工控网络的安全性和稳定性。根据工控系统信息安全策略，配置网络边界防火墙的规则和策略（允许和禁止的数据流、服务、协议等），可确保只有经过授权的数据能够通过网络边界防火墙。

5. 内部网段防火墙

在工控网络的内部网段部署内部网段防火墙（如应用层防火墙或包过滤防火墙），作为工控网络的第二道防线，可进一步过滤和监测应用层的数据流。内部网段防火墙应具备高可用性、高扩展性等特点，以满足内部网段的业务需求和安全防护需求。根据工控系统信息安全策略，配置内部网段防火墙的规则和策略（包括允许和禁止的应用程序、服务、协议等），可确保只有经过授权的数据能够通过内部网段防火墙。

4.2.3.2　防火墙的策略

（1）防火墙策略的制定。根据工控系统信息安全需求和业务需求，制定合适的防火墙策略，如明确允许和禁止的数据流、服务、协议等，可确保只有经过授权的数据能够通过防火墙。同时，应根据实际需求调整防火墙策略，以满足业务发展和安全防护的平衡。

（2）防火墙策略的执行。将制定的防火墙策略应用于实际的网络环境中，通过配置网络设备和安全设备，确保防火墙策略得到有效执行。同时，应定期检查和验证防火墙策略的执行情况，及时发现并解决潜在的问题和风险。

（3）防火墙策略的审计和监测。建立完善的防火墙策略审计和监测机制，对防火墙策略的执行情况进行实时监测和分析。通过审计和分析日志数据，及时发现潜在的威胁和异常行为，并及时采取相应的措施进行应对和处理。

4.2.3.3　网络安全设备管理

1. 安全设备日志监测

（1）日志收集。安全设备应记录所有与安全相关的事件。安全设备日志包括设备的运行状态、网络流量、攻击措施等信息。通过日志收集工具或系统，可集中存储和管理这些日志，以便后续进行分析和审计。

（2）日志分析。对收集到的安全设备日志进行分析，可识别异常行为和潜在威胁。利用日志分析工具或安全信息事件管理（SIEM）系统，可实现安全设备日志的自动分析和报警。通过对安全设备日志进行深入挖掘，可及时发现并应对潜在的安全问题。

（3）日志保留。根据企业的安全政策和法规要求，设定合理的日志保留期限，确保在需要时能够提供足够的证据进行安全事件的调查和追溯。

2. 安全设备更新与维护

（1）定期更新。随着网络威胁的不断演进，安全设备需要及时更新以应对新的攻击手段。定期更新安全设备的固件、软件和安全规则，确保安全设备能够识别并防御最新的威胁。

（2）设备维护。对安全设备进行定期维护，包括硬件检查、软件升级、配置优化等，可确保安全设备始终处于良好的运行状态，避免因设备故障导致的安全漏洞。

（3）设备备份。对关键的安全设备进行定期备份（冗余），可在发生故障或数据丢失时迅速恢复系统。同时，备份的数据也可用于安全事件的调查和追溯。

3. 安全事件响应与处置

（1）安全事件监测。通过实时监测和分析安全设备的日志数据，可及时发现潜在的安全事件；通过建立有效的安全事件监测机制，可及时发现异常行为和威胁。

（2）安全事件响应。当发现安全事件时，应立即启动应急响应计划，组织相关人员进行处置。根据安全事件的性质和严重程度，应采取不同的措施，如隔离受影响的系统、收集证据、通知相关部门等。

（3）安全事件处置。对发生的安全事件进行深入调查和分析，可确定安全事件的原因和影响范围。根据调查结果，采取相应的纠正措施和预防措施，防止类似事件再次发生。同时，对安全事件处置过程进行总结和反思，可不断完善企业的安全策略。

4.2.4 入侵检测系统与入侵防御系统

4.2.4.1 入侵检测系统（IDS）

1. 网络入侵检测系统（NIDS）

NIDS 是一种基于网络的入侵检测系统，它能够通过监测网络流量检测并识别潜在的攻击行为或异常行为。

（1）NIDS 的功能。NIDS 不仅可以实时监测网络流量，识别并分析潜在的攻击行为，如端口扫描、恶意代码注入等；还可以检测到未经授权的网络访问和异常流量，并及时报警和采取相应的防御措施。

（2）NIDS 的部署。为了提高工控网络的安全性和稳定性，企业需要选择适合的 NIDS，并将其部署在关键区域和重要节点。例如，在网络边界部署 NIDS，可检测并阻止外部攻击；在内部核心交换机部署 NIDS，可监测关键业务流量和异常行为。NIDS 的部署如图 4-9 所示。

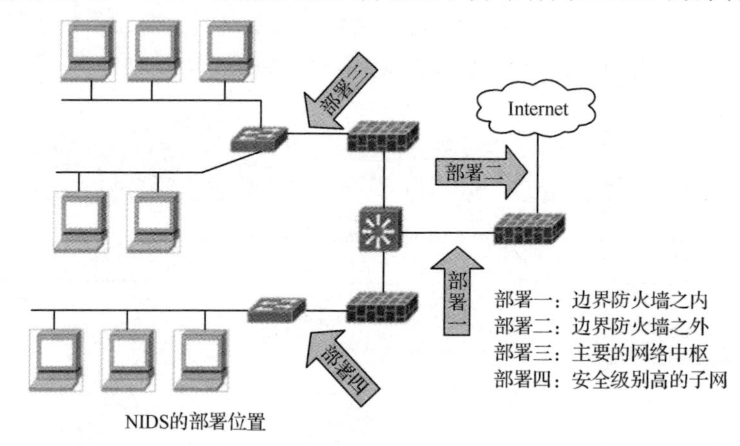

图 4-9 NIDS 的部署

（3）NIDS 的配置。根据工控系统信息安全需求和业务需求，需要配置 NIDS 的规则和策略。规则应包括正常的网络流量特征、异常行为等，以确保工控系统能够准确检测并识别潜在的攻击行为。同时，还应定期更新 NIDS 的规则和策略，以适应不断变化的工控系统环境和威胁。

2. 主机入侵检测系统（HIDS）

HIDS 是通过监测主机的系统和网络流量来检测并识别潜在攻击行为或异常行为的。

（1）HIDS 的功能。HIDS 不仅可以实时监测主机的系统和网络流量，识别并分析潜在的攻击行为，如恶意代码注入、系统漏洞利用等；还可以检测到未经授权的主机访问和异常行为，并及时报警和采取相应的防御措施。

（2）HIDS 的部署。为了工控网络的安全性，企业需要选择合适的 HIDS，并合理部署在关键服务器和主机上。例如，在数据库服务器上部署 HIDS，可监测数据库系统的安全性和稳定性；在主机上部署 HIDS，可监测系统的运行状态和异常行为。HIDS 的部署如图 4-10 所示。

（3）HIDS 的配置。根据工控系统信息安全需求和业务需求，配置 HIDS 的规则和策略，包括正常的系统日志特征、异常行为等，以确保工控系统能够准确检测并识别潜在的攻击行为。同时，应定期更新 HIDS 的规则和策略，以适应不断变化的工控网络环境和威胁。

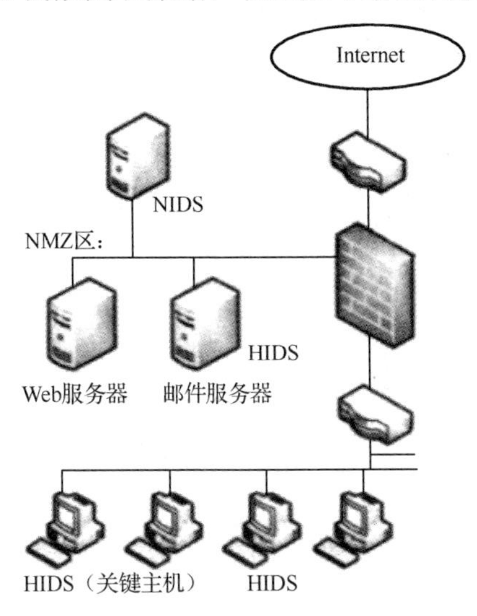

图 4-10　HIDS 的部署

3. 入侵检测系统的部署策略

（1）层次化部署。为了提高入侵检测系统的覆盖范围和检测能力，可以采用层次化部署策略。在关键区域和重要节点部署 NIDS 和 HIDS，形成多层次的防御体系。同时，还应当根据实际需求选择合适的入侵检测产品和技术，以满足不同层次的安全需求。

（2）联动机制。建立入侵检测系统与其他安全系统的联动机制，如防火墙、入侵防御系统等。当发现潜在的攻击行为或异常行为时，可以及时触发联动机制，并采取相应的防御措施和响应措施。这种联动机制可提高工控网络的协同防御能力。

（3）定期评估与调整。应定期对入侵检测系统的性能和效果进行评估，并根据评估结果对入侵检测系统进行调整和优化。例如，通过调整入侵检测系统的规则和策略，可适应新的威胁类型和攻击方式；对入侵检测系统的部署位置进行优化，可提高其覆盖范围和检测能力；对入侵防御系统进行升级，可增加新的功能。

4.2.4.2　入侵防御系统（IPS）

1. 主动防御与自动化响应

（1）主动防御。入侵防御系统应具备主动防御的能力，能够实时监测网络流量，识别并分析潜在的攻击行为。通过提前识别和阻止攻击，入侵防御系统能够减少工控网络受到攻击的风险。

（2）自动化响应。当检测到潜在的攻击行为时，入侵防御系统应能够自动采取相应的防御措施，如阻止攻击流量、隔离受影响的系统等。自动化响应可以减少人工干预的时间和成本，提高防御效率。

2. 入侵防御系统部署与配置

（1）部署位置。根据工控系统信息安全需求和业务需求，选择合适的位置（如工控网络边界、内部核心交换机等）部署入侵防御系统，可更有效地保护工控网络的安全。入侵防御系统的分布式部署如图 4-11 所示。

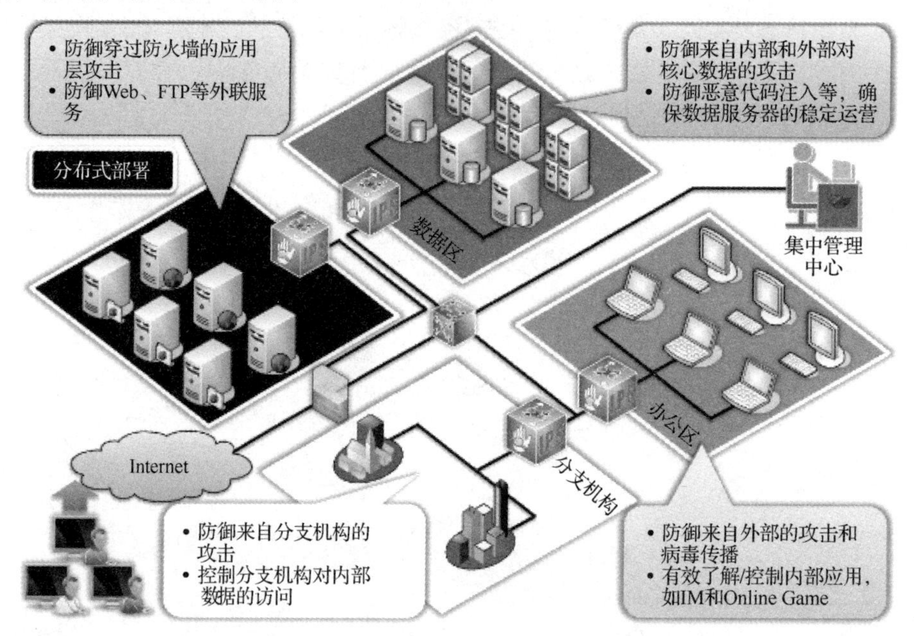

图 4-11 入侵防御系统的分布式部署

（2）配置策略。根据工控系统信息安全需求和业务需求，配置合适的入侵防御系统策略（包括正常的网络流量特征、异常行为等），可准确检测并识别潜在的攻击行为。同时，应定期更新入侵防御系统的策略，以适应不断变化的工控网络环境和威胁。

3. 入侵防御系统的性能与效率

（1）性能。入侵防御系统的性能（如检测速度、处理能力、并发连接数等）是衡量其有效性的关键指标，选择高性能的入侵防御系统，能更好应对大规模的网络攻击和异常流量。

（2）效率。效率是指入侵防御系统在检测和防御攻击时的准确性，高效的入侵防御系统能够快速识别并阻止攻击，减少受到攻击的风险。同时，准确的检测还能够避免误报和漏报，提高防御的准确性。

4.2.4.3 异常行为分析与威胁智能识别

1. 异常行为分析

通过分析网络流量、系统日志、用户行为等数据，可识别与正常行为不同的异常行为。这些异常行为可能包括未经授权的访问、恶意代码注入、系统资源滥用等。对识别出的异常行为进行深入分析，了解其背后的动机和目的，有助于发现潜在的攻击行为和威胁，为后续的防御提供依据。

2. 威胁情报收集与响应

通过各种手段收集与工控网络相关的威胁情报，包括漏洞信息、恶意代码样本、攻击者信息等。这些情报对于了解当前的安全态势和潜在威胁至关重要。根据收集到的威胁情报，及时采取相应的响应措施（如更新安全策略、加固系统、隔离受影响的系统等），可防止攻击扩散和减少损失。

3. 威胁智能识别技术

（1）基于机器学习的威胁智能识别技术。利用机器学习对网络流量、系统日志等数据进行学习和分析，可自动识别出潜在的攻击行为和威胁。机器学习可以提高威胁识别的准确性和效率。

（2）基于深度学习的威胁智能识别技术。通过构建深度学习模型，对大量数据进行学习和训练，可识别更为复杂的攻击行为和威胁。深度学习可以处理高维度的数据和复杂的模式，提高威胁识别的精度和泛化能力。

4.2.4.4 持续监测与安全事件响应

1. 安全事件日志监测

（1）日志收集与存储。工控网络应持续收集安全事件日志（包括网络流量、系统日志、应用日志等）。安全事件日志应集中存储和管理，以便后续的分析和审计。

（2）日志分析与报警。对收集到的安全事件日志进行分析，可识别异常行为和潜在的威胁。利用日志分析工具或安全信息事件管理（SIEM）系统，可实现安全事件日志的自动分析和报警，及时发现并应对潜在的安全问题。

2. 威胁情报共享与协同

通过与其他组织、安全厂商等合作，可收集与工控系统相关的威胁情报。这些威胁情报应整合到企业的工控系统安全体系中，为安全事件的响应和处置提供重要参考。在合法合规的前提下，企业应积极与其他机构分享自身掌握的威胁情报，共同应对工控网络威胁。通过威胁情报共享，可扩大企业的安全视野，提高安全事件的应对效率。

3. 安全事件的实时响应与处置

（1）实时响应机制。通过实时响应机制，企业的相关人员可及时处理安全事件，并根据安全事件的性质和严重程度采取相应的措施，如隔离受影响的系统、收集证据、通知相关部门等。

（2）事件处置与恢复。对发生的安全事件进行深入的调查和分析，可确定安全事件的原因和影响范围，并根据调查结果采取相应的措施，防止类似事件发生。对受影响的系统进行恢复和重建，可确保工控系统的正常运行和业务连续性。

（3）事后总结与改进。在安全事件处置完毕后，应进行总结和反思，评估实时响应机制的执行效果，针对存在的问题和不足进行改进和完善，提高企业的安全防护能力和应急响应水平。

4.2.5 身份认证与加密技术

身份认证与加密技术是工控网络的重要组成部分，可防止未经授权的访问和数据泄露。在设计工控网络安全策略时，综合考虑不同的身份认证与加密技术将有助于提高工控网络的安全性。

4.2.5.1 身份认证技术

1. 单因素身份认证技术

单因素身份认证技术使用单一身份认证因素（通常使用用户名和密码）进行身份认证。单因素身份认证技术简单易用，但存在一定的安全风险（如密码容易被猜测或破解），因此这种身份认证技术需要采取一些措施（如设置密码复杂度要求、密码过期时间等）来增强安全性。

2. 双因素身份认证技术

双因素身份认证技术使用两种身份认证因素（通常使用用户名、密码和动态令牌或手机验证码）进行身份认证。动态令牌或手机验证码是根据时间或随机数生成的，增加了破解的难度。双因素身份认证技术相对比较安全，但仍然存在一定的风险，如动态令牌或手机可能被盗用或丢失。

3. 多因素身份认证技术

多因素身份认证技术使用多种身份认证因素（通常使用用户名、密码、动态令牌、手机验证码、指纹识别、面部识别等）进行身份认证。多因素身份认证技术更加复杂和安全，但需要用户拥有相应的设备并支持多种身份认证技术。多因素身份认证技术可以提供更高级别的安全性，适用于对安全性要求较高的场景。

在实施身份认证与加密技术时，还需要考虑以下方面：

（1）选择可靠的身份认证技术。根据业务需求和安全要求，选择适合的身份认证技术。对于安全性要求较高的应用场景，建议采用多因素身份认证技术或其他更加安全的身份认证技术。

（2）保护密钥和令牌。对于密钥和令牌等敏感数据，应采取严格的安全措施。密钥应存储在安全的环境中，避免被泄露或非法获取。

（3）定期更新和轮换密钥。对于密钥和令牌等敏感数据，应定期进行更新和轮换，以降低被破解的风险。在更新和轮换密钥时，应确保密钥的生成和存储过程是安全的。

4.2.5.2 加密技术

1. 对称加密技术

对称加密技术是一种传统的加密技术，也称为密钥加密技术。在这种加密技术中，加密和解密使用相同的密钥。常用的对称加密技术包括 AES（高级加密标准）、DES（数据加密标准）等。对称加密技术具有较高的加密强度和效率，适用于对大量数据进行加密和解密的应用场景。

2. 非对称加密技术

非对称加密技术是一种基于公钥和密钥的加密技术。在这种加密技术中，使用公钥进行加密操作，使用密钥进行解密操作。公钥和密钥是成对出现的，但一般情况下只有密钥持有者才知道密钥。常用的非对称加密技术包括 RSA（Rivest-Shamir-Adleman）、ECC（Elliptic Curve Cryptography）等。非对称加密技术具有较高的安全性，适用于对敏感数据进行加密操作，以及实现数字签名等应用场景。

3. 混合加密技术

混合加密技术是指将对称加密技术和非对称加密技术结合起来的一种加密技术。混合加密技术使用对称加密技术对数据进行加密，使用非对称加密技术对密钥进行加密，这样可以实现更高的安全性和更强的抗攻击能力。混合加密技术可提供较高的效率和安全性，适用于对大量数据进行加密操作，同时需要保证密钥的安全性的应用场景。

在实施加密技术时，还需要考虑以下方面：

（1）选择合适的加密技术。根据业务需求和安全要求，选择适合的加密技术。对于高安全性要求的应用场景，建议采用非对称加密技术或混合加密技术。

（2）保护密钥。对于密钥等敏感数据，应采取严格的安全措施。密钥应存储在安全的环境中，避免被泄露或非法获取。

（3）定期更新和轮换密钥。对于使用密钥的敏感数据，应定期进行更新和轮换密钥，以降低密钥被破解的风险。在更新和轮换密钥时，应确保密钥的生成和存储过程是安全的。

4.2.5.3　数字证书与 PKI

1. 数字证书的组成与结构

数字证书是一种电子文档，用于证明公钥所有者的身份和公钥的有效性。数字证书由权威的数字证书颁发机构（CA）颁发，包含以下组成信息：

（1）数字证书持有者的身份信息：包括名称、组织、国家等。

（2）数字证书持有者的公钥：用于加密和验证数字签名。

（3）数字证书颁发机构的数字签名：用于验证数字证书的合法性和有效性。

（4）数字证书的有效期：指定数字证书的有效期限。

（5）其他附加信息：如数字证书序列号、数字证书用途等。

2. PKI 的工作原理

PKI（公钥基础设施）是一种基于公钥的安全基础设施，用于管理数字证书和公钥。PKI 的工作原理如图 4-12 所示。

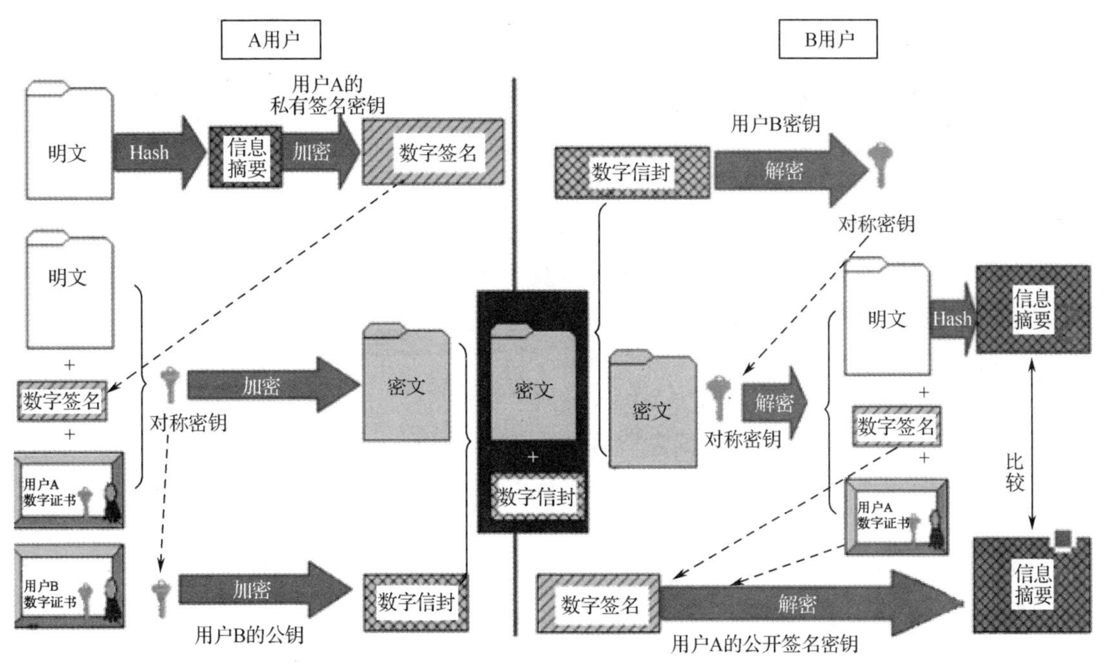

图 4-12　PKI 的工作原理

PKI 的工作原理如下：

（1）数字证书颁发机构（CA）：负责颁发和管理数字证书，验证数字证书申请者的身份并为其颁发数字证书。

（2）数字证书注册机构（RA）：负责接受和处理数字证书申请，对申请者进行身份认证，并将身份认证结果提交给 CA。

（3）数字证书存储库：用于存储和发布数字证书，提供数字证书的查询和下载服务。

（4）数字证书撤销列表（CRL）：记录被撤销的数字证书，供用户查询和验证数字证书的有效性。

（5）密钥管理：负责生成、存储、备份和恢复密钥，确保密钥的安全性和可用性。

3. 数字证书的管理与颁发流程

在工控系统中实施数字证书和PKI时，需要建立相应的数字证书管理和颁发流程，包括以下步骤：

（1）数字证书申请：申请者向RA提交数字证书申请，提供相关身份信息和公钥。

（2）身份认证：RA对申请者进行身份认证，确保其身份的真实性和合法性。

（3）数字证书颁发：CA根据RA的身份认证结果，为申请者颁发数字证书，并将数字证书发布到数字证书存储库。

（4）数字证书使用：申请者获得数字证书后，可以使用其公钥进行加密和验证数字签名等操作。

（5）数字证书更新与撤销：在数字证书的有效期内，申请者可以向CA申请更新或撤销其数字证书；CA根据申请者的请求和相应的验证结果，更新或撤销数字证书。

（6）密钥管理：申请者需要妥善保管其密钥，并定期更新和备份密钥。在密钥泄露或丢失时，应及时向CA报告并申请新的数字证书和密钥。

数字证书和PKI在工控系统中具有重要的作用和意义，可以提供可靠的身份认证和数据加密等安全保障措施，保障工控系统稳定运行。

4.2.5.4 安全通信协议与隧道技术

1. SSL/TLS协议

SSL/TLS协议是互联网中应用最广泛的安全协议之一，用于保护客户端和服务器之间的通信。在工控系统中，SSL/TLS协议可以用于实现安全的远程访问和数据传输，保证数据在传输过程中的机密性和完整性。SSL/TLS协议采用了对称加密和非对称加密技术，可提供不同层的安全保障，如传输层和应用层。

2. IPSec协议

IPSec协议是一种标准的网络安全协议，用于保护IP层中的数据传输。在工控系统中，IPSec协议可以用来实现端到端的安全通信，保证数据在传输过程中的机密性、完整性。IPSec协议支持隧道模式和传输模式，可以根据不同的需求选择不同的模式。

3. VPN隧道技术

VPN隧道技术是一种通过虚拟专用网络（VPN）实现安全通信的技术。在工控系统中，VPN隧道技术可以用于实现远程访问和数据传输的安全性，保证数据在传输过程中的机密性和完整性。VPN隧道技术采用了不同的隧道协议，如PPTP、L2TP和GRE等，可以根据不同的需求选择不同的隧道协议来保护数据传输。

身份认证与加密技术在工控网络安全中发挥着至关重要的作用，用于确保数据的机密性、完整性和可用性，以及认证用户、设备和系统的身份。基于OPC技术的端到端加密方式如图4-13所示，该加密方式可实现关键数据的存储缓冲和数据认证加密。

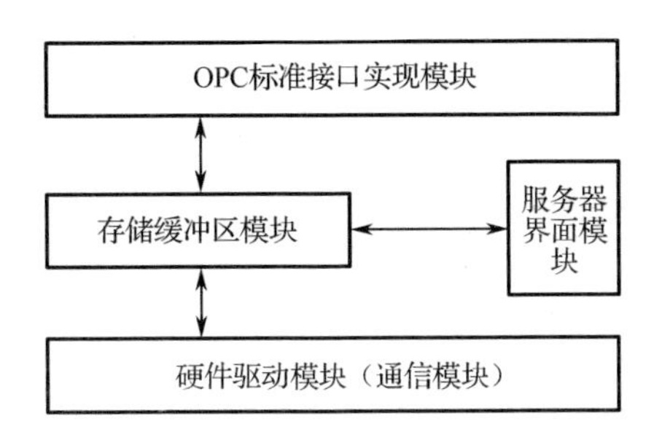

图 4-13　基于 OPC 技术的端到端加密方式

4.2.6　人员管理与培训

工控系统的安全性不仅依赖于技术和策略，还取决于人员的管理和培训。有效的人员管理和培训是确保工控系统安全的关键因素之一。

4.2.6.1　权限管理

1. 用户权限分配

用户权限分配是指根据用户在工控系统中的角色和职责，为其分配相应的权限。在工控系统中，用户权限分配应遵循最小权限原则，即每个用户只能获取完成工作所需的最小权限。用户权限分配应考虑不同用户之间的职责分离，避免同一用户拥有过多的权限而导致潜在的安全风险。

2. 角色管理

角色管理是指定义和管理不同角色在系统中的权限和职责。在工控系统中，角色可以按照部门、职位和任务等进行划分，每个角色对应不同的权限和职责。通过对角色进行管理，可以对用户权限进行统一的管理，确保不同用户在工控系统中的行为符合安全策略。

3. 权限审计

权限审计是指对用户在工控系统中的行为进行监测和审查，以确保其行为符合安全策略。在工控系统中，权限审计应记录用户的行为和操作结果，以便后续进行审查和分析。通过定期进行权限审计，可以发现潜在的安全风险和违规行为，及时采取措施进行防范和纠正。

4.2.6.2　安全意识培训

1. 安全政策宣传

安全政策宣传是指向员工和管理层宣传和讲解工控系统信息安全相关的政策。通过定期的安全政策宣传，可以提高员工和管理层对工控系统信息安全的认识和重视程度。安全政策宣传还应包括对安全事件的责任追究和惩戒，以强化员工和管理层对安全的重视。

2. 培训课程内容

培训课程内容应包括工控系统的基础知识、安全风险和威胁、安全措施、应急预案等，应以实际案例和模拟演练为依托，让员工和管理层更好地理解和掌握工控系统信息安全的知识和技能。

3. 模拟演练与应急预案

模拟演练是指通过模拟安全事件或攻击场景，组织员工和管理层进行应对和处置的演练活动。应急预案是指针对可能发生的安全事件或攻击而制定的应对措施和流程。通过定期进行模拟演练，以及应急预案的更新和完善，可以提高员工和管理层对真实安全事件的应对能力和反应速度。

4.2.6.3 人员招聘与背景调查

1. 安全岗位招聘要求

安全岗位招聘要求是指工控系统信息安全岗位的招聘标准，包括学历、经验、技能等方面的要求。在招聘过程中，应注重应聘者的专业背景、技能水平和安全意识，以确保其具备相应的安全知识和能力。安全岗位招聘要求还应根据不同的安全岗位进行差异化设置，以满足不同安全岗位的具体需求。

2. 背景调查标准流程

背景调查是指对应聘者进行身份核实、学历验证、工作经历核查等方面的调查。背景调查标准流程包括制订调查计划、收集资料、核实信息、撰写报告等步骤，以确保背景调查的准确性和可靠性。在进行背景调查时，应注重保护个人隐私和信息安全，遵守相关法律法规和规定。

3. 安全人员职业素养评估

安全人员职业素养评估是指对安全人员进行职业道德、职业能力、职业态度等方面的评估。通过职业素养评估，可以了解安全人员的综合素质和水平，为后续的培训和发展提供依据。安全人员职业素养评估的核心内容如图 4-14 所示。在进行职业素养评估时，应注重客观公正、全面深入，以帮助安全人员提升职业素养和能力水平。

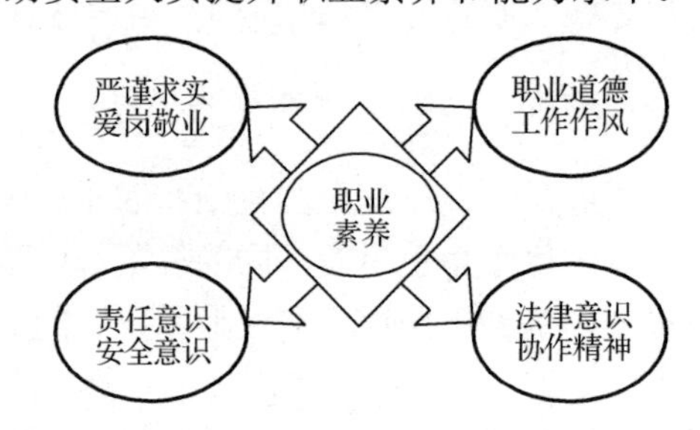

图 4-14 安全人员职业素养评估的核心内容

4.2.6.4 持续教育与认证

1. 安全相关认证培训

安全相关认证培训应包括安全意识、安全技术、安全管理等方面的内容。通过参加安全相关认证培训，不仅可以使员工获得专业的知识和技能，提高自身的安全意识和能力，还可以使员工了解最新的安全技术和标准，提高应对安全事件的能力。

2. 员工持续教育计划

员工持续教育计划是针对工控系统信息安全领域的员工而制订的，应包括定期的培训课程、研讨会、技术交流会等活动，以帮助员工了解最新的安全技术和安全标准。员工持续教育计划还包括针对不同岗位和职责的定制化培训内容，以满足不同岗位的需求。

3. 安全认证考试与资质获取

安全认证考试是指针对工控系统信息安全领域的专业考试，用于评估员工的安全知识和技能水平。通过安全认证考试，员工可以获得相应的资质，证明其具备相应的安全知识和能力。安全认证考试还可以帮助企业了解员工的安全水平和能力。

4.2.7　安全政策与合规性

安全政策和合规性要求是工控系统信息安全的基础。通过明确安全政策、确保合规性、进行审查和报告，以及提供培训和教育，企业可以更好地保护其工控系统，并避免法律和安全风险。工控系统安全的核心是建立明确的安全政策，并确保合规性。本节将深入讨论安全政策的重要性，以及如何确保安全政策符合法规和标准。

4.2.7.1　制定安全政策

1. 安全政策的目标与范围

安全政策的目标是指制定安全政策的初衷和目的，如确保工控系统的安全稳定、保护企业的机密信息和资产等。安全政策的范围是指该安全政策适用的对象和场景，包括企业的各个部门、业务单元及外部合作伙伴等。

2. 安全标准与规定

安全标准是指在制定安全政策时所参考的国家和行业标准，如 ISO 27001。这些标准为企业提供了明确的安全要求和指导。安全规定是指企业根据实际情况和业务需求而制定的具体的安全措施和操作规范。例如，规定员工在访问工控系统时应使用强密码、禁止使用弱密码等。

3. 安全政策审批流程

安全政策审批流程应确保安全政策的合理性和可行性，并经过相关部门的审查和批准。在安全政策审批流程中，应包括对政策草案的评审、修改和完善，以及最终政策的发布和实施。同时，还应明确责任人和时间节点，确保安全政策能够得到及时、有效的实施。

4.2.7.2　合规性监管

1. 法规遵从性

法规遵从性是指企业制定的安全政策和措施必须符合国家和地方的法律法规，以及行业标准的要求。企业应了解和遵守相关的法律法规，如《中华人民共和国网络安全法》《信息安全等级保护管理办法》等，以确保企业的工控系统安全符合法律法规的要求。

2. 安全标准符合性

安全标准符合性是指企业制定的安全政策和措施必须符合国家和行业的安全标准和规范。企业应参考国家和行业的安全标准和规范（如 ISO 27001），制定符合企业实际情况的安全政策和措施。

3. 合规性审计与评估

合规性审计是指对企业制定的安全政策和措施进行定期的审查和评估，以确保其符合国家和行业的法律法规、安全标准和规范的要求。企业应建立合规性审计和评估机制，定期对安全政策和措施进行审查与评估，发现问题及时进行整改和修正。通过合规性审计与评估，企业不仅可以更好地遵守国家和行业的法律法规和安全标准，提高工控系统安全的合规性水平，还可以降低因违规行为带来的法律风险和安全风险。

4.2.7.3　风险管理与评估

通过风险管理与评估，企业可以更好地了解和管理工控系统中存在的风险，从而采取相应的措施和策略进行应对和处置，确保工控系统的安全稳定运行。

1. 风险识别与分析

风险识别是指对工控系统中可能存在的各种风险进行识别和分类，包括技术风险、管理风险、人员风险等。风险识别的流程如图 4-15 所示。

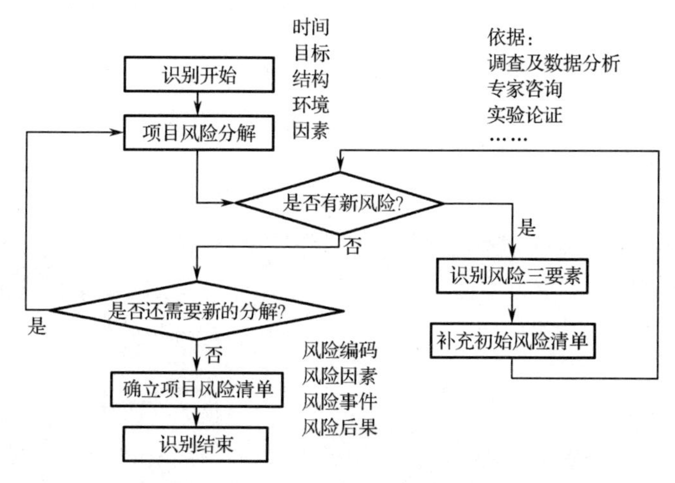

图 4-15 风险识别的流程

风险分析是指对识别出的风险进行深入的分析和研究，了解其产生的原因、影响范围和可能造成的后果。

2. 风险评估方法

风险评估方法是指对识别出的风险进行评估的方法和工具，包括定性评估方法和定量评估方法。定性评估方法主要通过专家评估、经验判断等方式对风险进行评估。定量评估方法主要通过建立数学模型、利用历史数据等方式对风险进行量化的评估。

3. 风险处理策略

风险处理策略是指根据风险评估结果，制定相应的处理措施和策略，包括预防措施、缓解措施、应急措施等。预防措施主要通过加强安全管理和技术防护，降低风险发生的可能性。缓解措施主要通过采取一系列措施，降低风险对工控系统的影响和损失。应急措施是指为了应对突发事件或不可控的风险而制定的应急预案和处理流程。

4.2.7.4 安全事件的应对

1. 安全事件报告与记录

安全事件报告是指在发生安全事件时，相关人员向安全管理部门所做的报告。安全事件报告应记录安全事件的详细信息，如安全事件发生的时间和地点、涉及人员、安全事件描述等。安全事件记录是指安全事件报告中关于安全事件的记录，可用于调查和分析安全事件。

2. 应急响应流程

应急响应流程是指当发生安全事件时，企业应立即启动应急响应计划，包括启动应急响应小组、确定响应级别、制订响应计划等。当发生安全事件时，应急响应小组应迅速展开工作，对安全事件进行初步分析，确定安全事件的性质和影响范围，并采取相应的措施进行处置。响应级别应根据安全事件的严重程度进行确定，不同级别的响应需要采取不同的措施。

3. 安全事件调查与分析

安全事件调查是指对发生的安全事件进行详细的调查和分析，了解安全事件的来龙去脉，确定安全事件的原因和责任。安全事件分析是指对安全事件的调查结果进行深入分析和研究，总结经验教训，提出改进措施和建议。通过安全事件调查与分析，可更好地了解安全事件的本质和规律，为今后的安全防护工作提供参考和借鉴。

结语

安全策略对于工控网络的安全性而言至关重要，本节深入研究了工控网络安全策略的要点。物理安全措施、网络隔离与分段、防火墙与网络安全设备、入侵检测系统与入侵防御系统、身份认证与加密技术、人员管理与培训、安全政策与合规性等，都是构建工控网络安全策略的重要组成部分。合规性要求对于工控网络安全而言至关重要，若安全策略不符合法规和标准，则可能导致法律问题和安全漏洞。安全政策与合规性是确保工控网络安全策略成功实施的关键步骤。

在工控网络中，没有一种适合所有情况的解决方案，因此企业需要根据其特定需求和风险来制定自己的安全策略。安全策略应该是动态的，应随着技术的发展和威胁的演进而不断调整和改进。

4.3 工控网络的安全实践案例

引言

本节将介绍实际的工控网络的安全实践案例，这些案例旨在表明安全措施的重要性和有效性。通过这些案例，读者将深入了解如何应对各种威胁，确保工控网络不受干扰，并保护关键数据的完整性和保密性。本节介绍的每个案例都将突出特定问题的解决方案，强调实践中的关键教训和最佳实践，帮助企业更好地应对工控网络面临的安全挑战。

4.3.1 案例 1：工控网络的安全防护实例

本案例是某制造公司工控网络的防护实例，重点关注安全措施，以及如何应对潜在的威胁和攻击。本案例可帮助读者更好地理解工控网络的安全挑战和应对策略。

1. 背景

本案例中的工控网络包括多个设备和子系统，用于生产线的自动控制和数据收集，其可靠性对生产和产品交付至关重要。

2. 挑战

本案例中的工控网络面临一系列的安全挑战。首先，工控网络中的某些设备使用较旧的操作系统和通信协议，这使它们容易受到已知漏洞的攻击。其次，由于一些历史原因，工控网络的架构较为复杂，导致不同子系统之间的通信漏洞，使工控网络更容易受到未经授权的访问。

此外，该制造公司拥有多个工厂，这些工厂之间需要进行远程数据访问和控制。这使得工控网络的外部连接成为一个潜在的风险，黑客可能会尝试从外部入侵工控网络。

3. 解决方案

为了应对上述的安全挑战，该制造公司采取了以下措施：

（1）更新和升级设备：该制造公司对运行较旧操作系统的设备进行了升级，尽可能采用支持现代安全标准的设备。

（2）网络隔离：对不同子系统之间的通信进行了重新设计，采用了网络隔离措施，减少了攻击面。

（3）外部访问控制：该制造公司实施了强身份认证和访问控制策略，确保只有经过授权的用户才能远程访问工控网络。

（4）持续监测：该制造公司的安全团队实施了持续监测和漏洞扫描，可及时发现并应对潜在的威胁。

4. 结果

通过上述措施，该制造公司减小了工控网络的攻击面、及时修补了工控网络的漏洞，使远程访问得到了更好的保护，工控网络的稳定性得到了提高，生产线的运行更加可靠。

本案例强调了工控网络安全的重要性，以及如何通过综合安全措施来降低潜在的威胁。通过本案例，读者可了解如何识别和解决工控网络中的安全问题，从而为工控系统提供更好的保护。

4.3.2 案例 2：工控网络通信保护实例

本案例是某化工厂的工控网络通信保护实例，深入研究工控网络中的通信协议，以及如何保护工控网络通信免受潜在的攻击和威胁。通信协议在工控网络中起着关键作用，因此其安全性至关重要。

1. 背景

本案例中的工控网络负责监测和控制生产过程中的多个关键参数（包括温度、压强和液位等），使用了一种常见的通信协议（用于传输数据和指令）。

2. 挑战

该化工厂面临着多种安全挑战。首先，工控网络通信协议的安全性较差，容易受到嗅探、篡改和重放等攻击。其次，通信数据在传输过程中未被加密，可能会被攻击者轻松获取。如果攻击者篡改通信数据，则可能导致生产过程出现严重问题，甚至是安全事故。

3. 解决方案

为了解决上述挑战，该化工厂采取了以下措施：

（1）通信协议升级：该化工厂选择了新的通信协议，新的通信协议具有加密和身份认证功能，可保护数据的完整性和隐私。

（2）数据加密：该化工厂实施了数据加密措施，确保数据在传输过程中的安全性，只有授权用户才能解密。

（3）身份认证：该化工厂强化了通信双方的身份认证，可防止未经认证的设备参与通信。

（4）威胁检测：该化工厂实施了威胁检测和入侵检测，实时监测通信流量，可及时检测和应对潜在的攻击。

4. 结果

通过上述措施，该化工厂提高了工控网络通信的安全性，使数据得到了保护，不再容易受到攻击。本案例突出了工控网络通信协议的关键作用，以及如何通过升级和加强安全措施来应对潜在的风险。

4.3.3　案例 3：工控网络数据隐私保护实例

本案例关注工控网络中的数据隐私问题，介绍了有效保护敏感数据的措施，以满足法律法规和企业隐私政策的要求。

1. 背景

本案例介绍的某食品加工厂工控网络负责监测和控制生产线上的各种过程，包括温度控制、生产速度和质量监测。工控网络产生了大量的数据，包括生产参数、传感器读数和质量报告，其中一部分数据涉及产品成分和生产过程中的敏感数据。

2. 挑战

该食品加工厂面临的主要挑战之一是遵守隐私法规［如欧洲的 GDPR（通用数据保护条例）］，以及确保客户和员工的敏感数据得到妥善保护。此外，该食品加工厂也担心数据泄露会导致竞争对手获取有利信息，对自己的竞争优势造成威胁。

3. 解决方案

为了应对上述挑战，该食品加工厂采取了以下措施：

（1）数据分类和标记：该食品加工厂对所有的数据进行了分类和标记，可识别哪些数据是敏感数据。

（2）数据加密：对敏感数据进行加密，可防止攻击者获取敏感数据。

（3）访问控制：实施了严格的访问控制策略，只有授权用户才能获取敏感数据。

（4）数据审计：建立了数据审计系统，用于记录对敏感数据的访问和操作，以便进行追溯和调查。

（5）员工培训：该食品加工厂为员工提供了数据隐私保护的培训，以确保他们了解如何处理敏感数据。

4. 结果

通过这些措施，该食品加工厂成功保护了工控网络中的敏感数据，既遵守了相关法规，又减少了数据泄露的风险。本案例介绍了工控网络数据隐私保护的重要性，以及如何通过分类、加密、访问控制和培训来有效应对数据隐私威胁。

4.3.4　案例 4：工控网络通信安全的应急响应

本案例关注工控网络的通信安全，特别是在发生安全事件时如何迅速采取应急响应措施来降低潜在风险并恢复系统的正常运行。

1. 背景

某大型化工厂的工控网络广泛使用了现代通信技术，包括工业以太网和工业无线网络，通过这些网络传输关键的控制命令和数据，从而监测和控制各种生产过程。

2. 挑战

该大型化工厂面临的主要挑战之一是工控网络的通信安全。尽管该大型化工厂已经采取了一系列防御措施来保护通信安全，但仍然可能受到网络攻击（如勒索软件或数据泄露），因此需要建立一套应急响应计划，以便在发生安全事件时快速采取行动。

3. 解决方案

为了应对上述挑战，该大型化工厂采取了以下措施：

（1）组建应急响应团队：负责处理网络安全事件，该团队由网络安全专家、系统管理员和通信工程师组成。

（2）部署高级安全监测工具：可检测潜在的安全事件并报警，及时通知应急响应团队。

（3）制订应急响应计划：该计划不仅包括定义事件的类型、级别和相应措施，还包括人员的角色和职责，以确保快速而有序的响应。

（4）实现数据备份与恢复：建立了定期备份数据的流程，并测试了数据恢复的可行性，在需要时可尽快恢复受影响的系统。

（5）定期进行员工培训：定期对员工进行网络安全培训，提高他们对潜在威胁的识别能力，以及如何向应急响应团队报告异常情况。

4. 结果

通过制订应急响应计划、组建应急响应团队，该大型化工厂在发生安全事件时能够快速、有效地采取行动，迅速恢复受影响的系统，减少生产中断的风险。

4.3.5 案例 5：智能化应用下的通信安全挑战

本案例探讨智能化应用面对的通信安全挑战，以及如何应对这些挑战来保护关键通信和工控系统。

1. 背景

某制造业公司决定引入智能化技术，以提高其生产效率和产品质量。为了实现这一目标，该制造公司在工控系统中引入了大量的智能化设备，这些设备能够实时收集和共享数据，从而实现更加智能化的生产和决策。

2. 挑战

引入智能化应用带来了以下通信安全挑战：

（1）数据隐私：智能化设备生成的数据包含敏感数据，如生产过程的详细信息和产品规格。确保这些敏感数据不被未经授权的用户访问和窃取是一个关键挑战。

（2）数据完整性：智能化应用需要依赖智能化设备生成的数据来进行决策，如果这些数据被篡改，则会导致错误的决策。

（3）设备认证：智能化设备需要与工控系统进行通信，因此需要建立有效的设备认证机制，确保只有合法的设备才能接入工控系统。

（4）通信加密：智能化设备和工控系统之间的通信需要加密，以防止数据在传输过程中被截获。

3. 解决方案

为了应对上述挑战，该制造公司采取了以下措施：

（1）数据加密：所有与智能化设备的通信都采用了强加密机制，以保护数据的机密性。

（2）访问控制：实施了严格的访问控制策略，只有经过身份认证的用户才能够访问关键系统和数据。

（3）网络监测：部署了网络监测工具，实时监测通信流量，以便及时发现异常活动。监测系统的架构如图 4-16 所示。

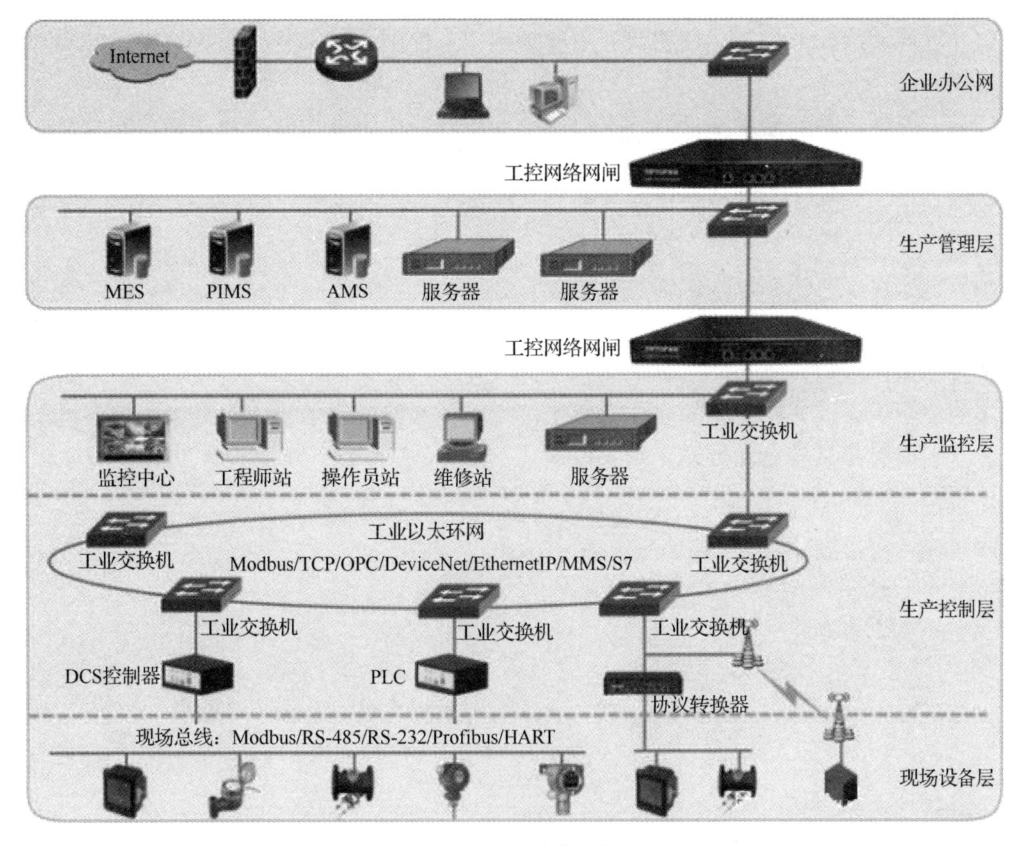

图 4-16　监测系统的架构

（4）员工培训：定期对员工进行网络安全培训，强调智能化应用下的通信安全最佳实践，包括如何处理敏感数据和识别潜在的威胁。

4. 结果

通过采取上述措施，该制造公司成功地应对了智能化应用下的通信安全挑战，实现了数据的保密性和完整性，确保只有经过身份认证用户才能访问关键系统和数据。本案例表明了在引入智能化应用时必须考虑通信安全，以确保生产过程的可靠性和安全性。

结语

本节介绍了工控网络的安全实践案例，这些案例涵盖了不同的情境，包括物理安全、网络隔离、防火墙和网络安全设备的使用、入侵检测与入侵防御、认证与加密技术，以及智能化应用下的通信安全挑战。

本节介绍的案例不仅强调了工控网络通信安全的重要性，还介绍了如何根据具体情况和需求，采取多种措施来保护工控网络的通信安全。这些案例可为工控领域的专业人士提供了宝贵的经验，有助于他们更好地理解和应对工控网络通信安全面临的挑战。

本章小结

本章主要介绍工控网络的安全，主要内容如下：

（1）工控网络的架构与通信协议：主要介绍了工控网络的架构、拓扑结构，以及常见的通信协议。

（2）工控网络的安全策略：涉及工控网络安全的多个方面内容，包括物理安全措施、网络隔离与分段、防火墙和网络安全设备、入侵检测系统与入侵防御系统、认证与加密技术、人员管理与培训，以及安全政策与合规性。工控网络的安全策略有助于保护工控网络免受各种威胁。

（3）工控网络的安全实践案例：通过多个案例展示了工控网络安全实践的复杂性和多样性，介绍了不同情境下工控网络的安全挑战，强调了在实际应用中采取安全措施的必要性。

通过本章的学习，读者可以更全面地了解工控网络安全的重要性，并学会如何制定和实施相应的安全策略，工控网络的安全有助于确保工控系统的可靠性、完整性和保密性，从而满足智能制造对信息安全的要求。

第 5 章 工控系统的身份认证与访问控制

本章将介绍工控系统的身份认证与访问控制，这是确保工控系统安全的关键组成部分。主要内容如下：

（1）身份认证技术与访问控制模型：详细介绍各种身份认证技术（如传统身份认证技术、其他因素身份认证技术、生物特征识别技术、单一登录等）和访问控制模型（RBAC 模型和 ABAC 模型），以及它们在工控系统中的应用。

（2）工控系统访问控制策略与实施：深入探讨如何设计和实施工控系统的访问控制策略，包括确定哪个用户可以在何时以什么级别的访问权限访问工控系统，以及如何应对身份伪造和未经授权的访问。

（3）身份认证与访问控制的智能化应用：探讨使用智能化技术来改进身份认证和访问控制的方法，以应对不断变化的威胁。

通过深入研究上述内容，读者将更好地理解如何保护工控系统免受未经授权访问和身份伪造等威胁。本章将帮助工程师和专业人士有效地实施身份认证和访问控制策略，从而提高工控系统的安全性和可靠性。

5.1 身份认证技术与访问控制模型

引言

在工控系统中，确保合法用户能够访问必要的资源，同时阻止未经授权的用户和恶意活动至关重要。这正是身份认证技术与访问控制模型的关注点。本节将介绍身份认证技术与访问控制模型，为读者提供在工控系统中实施安全策略的工具和方法。

身份认证技术用于确认用户身份，确保只有合法的用户才能登录和访问工控系统。访问控制模型定义了如何管理和分配用户对资源的访问权限。本节将介绍多种身份认证技术，从传统的用户名和密码认证到更高级的生物特征识别认证，并深入研究不同的访问控制模型，如基于角色的访问控制（RBAC）模型和基于属性的访问控制（ABAC）模型。

通过本节的学习，读者将更好地了解如何设计和实施身份认证和访问控制策略，以满足工控系统的安全需求。这些策略有助于防止未经授权的访问和减少潜在的威胁，确保工控系统在数字化时代保持安全性和可用性。

5.1.1 传统身份认证技术

5.1.1.1 口令身份认证技术

1. 单因素口令身份认证技术

单因素口令身份认证是指用户只需输入一个密码或口令即可进行身份认证。这种认证技术简单易用，但存在一定的安全隐患，如密码容易被猜测或破解。

2. 双因素口令身份认证技术

双因素口令身份认证是指用户需要使用两个或更多的因素进行身份认证，其技术原理如图 5-1 所示。

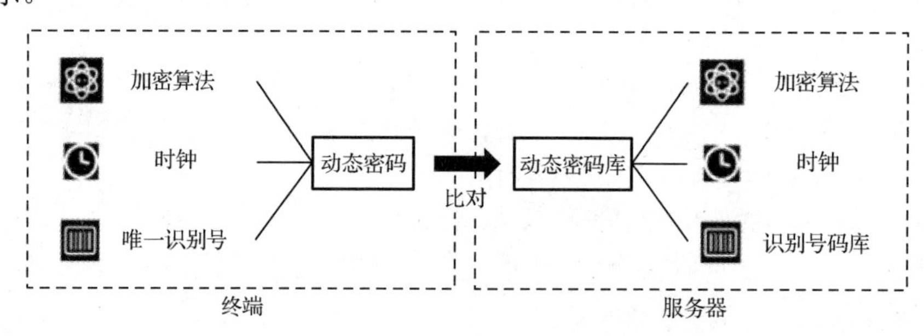

图 5-1 双因素口令身份认证的技术原理

常用的双因素口令身份认证技术包括基于时间的一次性密码（TOTP）认证技术和基于事件的一次性密码（HOTP）认证技术。双因素口令身份认证可增强身份认证的安全性，即使密码被泄露，攻击者也需要使用其他因素才能通过身份认证。

3. 强化口令策略

强化口令是指对用户的口令进行强化，以提高其安全性。常用的强化口令策略包括增加密码长度、使用特殊字符、定期更换密码等，可以降低密码被猜测或破解的风险，提高身份认证的安全性。

企业应根据自身需求选择合适的身份认证技术，提高工控系统的安全性。

5.1.1.2 物理凭证身份认证技术

1. ID 卡身份认证技术

ID 卡身份认证是指使用具有唯一标识的 ID 卡进行身份认证。ID 卡通常包含用户的身份信息和其他相关信息，可以通过刷卡、插卡等方式进行身份认证。ID 卡身份认证具有较高的便捷性和可靠性，但需要确保 ID 卡的发放和管理得到妥善处理，以防止未经授权的访问。

2. USB 令牌身份认证技术

USB 令牌身份认证是指使用具有唯一标识的 USB 令牌进行身份认证。USB 令牌通常包含用户的身份信息和加密密钥等信息，可以通过插入计算机的方式进行身份认证。USB 令牌身份认证具有较高的安全性和可靠性，但需要确保 USB 令牌的发放和管理得到妥善处理，以防止未经授权的访问。

3. IC 卡身份认证技术

IC 卡身份认证是指使用具有唯一标识的 IC 卡进行身份认证。IC 卡通常包含用户的身份信息和加密密钥等信息，可以通过刷卡、插卡等方式进行身份认证。IC 卡身份认证具有较高的安全性和可靠性，但需要确保 IC 卡的发放和管理得到妥善处理，以防止未经授权的访问。

企业可以根据自身需求选择合适的物理凭证身份认证技术，提高工控系统的安全性。需要注意的是，物理凭证身份认证技术也存在一定的风险和挑战，如物理凭证被盗用或伪造的风险，因此在使用物理凭证身份认证技术时，企业需要综合考虑各种因素，确保其安全性和可靠性。

5.1.1.3　时间和地点身份认证技术

1. 时间限制访问

时间限制访问是指对用户的访问权限在时间上进行限制。这种方法常用于限制工控系统的使用时间，如限定特定用户在特定时间段内访问工控系统。时间限制访问可以防止未授权用户在非工作时间内进行非法操作。

2. 地点限制访问

地点限制访问是指对用户的访问权限在地点上进行限制。这种方法常用于限制工控系统的访问地点，如限定特定用户只能在特定的网络环境或 IP 地址范围内进行访问。地点限制访问可以防止未授权用户从外部或远程进行非法操作。

5.1.2　其他因素身份认证技术

5.1.2.1　知识因素身份认证技术

1. 口令和 PIN 码

口令和 PIN 码是常用的知识因素身份认证技术，用户需要记住特定的密码或数字序列进行身份认证。口令和 PIN 码具有简单易用的特点，但存在一定的安全隐患，如密码容易被猜测或破解等。

2. 安全问题回答

安全问题回答是指用户需要回答与自己身份相关的问题，如“你的生日是什么？”“你的家乡在哪里？”等。安全问题回答是一种知识因素身份认证技术，但需要确保问题的答案不被他人知晓。

3. 动态口令

动态口令是指用户在每次登录时都需要输入一个动态变化的密码。动态口令可以防止密码被猜测或破解，因为每次生成的密码都是不同的。动态口令可以通过手机短信、硬件设备等方式进行发送，但需要确保发送的动态口令不被他人截获或篡改。

企业可以根据自身需求选择合适的知识因素身份认证技术，提高工控系统的安全性。需要注意的是，知识因素身份认证技术也存在一定的风险和挑战，如密码被泄露或被忘记等，因此在选择知识因素身份认证技术时，需要综合考虑各种因素，确保安全性和可靠性。

5.1.2.2　所有权因素身份认证技术

1. 手持物理设备

手持物理设备是指由用户持有并控制的设备，如手机、平板电脑等。这些设备通常包含用户的身份信息和授权信息，通过这些设备可以与工控系统进行身份认证和访问控制。手持物理设备身份认证技术具有较高的便捷性和可靠性，但需要确保设备的发放和管理得到妥善处理，以防止未经授权的访问。

2. 身份证或 ID 卡

身份证或 ID 卡是由政府或相关组织颁发的一种身份认证的有效凭据。这些证件通常包含用户的身份信息和授权信息，通过这些证据可以与工控系统进行身份认证和访问控制。身份证或 ID 卡身份认证技术具有较高的可靠性和权威性，但需要确保证件的发放和管理得到妥善处理，以防止未经授权的访问。

5.1.2.3 位置因素身份认证技术

1. 地理位置认证

地理位置认证是指通过用户所在的具体地理位置进行身份认证。这种身份认证通常需要借助 GPS、基站定位等技术来确定用户的地理位置。地理位置认证可以限制特定地理位置的用户访问特定资源，提高工控系统的安全性。

2. IP 地址认证

IP 地址认证是指通过用户所使用的 IP 地址进行身份认证。IP 地址是用户在互联网上的唯一标识，因此可以通过 IP 地址进行身份认证。IP 地址认证可以限制特定 IP 地址的用户访问特定资源，防止未经授权的访问。

3. GPS 认证

GPS 认证是指通过用户使用的 GPS 设备的位置信息进行身份认证。GPS 设备可以记录用户的行动轨迹和位置信息，因此可以通过 GPS 设备进行身份认证。GPS 认证可以限制特定行动轨迹和位置信息的用户访问特定资源，提高工控系统的安全性。

位置因素身份认证技术也存在一定的风险和挑战，如地理位置数据泄露和被篡改的风险，因此在选择和使用位置因素身份认证技术时，企业需要综合考虑各种因素，确保安全性和可靠性。

5.1.2.4 双因素身份认证技术

双因素身份认证也称为 2FA（Two-Factor Authentication）或多因素身份认证，是一种提高身份认证安全性的方法，要求用户提供两个或多个不同类型的凭据以认证身份。双因素身份认证技术通过引入第二层认证，极大地提高了工控系统的安全性，即使攻击者窃取了一个凭据，仍然无法完成身份认证。双因素身份认证方案如图 5-2 所示。

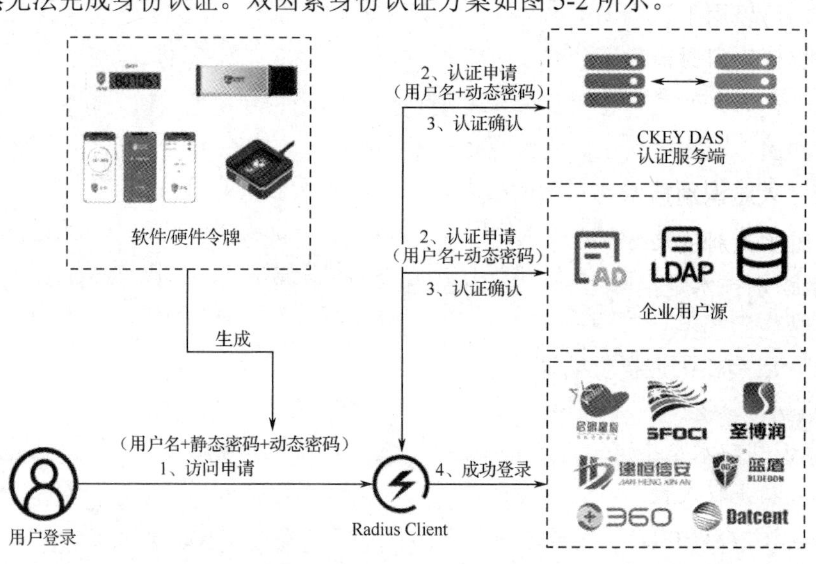

图 5-2 双因素身份认证方案

随着技术的发展，双因素身份认证技术已经进化为多因素身份认证技术，除了包括知识因素和所有权因素身份认证技术，还包括生物特征识别技术，可提供更高级别的安全性和便利性。

5.1.3　生物特征识别技术

生物特征识别技术是一种高级的身份认证技术，它使用个体生理或行为特征来验证其身份。这种技术利用每个人都具有的独特的生物特征，因此提供了极高的安全性和准确性。在工控系统中，生物特征识别技术越来越受欢迎，因为它能够有效应对身份认证安全性的挑战。

尽管生物特征识别技术提供了极高的安全性，但也存在一些挑战，如设备成本、识别速度和隐私问题，因此在实施生物特征识别技术时，需要仔细考虑这些因素，并根据具体的应用场景进行权衡和选择。

5.1.3.1　指纹识别技术

1. 光学扫描技术

光学扫描技术是利用光学原理对指纹进行扫描和识别的技术。光学扫描技术通常使用镜头和光源来捕捉指纹，然后通过图像处理算法对指纹特征进行提取和比对。光学扫描技术具有较高的准确性和稳定性，但需要保证指纹的质量和清晰度。

2. 电容式传感器指纹识别技术

电容式传感器指纹识别技术是利用电容原理对指纹进行识别的一种技术。电容式传感器通常由多个电容极板组成，当手指触摸电容式传感器时，指纹的凹凸部分会改变电容极板之间的距离，从而产生不同的电信号。电容式传感器具有较高的灵敏度和抗干扰能力，但需要保证手指与电容式传感器的接触面积和接触方式符合要求。

3. 超声波扫描技术

超声波扫描技术是利用超声波技术对指纹进行识别的技术。超声波扫描技术通过发射超声波并接收反射回来的信号来获取指纹的形状和特征信息。超声波扫描技术具有较高的穿透力和分辨率，可以用于识别深层次的指纹特征，但需要保证超声波信号的稳定性和准确性。

企业可以根据自身需求选择合适的指纹识别技术，提高工控系统的安全性。需要注意的是，无论选择哪种指纹识别技术，都需要确保其准确性和稳定性，同时还需要考虑成本和易用性等因素。

5.1.3.2　人脸识别技术

1. 2D 图像识别技术

2D 图像识别技术是指通过普通的摄像头捕捉人脸的 2D 图像进行识别的技术。2D 图像识别技术通常使用图像处理和计算机视觉技术来提取人脸的特征，并进行比对和识别。2D 图像识别技术具有较高的准确性和普及性，但可能受到光照、角度等因素的影响。

2. 3D 深度识别技术

3D 深度识别技术是指通过深度摄像头捕捉人脸的 3D 结构信息进行识别的技术。3D 深度识别技术可以获取人脸的深度信息，包括面部轮廓、器官位置等，从而提供更准确和可靠的识别结果。3D 深度识别技术通常需要专门的深度摄像头和复杂的算法支持，但其准确性较高，可以有效防止伪造和欺骗。

3. 热成像识别技术

热成像识别技术是指通过热成像技术捕捉人脸的温度分布信息进行识别的技术。热成像识别技术可以获取人脸温度的分布特征，并用于身份认证和访问控制。热成像识别技术具有较高的防伪能力和抗干扰能力，但需要专门的热成像设备和复杂算法的支持。

企业可以根据自身需求选择合适的人脸识别技术，提高工控系统的安全性。需要注意的是，无论选择哪种人脸识别技术，都需要确保其准确性和稳定性，同时还需要考虑其成本和易用性等因素。另外，对于人脸识别技术，还需要考虑隐私保护和伦理问题，确保在应用过程中符合相关法律法规和道德规范。

5.1.3.3 虹膜和视网膜血管图识别技术

1. 红外成像技术

红外成像技术是一种通过红外线照射眼睛，获取眼睛内部结构图像的技术。虹膜和视网膜血管图识别技术通常使用红外成像技术来捕捉眼睛的内部结构特征，包括虹膜和视网膜的形状、血管分布等。红外成像技术具有较高的准确性和稳定性，但需要保证红外线照射的稳定性和安全性。

2. 视网膜血管图识别技术

视网膜血管图识别技术是指通过分析视网膜上的血管分布特征进行身份认证的技术。视网膜血管图具有高度的独特性和稳定性，因此视网膜血管图识别技术具有极高的准确性和安全性。视网膜血管图识别技术通常需要专业的设备和技术，因此也需要一定的技术支持和成本投入。

3. 光学扫描技术

光学扫描技术是指通过光学设备对眼睛进行扫描和识别的技术。光学扫描技术通常使用高精度的光学设备来捕捉眼睛的形状和特征信息，然后通过图像处理算法对眼睛特征进行提取和比对。光学扫描技术具有较高的准确性和稳定性，但需要保证扫描设备的精度和稳定性。

企业可以根据自身需求选择合适的虹膜和视网膜血管图识别技术，提高工控系统的安全性。无论选择哪种识别技术，都需要确保其准确性和稳定性，同时还需要考虑其成本和易用性等因素。另外，对于虹膜和视网膜血管图识别技术，还需要考虑隐私保护和伦理问题，确保在应用过程中符合相关法律法规和道德规范。

5.1.4 单一登录

单一登录（Single Sign-On，SSO）是一种身份认证和访问控制的技术，允许用户一次登录就能够访问多个不同的控制系统和应用程序，其原理如图 5-3 所示。单一登录在工控系统中具有重要的作用，尤其是在复杂的生产环境中，通常需要访问多个控制系统和应用程序。

单一登录在工控系统中具有明显的优势，但也需要谨慎考虑其安全性。必须确保单一登录系统受到严格的安全控制和监测，并采取适当的措施来防止未经授权的访问。此外，必须定期审查和更新单一登录系统，以适应不断变化的威胁和安全需求。

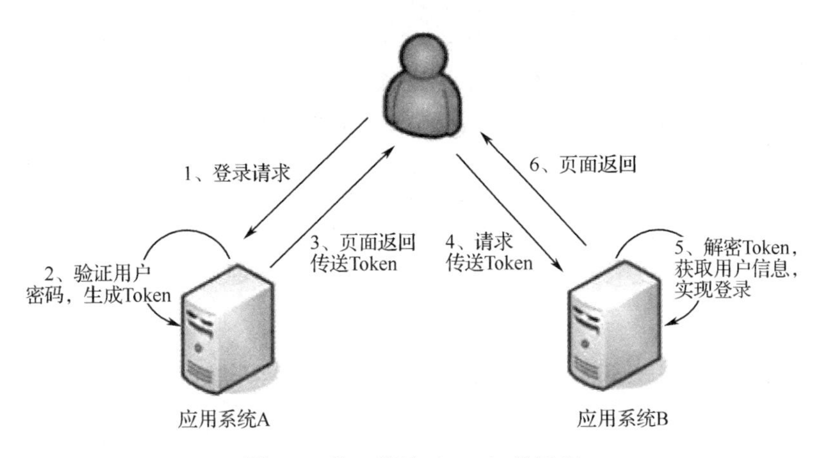

图 5-3　单一登录（SSO）的原理

5.1.5　访问控制模型

5.1.5.1　访问控制模型概述

访问控制模型是在工控系统中实施身份认证和授权的基础。该模型定义了哪些用户可以访问系统、资源或数据，以及这些用户可以执行的操作类型。在工控系统中，访问控制模型通常采用不同的方法和策略。例如，图 5-4 给出了一种基于角色的域间访问控制系统实现访问控制的过程。

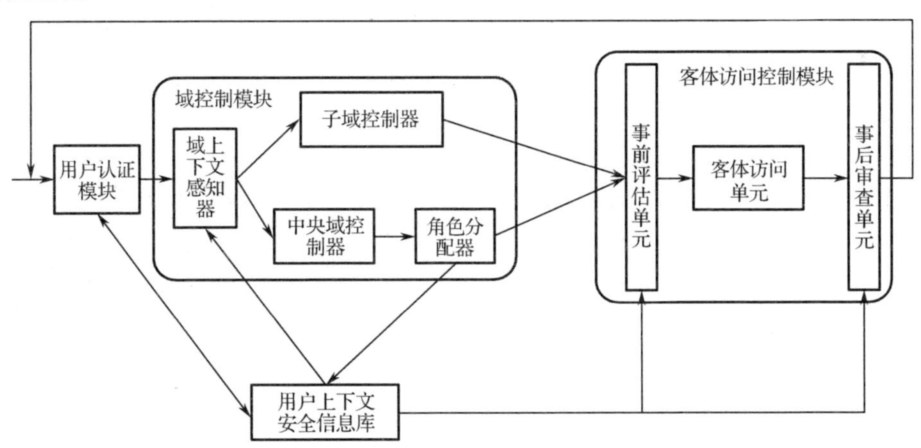

图 5-4　基于角色的域间访问控制系统实现访问控制的过程

在工控系统中，通常会使用多种访问控制模型的组合，以确保对资源和数据的全面保护。访问控制模型的选择取决于工控系统的安全需求、复杂性和特定的工业环境。随着智能制造的发展，访问控制模型的重要性不断增加，因为它是确保工控系统安全性和完整性的关键组成部分。在实践中，工控系统管理员需要不断审查和更新访问控制策略，以适应新的威胁和需求。

5.1.5.2　基于角色的访问控制

基于角色的访问控制（Role-Based Access Control，RBAC）模型是一种常用且有效的访问控制模型，广泛应用于工控系统中。RBAC 模型的核心思想是将用户分配到不同的角色，每个角色具有一组特定的权限和访问规则，如图 5-5 所示。这种模型有助于简化访问控制管理，特别是在大型组织或工控系统中，因为它将权限的分配和管理与具体的用户解耦。RBAC 模型是通过管理角色来控制对资源的访问的。

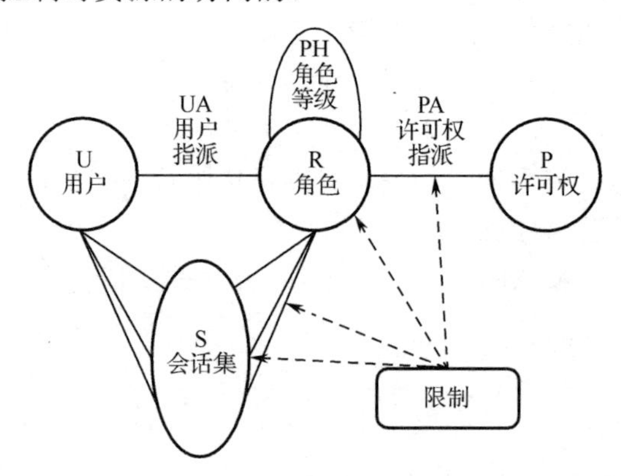

图 5-5　RBAC 模型的核心思想

在工控系统中，RBAC 模型常常被用于确保用户只能访问其所需的资源。然而，RBAC 模型也需要谨慎实施，以确保角色和权限的分配符合实际需要，并且需要定期审查和更新 RBAC 模型以适应变化的威胁和安全需求。

5.1.5.3　基于属性的访问控制

基于属性的访问控制（Attribute-Based Access Control，ABAC）模型是一种高度灵活和精细的访问控制模型，特别适用于复杂的工控系统。ABAC 模型基于多个属性（如用户属性、资源属性、环境属性等）来做出访问控制决策，允许工控系统管理员定义复杂的策略，以确定是否允许用户对资源进行访问。ABAC 模型的核心思想如图 5-6 所示。

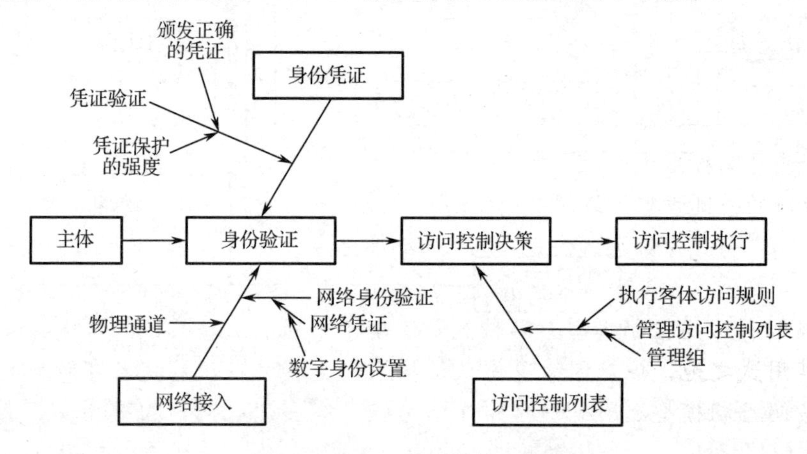

图 5-6　ABAC 模型的核心思想

在工控系统中，ABAC 模型可用于确保只有经过身份认证、具有特定属性的用户才能执行关键操作，从而增强工控系统的安全性和合规性。然而，ABAC 模型的实施通常需要更复杂的基础设施和管理，因此需要慎重考虑其适用性。

5.1.5.4　强制访问控制模型和自主访问控制模型

在工控系统的身份认证和访问控制中，强制访问控制（Mandatory Access Control，MAC）

模型和自主访问控制（Discretionary Access Control，DAC）模型是两种常见的访问控制模型，它们有不同的原则和应用场景。

1. MAC 模型

（1）多层级安全性。MAC 模型主要用于多层级安全系统，其中信息被分为不同的安全级别，每个用户和资源都被分配了一个特定的安全级别，并且具有最低安全级别的用户无法访问更高级别的资源。

（2）集中管理。MAC 模型通常由安全管理员集中管理和配置，管理员负责确定用户和资源的安全级别，并确保访问控制策略得以执行。

（3）强制访问控制规则。MAC 模型使用强制访问控制规则，这意味着即使用户希望授权其他用户访问他们的资源，也无法更改资源的安全级别。

2. DAC 模型

（1）用户拥有控制权。在 DAC 模型中，资源的所有者具有控制哪些用户可以访问资源的权力，即可以授权其他用户或角色来访问资源。

（2）分散的授权决策。DAC 模型允许资源的所有者灵活地授权其他用户，这些授权决策是分散的，不需要集中管理。

（3）个性化控制。DAC 模型更适合需要个性化控制的环境，资源的所有者可根据自己的需求决定哪些用户可以访问资源。

在工控系统中，MAC 模型通常用于保护高度敏感的资源，如核电站控制系统，只有具有适当安全许可的授权用户才能访问和操作关键设备。DAC 模型更适合一般的工控系统，允许工程师和操作人员根据需要自由授权其他用户来访问资源，从而提高系统的可操作性。

选择 MAC 模型还是 DAC 模型，取决于工控系统的性质和安全需求。在某些情况下，两者可以结合使用，以确保高度敏感的资源受到强制访问控制的保护，而其他资源则使用自主访问控制来实现更灵活的授权管理。

结语

本节介绍了工控系统中的身份认证技术和访问控制模型。身份认证是工控系统确认用户或设备身份的关键步骤，访问控制模型可确保只有授权用户才能访问资源。

本节介绍了多种身份认证技术（如传统的用户名和密码认证、双因素身份认证、生物特征识别及单一登录等）和访问控制模型（如 RBAC、ABAC、MAC 和 DAC 等）。这些身份认证技术和访问控制模型各具特点，适用于不同的工控系统。传统的身份认证技术仍然有其用武之地，但双因素身份认证技术和生物特征识别技术可增加工控系统的安全性。访问控制模型允许管理员根据实际情况来制定访问控制策略，从而更好地保护工控系统。

在设计工控系统时，了解和选择适当的身份认证技术和访问控制模型至关重要。这有助于确保工控系统只允许授权用户访问关键资源，从而降低潜在的威胁。需要注意的是，不同的工控系统可能需要对身份认证技术与访问控制模型进行组合和定制，以满足自身的安全性需求，因此在实践中，需要综合考虑各种因素并采用综合性的安全策略。

5.2 工控系统访问控制策略及其实施

引言

在工控系统中，确保只有授权用户才能访问资源是访问控制的核心任务。访问控制的核心任务包括确定哪些用户能够访问资源、何时能够访问资源，以及可以执行哪些操作。

工控系统的访问控制不仅涉及用户身份认证，还涉及对各种设备、传感器和执行器的控制。这要求工控系统管理员深入了解访问控制模型，制定和实施适当的策略，以应对不断变化的安全挑战。

5.2.1 访问控制策略的设计原则

访问控制策略是确保工控系统信息安全的关键之一。本节将简要介绍访问控制策略的设计原则，这些原则对于保护工控系统中的敏感数据和资源至关重要。

1. 最小权限原则

最小权限原则是访问控制策略设计的核心原则之一。根据这一原则，每个用户或实体都应该只被授予完成其工作所需的最小权限，这可以使用户无法越权访问敏感数据或执行危险操作，从而减少潜在的威胁。

2. 分层访问控制

分层访问控制是指将工控系统内的资源划分为不同的层次或级别，并且只允许相应级别的用户访问各自级别的资源。分层访问控制可通过定义访问控制列表（ACL）或角色来实现，以确保只有授权用户可以访问某个级别的资源。分层访问控制有助于隔离工控系统中不同级别的威胁，以减少威胁的传播。分层访问控制的架构如图 5-7 所示。

3. 多因素身份认证

多因素身份认证是一种强化访问控制的方法，要求用户提供多个因素[通常包括知识（如密码）、所有权（如智能卡 ID 或生物特征）和位置（如 IP 地址）等因素］以认证其身份。多因素身份认证可提高身份认证的安全性，攻击者只有通过多个层次的认证才能获得数据的访问权限。

4. 实时监测和响应

实时监测是访问控制策略的一个重要组成部分。通过监测用户和设备的活动，工控系统管理员可以及时发现异常行为并采取措施应对潜在威胁。此外，建立响应机制，包括隔离受感染的系统或撤销受损的凭证，可以在检测到威胁时迅速应对威胁。

5. 定期审计和评估

工控系统的管理员应定期审计和评估访问控制策略，以确保其有效性。审计和评估主要包括审查用户权限、查看访问日志以识别异常活动，并定期评估访问控制策略是否需要更新以适应新的威胁和需求。审计和评估有助于工控系统满足合规性要求。

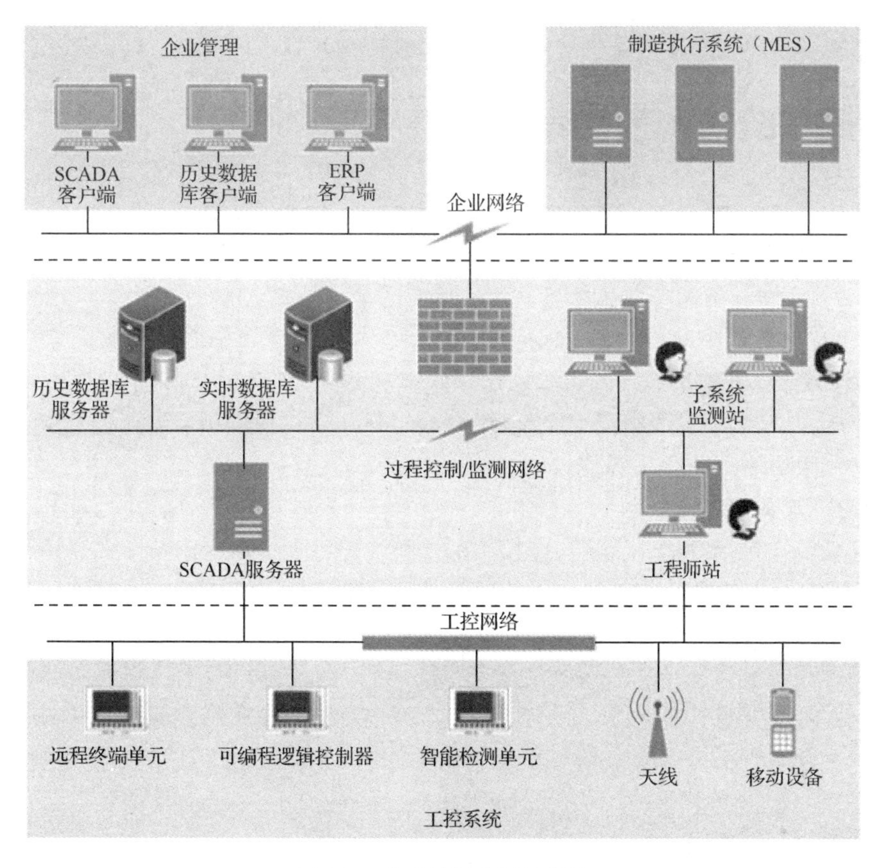

图 5-7　分层访问控制的架构

上述的设计原则可帮助工控系统建立健全访问控制策略，以保护工控系统的关键资产和操作不受未经授权访问和恶意行为的威胁。合理应用上述的设计原则有助于提高工控系统的安全性和稳定性。

5.2.2　身份管理和身份认证实践

身份管理和身份认证实践在工控系统信息安全中起着至关重要的作用。本节将探讨身份管理和身份认证实践，包括技术和流程，以确保只有授权用户才能访问工控系统的资源。

1. 用户身份认证

用户身份认证是工控系统信息安全的第一道防线，通常包括使用用户名和密码进行身份认证。在工控系统中，通常需要更强大的身份认证技术，如双因素身份认证技术或生物特征识别技术，这些身份认证技术可增加工控系统的安全性，降低未经授权用户的访问。

2. 用户账户管理

有效的用户账户管理是维护工控系统安全性的关键，包括创建、修改和删除用户账户，确保只有授权用户才能获得访问权限。用户账户管理还应定期审查和更新用户账户，以反映用户的变动和需要。用户账户管理可以设置密码策略，强制用户定期更改密码，并确保密码的复杂性。

3. 单一登录

单一登录允许用户使用单一的凭证登录多个系统或应用程序，这不仅可以提高用户体验，还可以减少密码管理的复杂性。但必须谨慎设计和配置单一登录，以确保工控系统的安全性。例如，用户必须在登录时进行适当的身份认证，以确保用户获得的访问权限是正确的。

4. 多因素身份认证

多因素身份认证是一种强化身份认证的方法，要求用户提供多个因素来认证其身份。多因素身份认证包括 USB 令牌、智能卡 ID、生物特征识别或手机应用程序等认证。多因素身份认证可以增加系统的安全性，即使攻击者获得了用户名和密码，仍然需要其他因素才能成功登录。

5. 访问控制列表（ACL）和权限管理

ACL 是一种常见的访问控制工具，用于定义哪些用户可以访问特定的资源。权限管理则涉及确定用户或组的权限级别，并确保用户或组只能访问他们所需的资源。权限管理有助于实施最小权限原则，防止未经授权的访问。

6. 身份管理流程

身份管理流程包括注册、认证、授权、审计和注销等操作，这些操作必须经过严格定义和执行，以确保用户的身份和访问权限始终得到适当的管理。审计操作还有助于检测和纠正异常活动。

身份管理和身份认证是工控系统信息安全的基础，可确保只有授权用户才能访问工控系统的资源，从而减少潜在的威胁。企业必须建立健全身份管理策略和流程，并采用强大的身份认证技术，以确保工控系统信息安全。

5.2.3 权限管理和授权

权限管理和授权在工控系统信息安全中扮演着至关重要的角色，涉及哪些用户具有哪些权限，以及在什么条件下可以访问工控系统的资源。本节将详细地探讨这一话题，包括权限管理和授权的重要性、实施方法及最佳实践。

1. 重要性

权限管理和授权是确保工控系统只允许授权用户访问关键资源的核心组成部分。没有严格的权限管理，工控系统可能受到内部或外部威胁。权限管理的重要性如下：

（1）数据保护：权限管理可确保只有经过授权用户才能访问敏感数据，从而保护数据的机密性和完整性。

（2）降低风险：权限管理可以降低工控系统遭受恶意攻击或误操作的威胁。

（3）合规性：权限管理是工控系统符合法规的重要保证。

2. 实施方法

权限管理和授权的实施方法涉及以下步骤：

（1）身份认证：权限管理和授权必须先认证用户身份，这通常涉及用户名和密码的使用，或者更强大的身份认证技术，如双因素身份认证技术或生物特征识别技术。

（2）访问策略定义：确定哪些资源需要保护，并创建相应的访问策略，这些策略应包括哪些用户或组有权访问资源，以及在什么条件下可以访问资源。

（3）权限分配：将权限授予特定用户或组，确保授权用户或组只能访问他们需要的资源，这通常包括分配读取、写入、执行等权限。

（4）定期审查：权限管理不仅包括权限的分配，还需要定期审查权限，以确保权限与用户的角色及需要保持一致。

3．最佳实践

在实施权限管理和授权策略时，应遵循以下最佳实践，以确保工控系统的安全性。

（1）最小权限原则：给予用户的权限应该是最小且必需的，以便其完成工作，不要赋予过多的权限，以减少潜在的威胁。最小权限原则的实现原理如图 5-8 所示。

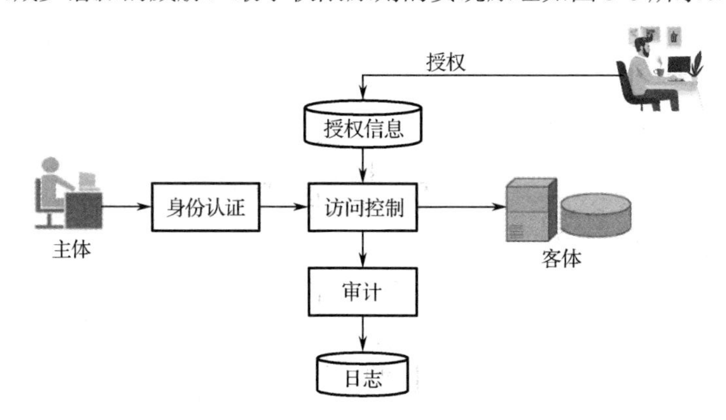

图 5-8　最小权限原则的实现原理

（2）审计和监测：建立审计和监测机制，以便及时检测和响应异常活动。

（3）多层次访问控制：使用多层次的访问控制模型，包括 RBAC 模型和 ABAC 模型，以增强工控系统的安全性。

（4）培训和意识提高：培训员工和用户，使他们了解安全最佳实践，包括如何管理权限。

（5）定期审查和更新：定期审查和更新权限管理和授权策略，以确保其与企业的需求保持一致。

综上所述，通过合适的实施方法和最佳实践，可以降低潜在的风险，并确保工控系统只允许授权用户访问资源。这对于维护工控系统的安全性、保护数据和符合法规都至关重要。

5.2.4　安全审计和监测机制

在工控系统中，建立安全审计和监测机制是确保工控系统持续安全运行的关键。这一机制不仅有助于检测潜在的威胁和异常行为，还可以提供重要的日志和数据，以便在安全事件发生后进行调查和恢复。

1．重要性

（1）异常检测与警报：安全审计和监测机制可以检测异常行为，如未经授权的访问、异常网络流量或配置被更改，该机制可以触发报警，通知安全团队或管理员采取必要的措施。

（2）威胁检测：通过监测网络流量和工控系统，安全审计和监测机制有助于检测各种威胁，包括恶意软件、入侵和内部威胁。

（3）合规性：安全审计和监测机制是确保工控系统合规性的重要组成部分，该机制可提供必要的日志和报告，以便满足监管机构的审查要求。

2．实施方法

实施安全审计和监测机制需要以下步骤：

（1）确定监测点：确定需要监测的关键系统组件和网络流量，包括网络边界、工控设备、服务器和终端设备。

（2）日志记录和存储：配置系统以生成详细的日志，并安全存储这些日志，以便进一步分析。

（3）实时监测：使用实时监测工具来跟踪网络流量和工控系统，这些工具可以检测异常事件并进行报警。

（4）事件响应：建立事件响应计划，以便在检测到异常事件时快速采取行动，包括隔离受影响的系统或设备。

（5）数据分析：使用安全信息事件管理（SIEM）系统来分析大量的日志，以识别潜在的威胁。

3. 最佳实践

在建立安全审计和监测机制时，应遵循以下最佳实践，以确保其有效性和可持续性。

（1）连续改进：不断改进监测策略和工具，以适应不断演进的威胁。

（2）培训和意识提高：培训安全团队和员工，使他们了解如何有效使用监测工具并响应安全事件。

（3）隔离关键系统：将关键系统隔离到独立的网段，以减少攻击面并简化监测。

（4）合规性报告：为合规性需求生成定期报告，以便监管机构审查。

（5）数据保护：加密工控系统生成的日志和监测数据，并进行访问控制。

建立安全审计和监测机制对于工控系统信息安全至关重要，这些机制可以及时检测潜在的威胁和异常行为，有助于提前采取措施，降低风险，确保工控系统持续稳定和安全运行。通过不断改进和遵循最佳实践，可以提高安全审计和监测机制的效率和可持续性。

5.2.5 实施访问控制策略的挑战及其解决方法

本节主要介绍实施访问控制策略面临的挑战及其解决方法。

1. 挑战

（1）复杂性：工控系统通常由多个组件和设备组成，其复杂性较高，因此在实施访问控制策略时需要处理多个不同的接入点和用户，增加了管理难度。

（2）兼容性：一些旧的工控系统可能不支持现代身份认证技术和访问控制技术，这可能会导致兼容性问题。

（3）实时性要求：工控系统通常需要进行实时操作并响应安全事件，因此访问控制策略不能引入不必要的延时。

（4）特定行业需求：不同行业有不同的安全需求和法规，需要定制的访问控制策略。

（5）人员培训：访问控制策略需要与用户合作，需要对工作人员进行培训。

2. 解决方法

（1）细化访问控制策略：将访问控制策略细化到不同的用户和设备，以适应工控系统的复杂性。使用 RBAC 模型和 ABAC 模型可管理不同级别的访问权限。

（2）逐步升级：对于不支持现代身份认证技术和访问控制技术的旧系统，可以逐步进行升级，以兼容现代身份认证技术和访问控制技术。这可以通过设备替换、固件更新等方式来实现。

（3）优化性能：为了满足实时性要求，可以采用硬件加速、并行处理等技术来优化访问控制的性能，以减少延时。

（4）定制策略：针对不同行业的需求，制定特定的访问控制策略，以满足法规和安全标准的要求。这需要与行业专家和监管机构密切合作。

（5）培训和教育：开展定期的培训，确保相关人员了解并遵守访问控制策略。培训包括如何使用身份认证技术、遵守安全政策等方面的知识。

综合考虑上述的挑战和解决方法，工控系统可以更好地实施访问控制策略，确保安全性和可用性。

结语

本节主要介绍工控系统中的访问控制策略及其实施。访问控制在工控系统中具有至关重要的作用，可确保工控系统的安全性、可用性和完整性。通过采用不同的身份认证技术和访问控制技术，可以有效地管理和控制用户对工控系统资源的访问。

5.3 身份认证与访问控制的智能化应用

引言

本节将介绍如何利用人工智能技术来提高身份认证技术的准确性和安全性，以及如何应用机器学习来优化访问控制策略，并通过智能化应用在工控系统中的实际案例来探讨智能化应用的优势和潜在挑战。

本节旨在帮助读者更好地理解如何将先进的技术融入工控系统信息安全策略中，以提高工控系统的防御能力和响应速度。这将有助于工程师、安全专家和决策者更好地应对不断演进的威胁，确保工控系统的可靠性和安全性。

5.3.1　人工智能技术在身份认证中的应用

身份认证一直是工控系统信息安全的核心问题。随着人工智能（AI）技术的快速发展，它开始在身份认证中发挥越来越重要的作用。本节将介绍人工智能技术在身份认证中的应用。

1. 人脸识别技术

人脸识别技术是人工智能技术在身份认证中的典型应用，它通过分析用户的面部特征（如眼睛、鼻子和嘴巴等）来认证其身份。人脸识别技术已广泛用于手机解锁、门禁系统、金融服务等领域。

2. 声纹识别技术和指纹识别技术

声纹识别是一种受欢迎的身份认证技术，它通过分析用户的语音模式和声音特征来认证其身份。指纹识别则通过用户的指纹图像来认证其身份。在人工智能技术的推动下，声纹识别技术和指纹识别技术取得了显著的进展。

3. 行为识别技术

人工智能技术还可以用于分析用户的行为模式（如键盘输入模式、鼠标移动轨迹和手机操作方式等），从而认证用户的身份。通过人工智能技术可建立用户行为模型，在检测到异常行为时，就会触发身份认证过程。行为识别技术在检测身份盗用和未经授权的访问方面非常有用。

4. 生物特征融合技术

将不同的生物特征融合在一起，可提高身份认证的准确性。例如，结合人脸识别技术和指纹识别技术，可实现更高的安全性。这种多模态身份认证技术可以减少假冒和欺诈风险。

5. 身份认证面临的挑战和隐私问题

尽管人工智能技术在身份认证中的应用带来了许多好处，但也伴随着一些挑战。首先，隐私问题是一个重要的关切点。收集和存储用户的生物特征可能引发隐私泄露的风险，因此需要考虑数据的安全和隐私保护。其次，身份认证技术的准确性和鲁棒性仍然是一个问题，尤其是在面对低光照度、遮挡或面部变化等情况下，人脸识别技术等可能表现不佳，因此需要不断改进算法和硬件以提高身份认证技术的性能。

人工智能技术在身份认证中的应用为工控系统的安全性和便利性提供了新的前景，但需要关注和解决技术隐私保护问题及技术上的挑战。

5.3.2 机器学习在访问控制中的应用

机器学习（Machine Learning，ML）在访问控制领域的应用取得了显著的进展，为提高工控系统的安全性和智能性提供了新的解决方案。基于机器学习的工控系统架构如图 5-9 所示。

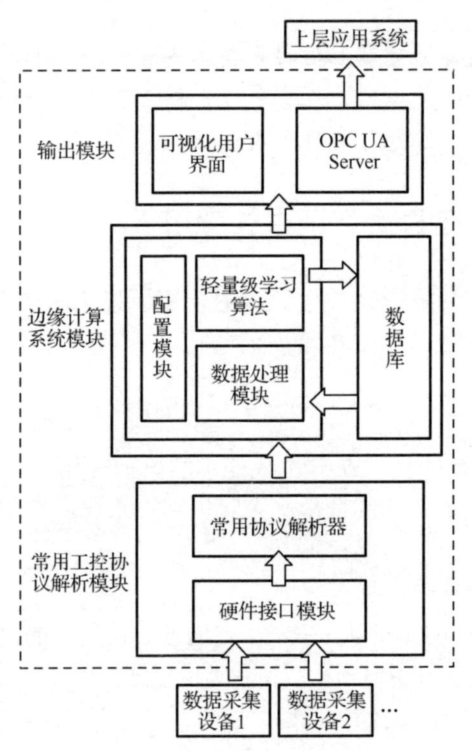

图 5-9 基于机器学习的工控系统架构

1. 机器学习在访问决策中的作用

传统的访问控制模型（如 RBAC 模型和 ABAC 模型）主要依赖于静态规则和策略。随着数据量的爆炸性增长和威胁的复杂化，传统的访问控制模型显得力不从心。通过分析大量的访问日志和用户行为数据，机器学习可以识别异常活动，从而更准确地做出访问决策。

2. 动态风险评估

机器学习可以用于动态风险评估，根据用户的行为和环境因素（如时间、位置、设备等），为每个用户请求分配一个风险分数。基于这个分数，工控系统可以批准、拒绝或要求额外的身份认证。这种动态风险评估能够快速适应新的威胁，从而大大提高工控系统的安全性。

3. 个性化的访问控制

机器学习还可以实现个性化的访问控制。通过分析用户的历史行为和偏好，工控系统可以自动调整访问控制策略，满足不同用户的需求。例如，对于数据分析师，工控系统可以允许其拥有更高的数据访问权限。

4. 威胁检测和预测

机器学习可用于威胁检测和预测。通过分析网络流量和安全事件日志，机器学习可识别潜在的攻击模式，并及时采取措施来阻止攻击。此外，机器学习还可用于预测未来的威胁，帮助企业制定更好的安全策略。

5. 机器学习应用于访问控制面临的挑战和注意事项

尽管机器学习在访问控制中的应用带来了许多好处，但也伴随着一些挑战。首先，数据隐私和安全性仍然是一个重要问题，分析大量的用户数据可能会造成隐私泄露，因此需要谨慎处理和存储数据。其次，机器学习的可解释性是一个挑战。黑盒模型虽然可以实现高准确性，但难以理解其内部工作原理。这在需要透明性和合规性的环境中可能会引发问题。最后，机器学习的模型训练需要大量的标注数据，但在某些情况下难以获得足够的标注数据，因此数据收集和标注是一个急需解决的问题。

机器学习在访问控制中的应用为提高工控系统的安全性和智能性提供了新的机会，但需要综合考虑隐私保护、可解释性和标注数据等多个因素。

5.3.3 智能化身份认证案例分析

本节将简要介绍几个智能化身份认证案例，展示人工智能技术如何应用于身份认证，提高工控系统的安全性和用户体验。

1. 案例 1：基于生物特征的多模态身份认证

本案例是某大型金融机构的基于生物特征的多模态身份认证系统。该系统使用了面部识别、指纹识别、声纹识别等技术，并结合了人工智能技术。当进行用户身份认证时，该系统会根据多种生物特征进行身份认证，可提高身份认证的准确性。此外，人工智能技术能够不断学习和优化身份认证模型，可适应不同用户的变化。

2. 案例 2：基于行为分析的身份认证

本案例是某电子商务公司的基于行为分析的身份认证系统。该系统通过机器学习分析用户的鼠标移动模式、键盘输入速度、点击习惯等多种行为，从而实现了身份认证。如果某用户的行为与其正常行为不符，则该系统将触发额外的身份认证，如要求输入验证码或进行双因素身份认证等。该系统能够有效检测异常行为，减少欺诈和非法访问的风险。

3. 案例 3：智能化单一登录（SSO）系统

本案例是某跨国公司的智能化单一登录系统。该系统可提高员工的工作效率。该系统通过机器学习分析员工的登录模式、工作时间和位置等信息，当员工登录系统时，自动判断是否需要进行额外的身份认证。例如，如果员工在非常规的时间或地点登录，该系统则要求输入额外的验证码或使用双因素身份认证。这种智能化系统为员工提供了便捷的体验，同时确保了安全性。

4. 案例 4：基于上下文的智能身份认证

本案例是某医疗保健机构的基于上下文的智能身份认证系统。该系统通过机器学习分析用户的设备信息、位置信息和登录时间等上下文数据，可实现身份认证级别的自动调整。例如，当用户在该医疗保健机构内使用公司设备登录时，该系统会降低身份认证要求；当用户尝试使用从未登录过的设备或地点登录时，该系统会要求更严格的身份认证。

由本节介绍的案例可知，人工智能技术在身份认证中的应用可提高系统的安全性、准确性和用户体验。通过智能化的身份认证技术，企业可以更好地应对不断演进的威胁。然而，这也需要充分考虑隐私保护和合规性等问题，确保身份认证系统的可信度和可靠性。

5.3.4 智能化访问控制案例分析

本节将简要介绍几个智能化访问控制案例，使读者了解智能化访问控制技术在不同领域的应用。

1. 案例 1：基于行为分析的动态权限管理系统

本案例是某大型云计算服务提供商的基于行为分析的动态权限管理系统。该系统通过机器学习分析了用户的行为模式和访问习惯，根据行为数据自动调整用户的权限级别。如果用户的行为出现异常或不寻常的访问请求，则该系统会降低其权限或触发额外的身份认证。本案例中的智能化访问控制方法不仅可提高安全性，还可减轻管理员的工作负担。

2. 案例 2：智能访问控制在医疗保健领域的应用

本案例是某医疗保健机构实施的智能访问控制系统，该系统可确保医疗数据的安全性和隐私保护。该系统通过机器学习分析了医护人员的访问模式，只有在需要访问特定的患者病历时，医护人员才能够获得相应的权限。此外，该系统还能够检测异常访问行为，如未经授权的数据查看，从而及时采取措施。

3. 案例 3：智能访问控制在金融领域的应用

本案例是某银行实施的智能访问控制系统，该系统可增强金融交易的安全性和风险管理。该系统结合了用户的身份认证信息、设备信息和交易历史数据，通过机器学习来检测异常的交易模式，如大额转账或不寻常的交易地点。如果该系统怀疑某笔交易存在风险，则会自动触发额外的身份认证步骤，以确认用户的身份和交易的合法性。

4. 案例 4：智能化权限管理在制造业中的应用

本案例是某制造公司实施的智能化权限管理系统，该系统可确保只有授权用户才能在工厂内访问关键设备和区域。该系统通过机器学习来分析员工的培训记录和工作历史，只有具备必要资格的员工才能获得特定设备的访问权限。该系统可提高工厂的安全性，减少人为错误和事故的风险。

本节介绍的案例突出了智能化访问控制的多样化应用，涉及医疗保健、金融、制造业等领域。这些案例利用机器学习和数据分析技术，提高了访问控制的准确性和实时性，有助于企业更好地保护其关键资源和数据。然而，这也需要充分考虑隐私保护和合规性等问题，以确保访问控制系统的合法性和公平性。

5.3.5　智能身份认证和访问控制的未来趋势

未来，智能化身份认证和智能化访问控制将继续演化，以满足不断变化的威胁和技术环境。以下是一些关键未来趋势：

（1）基于多模态生物特征识别技术的身份认证。生物特征识别技术将进一步发展，包括指纹、虹膜、声纹、面部识别等，未来可能会整合多种生物特征识别技术进行身份认证，提高身份认证的安全性和精度。

（2）基于区块链的身份认证。区块链具有去中心化和不可篡改的特性，被视为安全身份认证的潜在解决方案。未来，区块链可能用于管理和认证用户身份。

（3）通过人工智能增强安全性。人工智能将在身份认证和访问控制中扮演更重要的角色，智能系统将自动检测异常行为，并根据历史数据不断改进。

（4）零信任安全架构。传统的信任模型正逐渐被零信任安全架构取代。在零信任安全架构下，用户在访问资源时始终需要身份认证，无论他们在企业内部还是在企业外部。

（5）边缘计算的挑战。随着边缘计算的兴起，身份认证和访问控制需要更多地集成到边缘设备和环境中，以确保边缘数据的安全性。

（6）隐私保护的关注。隐私保护将继续影响身份认证和访问控制的实践，未来需要更加关注用户数据的隐私保护，确保合规性。

（7）智能设备的融合。智能设备的普及将改变访问控制策略，未来智能家居、智能汽车等设备将与身份认证系统集成，实现更智能化的访问控制。智能设备将通过人的意向性和机器的形式化进行交互作用，实现智能设备融合新形态，如图 5-10 所示。

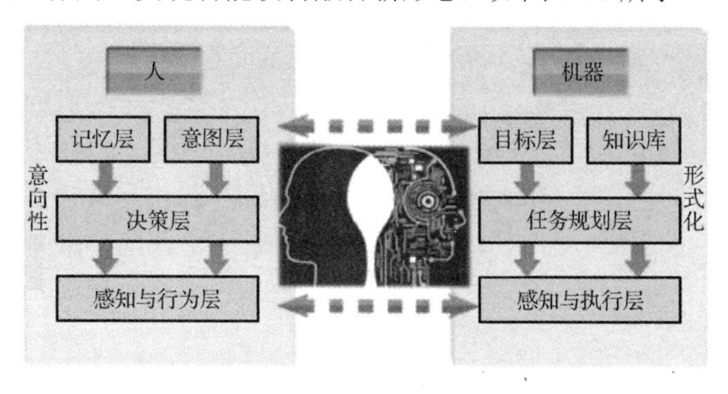

图 5-10　智能设备融合新形态

上述的未来趋势表明，智能化身份认证和智能化访问控制将不断演进，以适应日益复杂的威胁环境。企业需要密切关注这些趋势，以确保其安全性和隐私保护措施始终保持最新和高效。同时，合规性和用户体验也是设计与实施智能化身份认证和智能化访问控制过程中的重要考虑因素。

结语

本节主要介绍身份认证和访问控制的智能化应用，着重强调人工智能在提升安全性和便捷性方面的重要性。随着人工智能的不断发展，未来可以期待更多创新性的智能化应用，以进一步提高工控系统的安全性和效率。然而，人工智能也带来了一系列挑战，如隐私保护、合规性和技术集成等。企业必须谨慎考虑如何实施人工智能，确保其与企业的特定需求和环境相匹配。

本章小结

身份认证和访问控制是确保工控系统安全性的基石，尤其在智能制造和数字化转型的背景下，其重要性愈加凸显。本章主要介绍工控系统的身份认证与访问控制，主要内容如下：

（1）身份认证技术与访问控制模型，包括传统身份认证技术、其他因素身份认证、生物特征识别技术、单一登录和访问控制模型。这些技术提供了不同级别的安全性和用户便利性，企业需要根据自身的需求和风险评估选择适当的方法。

（2）工控系统访问控制策略及其实施，包括访问控制策略的设计原则、身份管理和身份认证实践、权限管理和授权、安全审计和监测机制、实施访问控制策略的挑战及其解决方法。访问控制策略允许企业定义、管理和审计用户对系统资源的访问，从而有效地降低潜在的威胁。

（3）身份认证与访问控制的智能化应用，包括人工智能在身份认证中的应用、机器学习在访问控制中的应用、智能化身份认证案例分析、智能化访问控制案例分析、智能化身份认证和智能化访问控制的未来趋势。人工智能在提高工控系统安全性和效率方面产生了积极的影响，随着人工智能的不断进步，我们可以期待更多智能化解决方案的出现，以更好地应对不断演进的威胁。

在数字化转型和智能制造时代，工控系统信息安全至关重要。本章可帮助读者更好地理解、设计和实施身份认证与访问控制策略，从而确保工控系统的可靠性和安全性。

第 6 章
工控系统的漏洞管理与应急响应

随着工控系统的数字化和智能化程度的不断提高，漏洞管理和应急响应变得至关重要。本章将研究如何识别、管理和应对工控系统中的漏洞，以及如何制定有效的应急响应策略，以减少潜在的风险和威胁。

首先，本章将介绍工控系统漏洞的各种来源，包括硬件、软件和通信协议中的漏洞，以及供应链中的漏洞。我们将讨论漏洞的分类和评估方法，帮助企业更好地理解漏洞的性质和潜在影响。

其次，本章将深入研究漏洞管理流程，包括漏洞扫描和评估、漏洞修复和漏洞披露，将讨论如何建立有效的漏洞管理团队，确保漏洞能够得到及时和适当的处理。

接着，本章将探讨工控系统的应急响应策略，包括安全事件检测、应急响应计划的制订和实施，以及与监测和通信相关的最佳实践。本章将强调应急响应在减轻潜在攻击和安全事件后果方面的关键作用。

最后，本章还将提供案例研究，展示了不同行业和企业如何成功应对工控系统漏洞和安全事件。这些案例将提供宝贵的经验教训，帮助读者更好地了解如何在现实世界中应对工控系统安全挑战。

在工控系统日益数字化和互联化的背景下，本章将为企业和专业人士提供必要的知识和工具，以确保其工控系统的安全性和稳定性，并迅速应对潜在的漏洞和威胁。

6.1 工控系统漏洞扫描与评估

引言

工控系统漏洞扫描与评估是确保工控系统安全性的重要一环。在工业自动化不断向数字化和互联化发展的今天，工控系统的复杂性和风险也在不断增加。为了维护生产环境的稳定性和数据的完整性，企业需要定期审查其工控系统，以识别和纠正潜在的漏洞。

本节将介绍工控系统漏洞扫描和评估的关键概念和实践，旨在帮助企业建立健全漏洞管理流程。本节将详细介绍漏洞扫描工具和技术，以及漏洞评估与风险分级，包括主动扫描、被动扫描、漏洞数据库的利用等方面的内容。

6.1.1 漏洞扫描工具和技术

6.1.1.1 主动扫描技术

1. 网络漏洞扫描器

网络漏洞扫描器是一种用于检测网络设备、网络服务和网络协议中的漏洞的工具，可以主动发送探测包，对目标进行扫描和测试，发现潜在的安全问题。网络漏洞扫描器通常具有自动化、高效性和灵活性的特点，可以根据不同的网络环境和需求进行配置。

2. 主机扫描工具

主机扫描工具是一种用于检测操作系统、应用程序和数据库中的漏洞的工具，可以主动发送探测包，对目标主机进行扫描和测试，发现潜在的安全问题。主机扫描工具通常具有自动化、高效性和灵活性的特点，可以根据不同的主机系统和需求进行配置。

3. 应用程序漏洞扫描器

应用程序漏洞扫描器是一种专门用于检测应用程序中的漏洞的工具，可以主动发送探测包，对应用程序进行扫描和测试，发现潜在的安全问题。应用程序漏洞扫描器通常具有自动化、高效性和灵活性的特点，可以根据不同的应用程序和需求进行配置。

使用主动扫描工具时需要注意安全性和合法性，避免对目标系统造成不必要的损害或泄露敏感信息。同时，还需要根据实际情况选择合适的扫描工具，以确保漏洞扫描的准确性和有效性。

6.1.1.2 被动扫描技术

1. 蜜罐与嗅探器的使用

蜜罐是一种模拟或诱骗攻击者进行攻击的工具，通过记录和分析攻击者的行为，可发现新的攻击方式和漏洞。嗅探器可以捕获网络中的数据包，并对数据包进行分析，用于发现潜在的安全问题。蜜罐和嗅探器可以帮助企业发现未知的攻击方式和漏洞，提高工控系统的安全性。

2. 威胁情报收集技术

威胁情报收集的关键要素如图 6-1 所示。通过分析网络流量、日志文件、漏洞信息等数据，威胁情报收集技术可发现潜在的安全问题，帮助企业及时发现和应对潜在的威胁，提高工控系统的安全性。

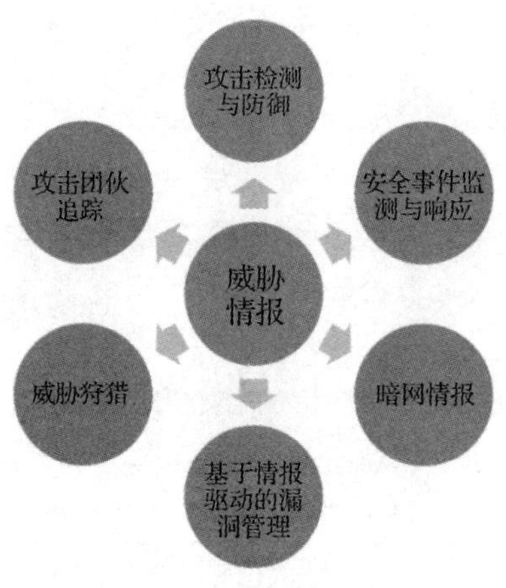

图 6-1 威胁情报收集的关键要素

3. 数据包捕获与分析

数据包捕获是指通过网络截获数据包，数据包分析是指对捕获的数据包进行分析，以发现潜在的安全问题。数据包捕获与分析可以帮助企业发现工控系统中的异常行为和潜在攻击，提高工控系统的安全性。

被动扫描技术通常需要专业的技术和设备支持，不仅需要一定的成本投入，还需要根据实际情况选择合适的扫描工具和技术，以确保漏洞扫描的准确性和有效性。

6.1.1.3 漏洞扫描策略

1. 漏洞扫描的最佳实践

（1）制订详细的扫描计划。在开始漏洞扫描之前，需要制订详细的扫描计划，包括扫描目标、扫描范围、扫描工具和扫描时间等。

（2）选择合适的扫描工具。根据扫描目标和范围，选择合适的扫描工具，以确保扫描的准确性和有效性。

（3）定期更新扫描规则。随着漏洞和攻击手段的演进，需要定期更新扫描规则，以发现新的安全问题。

（4）记录和分析扫描结果。对扫描结果进行记录和分析，发现潜在的安全问题，并制定相应的应对措施。

2. 扫描频率和策略调整

（1）确定扫描频率。根据实际情况和安全需求，确定合适的扫描频率，确保及时发现和应对安全问题。

（2）灵活调整扫描策略。根据扫描结果和风险等级，灵活调整扫描策略，包括扩大或缩小扫描范围、调整扫描工具等。

（3）定期评估策略效果。定期评估扫描策略的效果，包括扫描的准确性和有效性、应对措施的有效性等，以便及时调整扫描频率和扫描策略。

（4）与其他安全措施相结合。将漏洞扫描与企业的其他安全措施相结合，如防火墙、入侵检测系统等，形成完整的安全防护体系。

企业可以制定合适的漏洞扫描策略，及时发现和应对工控系统中的安全问题。同时，还可根据实际情况不断调整完善漏洞扫描策略，以适应不断变化的网络环境和威胁。

6.1.1.4 漏洞扫描工具的自动化与集成

1. 自动化扫描工作流程

（1）自动化配置。漏洞扫描工具应具备自动化配置功能，能够根据预设的规则和参数，自动完成扫描任务的配置和准备工作。

（2）自动化扫描。漏洞扫描工具应具备自动化扫描功能，能够按照预定的时间和频率，自动对目标系统进行漏洞扫描。

（3）自动化报告。漏洞扫描工具应具备自动化报告功能，能够将扫描结果以图表、列表等形式展示出来，方便用户查看和分析。

2. 漏洞扫描工具集成与平台化

（1）工具集成。漏洞扫描工具应能够与其他安全工具进行集成，如防火墙、入侵检测系统等，实现安全信息的共享和协同。

（2）平台化。漏洞扫描工具应实现平台化，能够在不同的操作系统和平台上运行，方便用户的使用和管理。

（3）API 支持。漏洞扫描工具应提供 API，方便用户进行二次开发和集成，满足个性化的安全需求。

3. 漏洞扫描结果的可视化与报告

（1）可视化展示。漏洞扫描结果应以直观、易懂的图表等形式进行展示，方便用户查看和理解。

（2）报告生成。漏洞扫描工具应生成详细的漏洞扫描报告，包括漏洞描述、危害程度、修复建议等信息，为用户提供全面的安全参考。

（3）报告导出。用户应能够将漏洞扫描报告导出为常见格式的文件，如 PDF、Excel 等，方便报告的共享和存档。

企业可以充分利用漏洞扫描工具的自动化和集成功能，提高漏洞扫描的效率和准确性。同时，还可以通过可视化展示和报告生成功能，为用户提供直观、全面的安全参考信息。这些措施有助于企业及时发现和应对工控系统中的安全问题，提升整体的安全防护能力。

当工控系统中使用漏洞扫描工具时，需要考虑工控系统的特殊性。工控系统漏洞扫描是为了识别和纠正可能威胁关键基础设施的漏洞。工控系统漏洞扫描架构如图 6-2 所示。

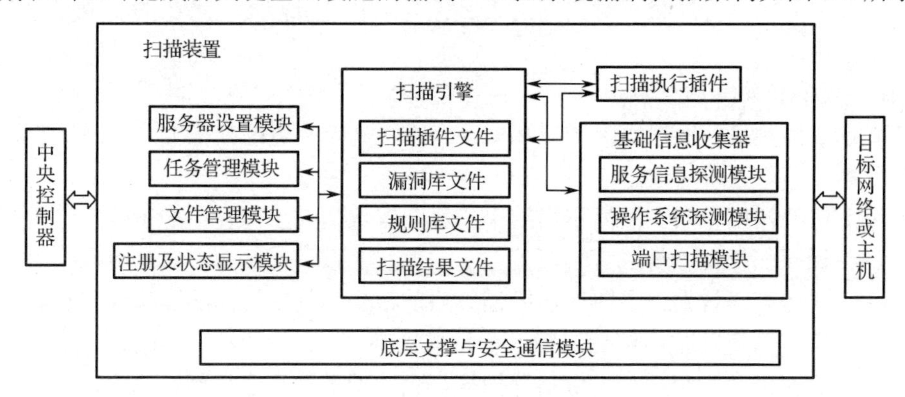

图 6-2　工控系统漏洞扫描架构

工控系统漏洞扫描是确保工控系统信息安全的关键步骤，但使用漏洞扫描工具时需要谨慎，以避免对工控系统造成不必要的干扰。选择适当的漏洞扫描工具对维护工控系统信息安全至关重要。

6.1.2 漏洞评估方法

6.1.2.1 静态分析技术

1. 代码审查

代码审查是一种通过人工手段或自动化手段对代码进行审查和分析的技术，可发现潜在的漏洞。代码审查技术可以通过对代码的结构、逻辑和实现细节进行审查，发现代码中的错误、漏洞和不合理之处。代码审查技术可以帮助企业发现工控系统中的潜在漏洞，提高工控系统的安全性。

2. 静态漏洞扫描工具

静态漏洞扫描工具是一种可以在不运行程序的情况下，对程序源代码进行扫描和分析的工具。静态漏洞扫描工具可以通过对程序源代码进行语法分析、数据流分析、控制流分析，发现潜在的漏洞。静态漏洞扫描工具可以帮助企业快速发现和定位工控系统中的漏洞，提高工控系统的安全性。

3. 静态分析流程

（1）确定分析目标。明确要分析的程序或系统，确定分析的目标和范围。

（2）收集代码或二进制文件。收集要分析的代码或二进制文件，确保代码或二进制文件的完整性和准确性。

（3）配置分析环境。配置静态分析技术所需的环境和参数，包括编译器、调试器、符号表等。对于工控系统，需要从安全检查、防护、监管三个层面分别对漏洞扫描、管理、技术、企业级以及上级的工控系统信息安全监管平台配置分析环境。工控系统分析环境配置关键元素如图 6-3 所示。

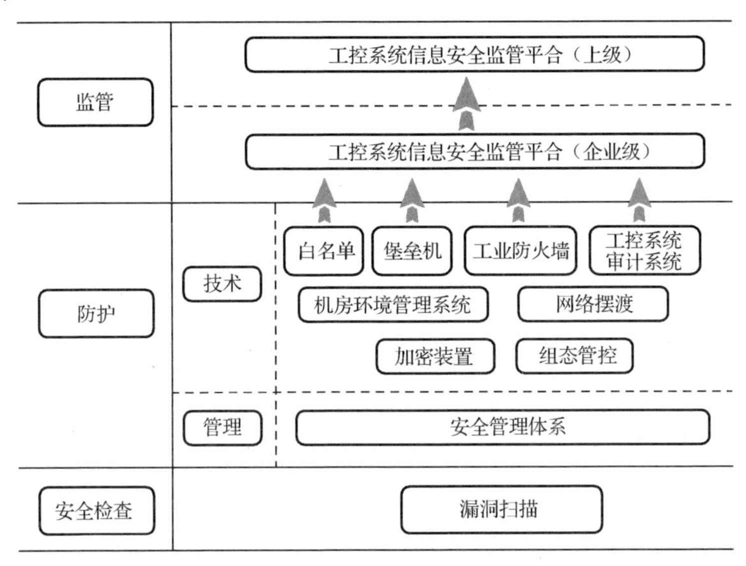

图 6-3　工控系统分析环境配置关键元素

（4）执行分析。使用静态分析技术对代码或二进制文件进行分析，生成分析报告。

（5）分析报告。对分析报告进行解读和分析，发现潜在的漏洞和问题。

（6）修复漏洞。根据分析报告中的建议和修复方案，修复工控系统中的漏洞。

（7）验证修复。验证修复后的工控系统是否能够有效防止潜在的攻击和漏洞利用。

企业可以利用静态分析技术对工控系统中的代码和二进制文件进行审查和分析，快速发现和定位潜在的漏洞，并采取相应的修复措施提高工控系统的安全性。需要注意的是，静态分析技术虽然可以发现潜在的漏洞，但也可能存在误报和漏报的情况，因此需要结合其他安全措施进行综合分析。

6.1.2.2　动态分析技术

1. 渗透测试

渗透测试是一种通过模拟攻击者行为，对系统进行测试和评估的方法。渗透测试可以帮助企业发现工控系统中的潜在漏洞，评估工控系统的安全性。渗透测试可以通过模拟各种攻击手段和攻击场景，对工控系统进行深入的测试和分析，发现潜在的安全问题。

2. 运行时漏洞检测

运行时漏洞检测是指在系统的运行过程中，实时监测和发现漏洞。运行时漏洞检测可以帮助企业及时发现和应对工控系统中的安全问题，防止潜在的攻击和漏洞利用。运行时漏洞检测可以通过实时监测工控系统的运行状态、数据流、权限管理等，发现其中潜在的漏洞。

3. 模糊测试

模糊测试是一种通过向系统输入大量随机或伪随机数据，以发现潜在漏洞的技术。模糊测试可以帮助企业发现工控系统中的漏洞，提高工控系统的安全性。模糊测试可以对工控系统进行全面的测试和分析，发现其中潜在的安全问题。

企业可以利用渗透测试、运行时漏洞检测和模糊测试等动态分析技术，对工控系统进行全面的测试和分析，及时发现和应对潜在的安全问题，提高工控系统的安全性。需要注意的是，动态分析技术也存在误报和漏报的情况，因此需要结合其他安全措施进行综合分析。

6.1.2.3 人工审查与验证

1. 人工漏洞验证步骤

（1）确定验证目标。明确要验证的漏洞和目标系统，确定验证的范围和目标。

（2）收集相关信息。收集与目标系统相关的文档、代码、配置文件等，以便进行人工审查和验证。

（3）人工审查。对收集到的信息进行人工审查，包括代码逻辑、配置文件、安全策略等，以发现潜在的漏洞。

（4）漏洞验证。根据人工审查的结果，对潜在的漏洞进行验证，包括漏洞利用方式、影响范围等。

（5）报告与修复。以报告的形式提交验证结果，并采取相应的修复措施，提高工控系统的安全性。

2. 手动渗透测试

手动渗透测试是一种通过人工方式模拟攻击者行为，对系统进行测试和评估的技术。手动渗透测试的流程如图 6-4 所示。

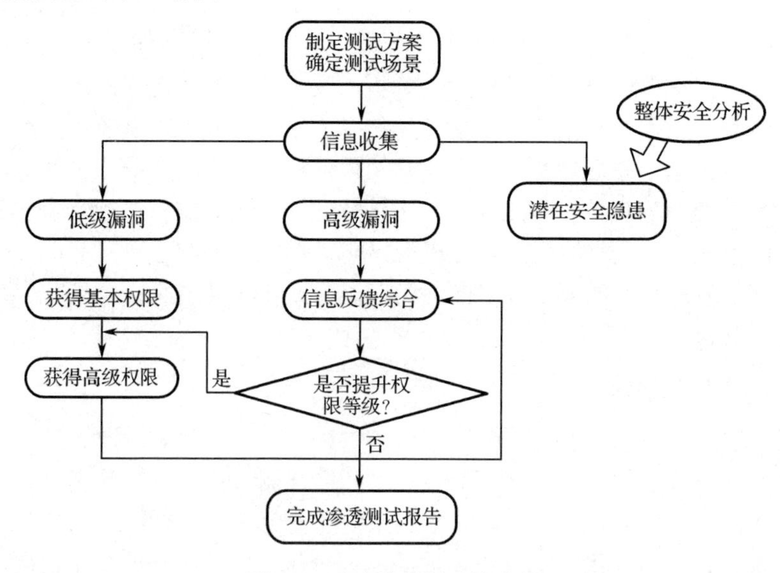

图 6-4 手动渗透测试的流程

手动渗透测试可以帮助企业发现工控系统中的潜在漏洞，评估工控系统的安全性。手动渗透测试可以通过模拟各种攻击手段和攻击场景，对工控系统进行深入的测试和分析，以发现潜在的安全问题。

3. 人工审查的价值与局限性

（1）价值。人工审查可以弥补自动化工具的不足，发现一些自动化工具无法发现的复杂和隐蔽的漏洞。同时，人工审查还可以对自动化工具的输出结果进行验证和补充，提高漏洞扫描的准确性和可靠性。

（2）局限性。人工审查需要投入大量的人力和时间成本，且容易受到人为因素（如经验、技能水平等）的影响，存在误报和漏报的风险。此外，人工审查还可能受到信息收集不全、分析不深入等的影响，导致无法发现所有的潜在漏洞。

企业可以通过人工审查与验证，对工控系统进行全面的测试和分析，及时发现和应对潜在的安全问题，提高工控系统的安全性。同时，也需要结合其他安全措施进行综合分析，以降低误报和漏报的概率。

6.1.2.4　自动化评估

1. 自动化评估工具的流程

自动化评估工具可以自动执行一系列的评估流程，包括漏洞扫描、漏洞分析、漏洞报告生成等。自动化评估流程可以大大提高漏洞评估的效率和准确性，减少人工干预和错误。自动化评估流程还可以根据预设的规则和参数，自动完成对目标系统的漏洞扫描和评估。

自动化评估工具可以与其他的安全工具相互配合，完成更加全面和深入的漏洞评估。自动化评估流程不仅可以结合人工审查和验证，提高漏洞评估的准确性和可靠性，还可以提供更加详细和准确的漏洞报告，帮助企业更好地了解和应对工控系统中的潜在安全问题。

2. 自动化评估的有效性和限制

自动化评估不仅可以大大提高漏洞评估的效率和准确性，减少人工干预和错误，还可以提供更加详细和准确的漏洞报告，帮助企业更好地了解和应对工控系统中的潜在安全问题。但是，自动化评估也存在一些限制，如无法发现一些复杂和隐蔽的漏洞，存在误报和漏报的风险等。

企业可以利用自动化评估进行高效的漏洞扫描和评估，提高工控系统的安全性。同时，也需要结合其他安全措施进行综合分析，以降低误报和漏报的概率。需要注意的是，自动化评估并不能完全替代人工审查和验证，因此需要结合其他安全措施进行综合分析。

漏洞评估是确保工控系统安全性的重要组成部分。在进行漏洞评估时，需要采用一系列方法和技术来识别和分析潜在的安全问题。工控系统漏洞评估的流程如图 6-5 所示。

漏洞评估应该定期进行，以确保工控系统的安全性。同时，应及时修复发现的漏洞，并持续监测和改进工控系统的安全性。

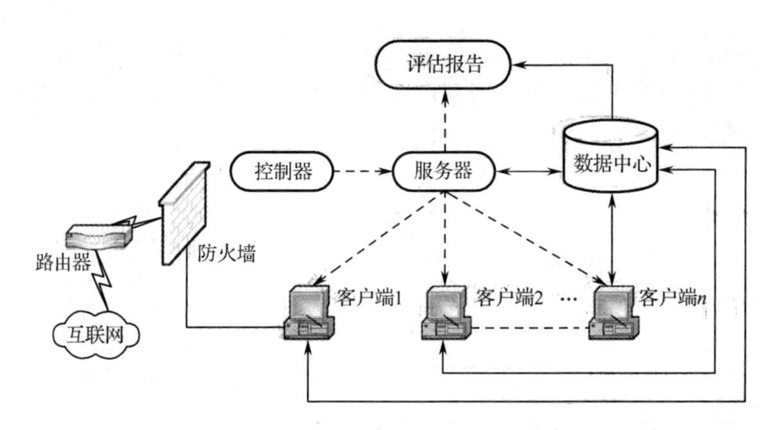

图 6-5 工控系统漏洞评估的流程

6.1.3 主动扫描与被动扫描

在工控系统的漏洞扫描中，主动扫描和被动扫描是两种关键的方法，可用于识别和评估潜在的漏洞。下面将详细介绍这两种方法。

6.1.3.1 主动扫描

1. *方法和原理*

主动扫描是一种主动的漏洞扫描方法，主动将数据包或请求发送到目标系统，以测试其安全性。主动扫描需要使用专门的工具，这些工具可以扫描网络设备、操作系统、应用程序和服务，以查找已知的漏洞、弱点和配置错误。

主动扫描的原理是通过模拟潜在的攻击，利用已知的漏洞或测试系统来发现潜在的风险。主动扫描通常会对端口、服务和应用程序进行检查，以确认它们是否存在已知的漏洞。

2. *应用和优势*

（1）漏洞自动识别。主动扫描可以自动发现已知漏洞，包括操作系统漏洞、应用程序漏洞和配置错误。

（2）自动化。主动扫描可以大大提高漏洞扫描的效率，因为它可以扫描整个网络，并生成报告，列出发现的漏洞和修复措施。

（3）定期扫描。主动扫描应定期执行，以确保工控系统的安全性。这有助于监测漏洞的演进并及时进行修复。

6.1.3.2 被动扫描

1. *方法和原理*

被动扫描是一种被动监测网络流量的方法，以检测异常活动和潜在的攻击模式。被动扫描通常使用入侵检测系统（IDS）和入侵防御系统（IPS），这些系统会分析传入和传出的数据，并与已知的攻击模式进行比较。

被动扫描是基于已知的攻击模式和异常行为进行检测的，如果在工控系统中检测到与已知攻击相匹配的流量或行为，则可以触发报警并采取预定的响应措施。

2. *应用和优势*

（1）实时监测。被动扫描允许对网络流量进行实时监测，以便及时发现异常活动和潜在攻击。

（2）检测未知威胁。与主动扫描不同，被动扫描可检测未知的威胁和新型攻击，因为它不仅仅关注已知的漏洞。

（3）降低干扰。被动扫描通常不会对网络性能产生显著影响，因为它不需要发送大量的测试数据。

在工控系统漏洞扫描中通常会同时使用主动扫描和被动扫描，以获得更全面的安全性评估。主动扫描可以识别已知漏洞，而被动扫描可以帮助发现未知的威胁和异常活动。这两种方法的组合有助于提高工控系统的整体安全性。

6.1.4 漏洞数据库

漏洞数据库是工控系统漏洞扫描与评估的关键组成部分。漏洞数据库的使用涉及漏洞研究、信息收集、分析和修复措施。下面将详细介绍如何使用漏洞数据库来提高漏洞评估的质量和准确性。

1. 漏洞研究与信息收集

在进行漏洞评估之前，漏洞研究团队通常会访问多个漏洞数据库，以获取有关已知漏洞的详细信息。这些数据库包括但不限于美国国家漏洞数据库（NVD）、通用漏洞披露（Common Vulnerabilities and Exposures，CVE）、漏洞盒子（VulDB）、Exploit Database（ExploitDB）等，这些数据库包含了已公开披露的漏洞的描述、CVSS评分、漏洞类型、影响范围和相关的参考资料。

漏洞研究人员需要关注厂商发布的漏洞公告和安全补丁。这有助于了解哪些厂商的产品受到了漏洞的影响，并可以及时采取措施来降低风险。

2. 漏洞分析与分类

在收集漏洞信息后，漏洞研究团队会对漏洞进行分析和分类，包括确定漏洞的严重性、可能的攻击路径、受影响的系统组件和修复难度。漏洞数据库通常提供了用于分类漏洞的标准，如CVSS（Common Vulnerability Scoring System）。

3. 制订漏洞修复计划

在漏洞分类后，下一步是制订漏洞修复计划。漏洞修复计划包括确定哪些漏洞需要首先修复、制定修复的优先级和时间表，以及选择适当的修复措施。漏洞修复可能包括应用安全补丁、更新配置、修改网络访问控制策略等。

4. 持续监测漏洞动态

漏洞数据库不仅可以用于初始漏洞评估，还可以用于持续监测漏洞动态。漏洞研究团队应该订阅漏洞数据库，以获取新发现的漏洞信息。这有助于保持系统的安全性，随时采取必要的措施来应对新的威胁。

5. 制定安全策略

漏洞研究团队应该利用漏洞信息来制定综合的安全策略。这包括对漏洞修复的长期规划、漏洞风险管理、漏洞管理流程的建立以及员工培训。通过制定综合的安全策略，企业可以更好地应对漏洞和威胁，提高工控系统的整体安全性。

漏洞数据库的使用是漏洞评估的关键步骤，它涵盖了漏洞研究、信息收集、漏洞分析、修复计划制订和持续监测，有助于企业及时发现和应对已知漏洞。

6.1.5 工控系统漏洞分类

工控系统漏洞分类是工控系统漏洞管理的关键组成部分，有助于企业更好地理解和处理不同类型的漏洞。工控系统漏洞主要分为以下几类：

1. 通信协议漏洞

通信协议漏洞是指工控系统使用的通信协议中的弱点或错误。通信协议漏洞可能导致信息泄露、拒绝服务攻击、中间人攻击等问题。通信协议漏洞通常与工业设备之间的通信有关，包括 PLC（可编程逻辑控制器）、RTU（远程终端单元）和其他控制设备之间的通信。

2. 配置错误

配置错误是指由错误的工控系统配置而引起的漏洞。配置错误可能导致设备容易受到攻击或操作失误。典型的配置错误包括不正确的访问控制、开放不必要的网络服务、弱密码设置等。

3. 身份认证和访问控制问题

这类漏洞涉及身份认证和访问控制，如弱密码、默认凭证、缺乏多因素身份认证等。攻击者可以通过这类漏洞访问工控系统。

4. 缓冲区溢出和代码执行漏洞

缓冲区溢出和代码执行漏洞是最严重的漏洞之一。这类漏洞允许攻击者执行恶意代码，可能导致设备崩溃、拒绝服务攻击，甚至完全接管工控系统。通过安全代码审查机制可以解决缓冲区溢出和代码执行漏洞问题。安全代码审查流程如图 6-6 所示。

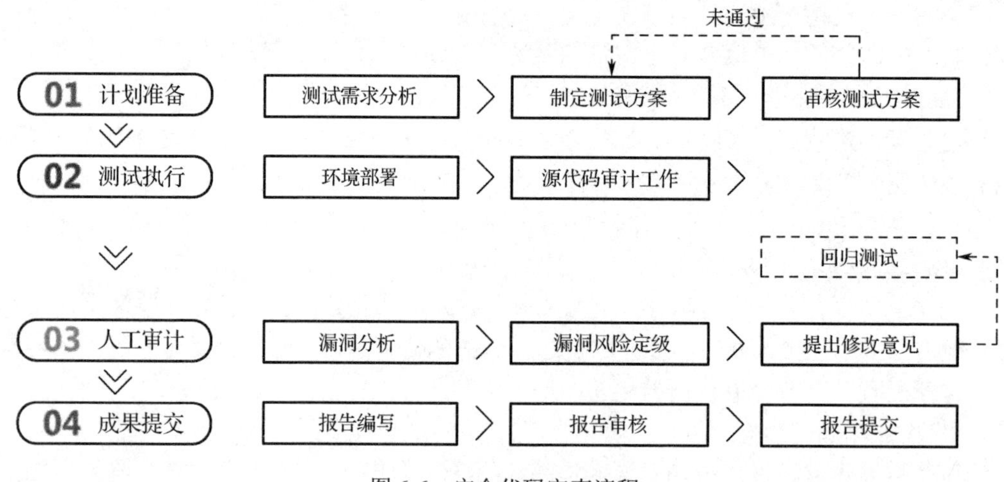

图 6-6 安全代码审查流程

5. 物理安全问题

物理安全问题包括对设备的物理访问和操作。攻击者可试图入侵设备，直接干扰其操作或破坏设备。物理安全问题通常需要使用物理安全措施来防范，如锁定设备房间、监测访问等。

6. 拒绝服务（DoS）攻击

DoS 攻击旨在通过消耗工控系统的资源或干扰通信来使工控系统变得不可用，从而导致工控系统中断，影响生产和操作。DoS 攻击的流程如图 6-7 所示。

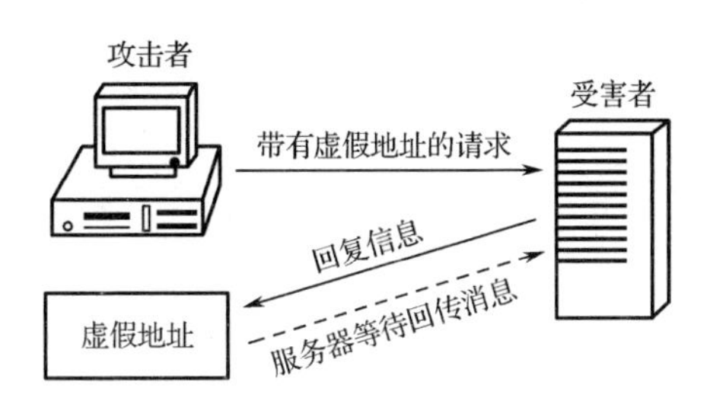

图 6-7　DoS 攻击的流程

7. 逻辑错误

逻辑错误涉及工控系统中的错误逻辑或流程问题，这类漏洞可能会引发不期望的行为或错误操作。

8. 未经授权的访问

未经授权的访问允许攻击者绕过身份认证和访问控制来访问工控系统，从而导致敏感数据泄露或工控系统的受损。

9. 未经授权的数据修改

这类漏洞涉及攻击者未经授权地修改了工控系统的数据，这可能会导致工控系统误操作或错误的决策。

10. 物理设备漏洞

物理设备漏洞包括硬件组件或传感器中的漏洞，攻击者可能通过操纵或破坏设备来影响工控系统。

11. 供应链攻击

供应链攻击是指恶意软件或恶意硬件被引入到工控系统的供应链，从而在设备制造或部署阶段引入潜在的漏洞。

综上所述，工控系统的漏洞分类有助于企业更好地识别和管理工控系统中的安全风险。了解不同类型的漏洞可以帮助企业采取适当的防御措施和修复策略，以确保工控系统的可靠性和安全性。

6.1.6　漏洞风险评估方法

漏洞评估与风险分级是工控系统安全管理中的关键环节，有助于企业了解和管理工控系统中存在的漏洞。漏洞评估与风险分级的步骤如下：

1. 资产识别和分类

漏洞评估与风险分级的第一步是资产识别和分类，如确定哪些设备、系统和网络是关键的，以及它们的功能和重要性。资产识别和分类有助于确定哪些资产可能对工控系统的安全性产生较大的影响。

2. 漏洞扫描

通过漏洞扫描可发现工控系统中的潜在漏洞并生成报告，可发现的常见漏洞包括开放端口、弱密码、过期软件等。

3. 漏洞报告和分类

一旦漏洞扫描工具检测到漏洞，就需要生成漏洞报告并对漏洞进行分类。漏洞分类通常是基于漏洞的类型、严重性和潜在影响进行的，这有助于企业确定哪些漏洞需要优先解决。

4. 漏洞评估

漏洞评估可确定漏洞的严重性和影响。漏洞评估需要综合考虑漏洞的潜在威胁、易受攻击性和潜在后果。通过标准的漏洞评分系统（如 CVSS）可进行漏洞评估。

5. 漏洞修复和缓解

完成漏洞评估和分类后，需要采取措施来修复或缓解漏洞。漏洞修复措施包括软件升级、安全补丁的安装、修改配置、强化身份认证等。漏洞缓解措施可以减轻漏洞带来的风险，尽管未能完全消除漏洞。

6. 优先级排序

由于资源有限，企业通常需要根据漏洞的严重性和潜在影响来设置其优先级。漏洞评估可以确定哪些漏洞需要优先解决、哪些漏洞可以稍后处理。

7. 定期评估

漏洞评估是一个持续的过程，应该定期进行。新的漏洞可能随着工控系统的变化、新的攻击技术的出现以及软件和硬件的更新而产生，因此定期评估可以确保工控系统的漏洞风险得到持续的监测和管理。

8. 漏洞记录

漏洞评估的结果应该被详细记录，包括漏洞报告、漏洞修复记录、风险分级报告，以及漏洞修复的时间表。这些内容对于监督漏洞管理，以及与利益相关者共享信息至关重要。

漏洞评估与风险分级是确保工控系统信息安全的关键步骤。通过综合考虑漏洞的类型、严重性和潜在影响，企业可以更好地识别、分类和解决工控系统中的漏洞，从而提高工控系统的整体安全性。漏洞评估与风险分级需要不断更新，以适应不断变化的威胁。

6.1.7 案例研究：工控系统漏洞扫描与评估的成功实施

在工控系统中，漏洞扫描与评估的成功实施至关重要。本节将通过一个案例来说明如何成功实施工控系统的漏洞扫描与评估。

某大型制造公司拥有复杂的工控系统，为了加强工控系统安全措施、降低潜在的风险，决定实施漏洞扫描与评估，以识别和修复潜在的漏洞。下面是该制造公司成功实施工控系统漏洞扫描与评估的步骤：

（1）规划和准备。在实施漏洞扫描和评估之前，该制造公司制订了详细的计划，包括确定扫描的范围，以及确保漏洞扫描工具与工控系统兼容。此外，该制造公司还建立了一个跨部门的团队，包括 IT 和工程部门的专业人员，以确保全面的覆盖范围。

（2）漏洞扫描。该制造公司选择了一套先进的漏洞扫描工具，这套工具专门用于工控系统，扫描范围涵盖了各种设备、网络和通信协议，以确保所有潜在的漏洞都能被识别。漏洞扫描是在，操作人员的指导下进行的，确保不会对生产造成任何干扰。

（3）漏洞分类和评估。在漏洞扫描完成后，进行漏洞分类和评估。该制造公司使用 CVSS 来确定漏洞的严重程度和紧急性。根据评估结果，漏洞被分为高、中、低三个优先级，以便更好地分配资源和优先修复高风险的漏洞。

（4）漏洞修复和验证。漏洞修复的工作始于高风险漏洞，然后逐步处理中风险和低风险的漏洞。该制造公司确保所有漏洞都得到了修复，并进行了测试和验证，确保漏洞修复不会引入新的问题或干扰工控系统的正常运行。

（5）文档和报告。在实施漏洞扫描与评估的过程中，该制造公司对漏洞管理过程进行了详细的文档记录，包括发现漏洞的日期、评估结果、修复措施和验证等详细信息。定期报告被提供给管理层，以确保管理层能了解漏洞管理的进展和工控系统的安全状况。

（6）持续监测和改进。工控系统漏洞扫描与评估不是一次性任务，而是一个持续的过程。该制造公司建立了一个监测系统来监测漏洞情况，并在必要时采取纠正措施。此外，该制造公司还积极参与安全社区，以及时获取漏洞情报。

结语

本节主要介绍工控系统漏洞扫描与评估，主要内容包括漏洞扫描工具和技术、漏洞评估方法、主动扫描与被动扫描、漏洞数据库、工控系统漏洞分类、漏洞评估与风险分级等内容。本节通过一个案例说明了如何成功实施工控系统的漏洞扫描与评估。

工控系统漏洞扫描与评估是维护工控系统信息安全的关键步骤之一，对于工控系统的可靠性和稳定性至关重要。

6.2 漏洞管理流程与最佳实践

引言

本节将详细介绍漏洞管理。漏洞管理是确保工控系统安全的核心环节，不仅关系到工控系统的稳定性，还关系到生产过程和企业资产的安全性。

本节给出的建议和方法可帮助企业建立高效的漏洞管理流程，包括团队合作、工具的选择与使用，以及供应商与安全社区合作，共同改进工控系统的安全性。

6.2.1 漏洞管理的重要性

漏洞管理是确保工业系统安全性的关键组成部分。

1. 漏洞管理是工控系统信息安全的基石

工控系统是现代工业的核心，其可靠性和安全性对于工业生产的正常运转至关重要。漏洞管理为工控系统的安全性提供了坚实的基础。通过监测、识别和处理漏洞，可以降低潜在影响，确保工控系统的可用性和完整性。工控系统漏洞管理流程如图 6-8 所示。

2. 防止潜在的攻击

漏洞是潜在的攻击入口，黑客和恶意攻击者可利用漏洞来入侵工控系统、窃取数据、破坏生产或基础设施。通过积极的漏洞管理，企业可以及时修复这些漏洞，减少攻击面，增加攻击的难度。

3. 遵守法规和标准

许多国家和行业都制定了关于工控系统安全的法规和标准，如 NIST、IEC 62443 等。漏洞管理有助于企业遵守这些法规和标准，减少可能的法律和合规风险。此外，它还有助于满足客户和合作伙伴对系统安全性的要求。

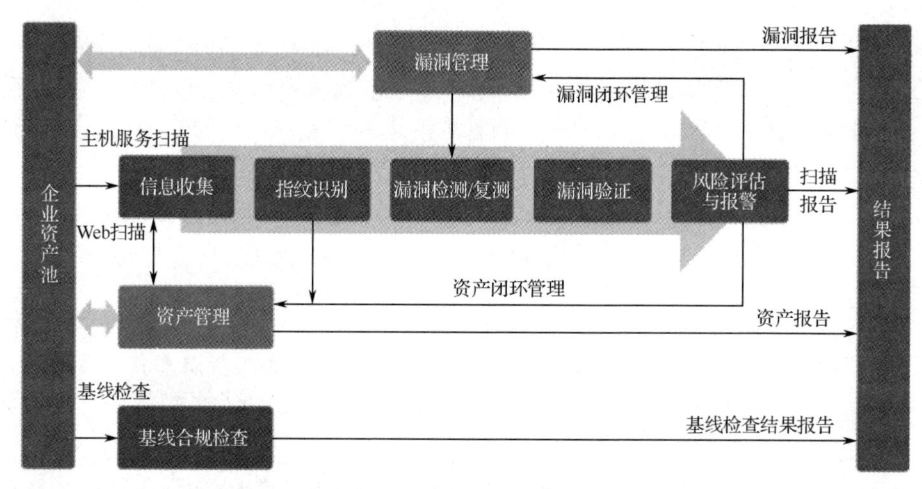

图 6-8 工控系统漏洞管理流程

4. 保护生产和运营连续性

工控系统通常用于控制关键基础设施和生产过程。任何工控系统故障或被攻击都可能导致生产中断、设备损坏。通过及时发现和修复漏洞，可以减少这些潜在风险，保障生产和运营的连续性。

5. 降低维护成本

在工控系统部署后，定期的漏洞管理可以帮助企业降低维护成本。通过及时解决漏洞，可以减少由于安全事件引起的紧急维修和恢复成本。此外，较早地发现漏洞还可以减少漏洞修复的复杂性和成本。

6. 提高工控系统的可信度

工控系统的可信度对于工业生产至关重要。漏洞管理可以提高工控系统的可信度，使操作人员和利益相关方对工控系统的性能和安全性更有信心。这对于确保工控系统的稳定运行和高效管理至关重要。

工控系统漏洞管理在工控系统的安全性和稳定性方面扮演着关键角色，它有助于预防潜在的攻击、遵守法规和标准、保障生产和运营连续性、降低维护成本，并提高工控系统的可信度。因此，企业应该将漏洞管理视为维护工控系统信息安全的不可或缺的一部分，定期进行漏洞扫描、评估和修复，以确保工控系统的长期安全性。

6.2.2 漏洞管理流程概述

漏洞管理是工控系统信息安全的重要组成部分，它涉及发现、报告、跟踪、修复和验证漏洞的全过程。漏洞管理是一项系统性的工作，其目标是及时识别和处理工控系统中的漏洞，降低潜在的威胁风险。漏洞管理流程如下：

（1）漏洞的发现与报告。及时发现漏洞是关键，通过内部的安全团队、外部的独立研究人员、供应商报告或者公开的漏洞报告可发现漏洞。每个被发现的漏洞都应该被仔细记录和报告。

（2）漏洞的跟踪与分析。一旦漏洞被发现，就需要进行详细的分析，以确定漏洞的严重程度和潜在影响。这个过程通常涉及漏洞的验证，以及对漏洞可能导致的风险进行评估。

（3）漏洞的修复与验证。漏洞修复计划应该包括漏洞修复的详细步骤和时间表。在完成漏洞修复后，需要进行验证，以确保漏洞已经被成功修复。

（4）漏洞优先级的设定与管理。由于资源有限，不是所有的漏洞都可以立即被修复的，因此需要根据漏洞的严重程度和潜在影响来设定漏洞优先级，优先级高的漏洞应该被先修复。

（5）团队合作与工具选择。漏洞管理是一个团队合作的过程，需要不同部门和团队之间的协调。另外，合适的漏洞管理工具也可以极大地提高效率。

（6）供应商和安全社区合作。工控系统通常包括来自不同供应商的设备和软件，与供应商和安全社区合作可以及时获取漏洞修复补丁和最新的安全信息。

（7）漏洞管理的最佳实践。在漏洞管理中，遵循最佳实践是至关重要的，包括建立清晰的沟通渠道、保护漏洞信息的机密性、持续改进漏洞管理流程等。

（8）案例研究。通过案例研究，企业可以深入了解漏洞管理的运作方式，以及如何应对不同类型的漏洞和挑战。

漏洞管理是确保工控系统信息安全的重要环节，它需要系统的方法、跨部门的协作和持续的改进，以应对不断演进的威胁和风险。有效的漏洞管理有助于降低工控系统遭受安全攻击的风险，确保工控系统的持续可靠运行。

6.2.3　漏洞的发现与报告

漏洞的发现与报告是漏洞管理流程的关键步骤，对于确保工控系统的安全性至关重要。本节主要介绍漏洞的发现方法、漏洞报告的流程和漏洞报告的最佳实践。

1. 漏洞的发现方法

发现漏洞的方法多种多样，包括但不限于：

（1）主动扫描。通过使用漏洞扫描工具，定期扫描工控系统，以检测已知漏洞。漏洞扫描工具可以自动化识别和报告潜在的漏洞。

（2）被动扫描。通过监测网络流量和系统日志，可以检测异常行为和潜在的攻击迹象。这种方法更加隐蔽，有助于发现未知漏洞。

（3）安全研究。一些独立的安全研究人员专注于分析工控系统的安全性，并通过公开报告漏洞来提醒供应商和安全社区。

（4）供应商漏洞报告计划。许多供应商都设有漏洞报告计划，允许研究人员和用户报告他们发现的漏洞，以便及时修复漏洞。

（5）模糊测试。通过发送大量的随机或非预期的输入数据，模糊测试可以检测应用程序和设备的漏洞。模糊测试的流程如图 6-9 所示。

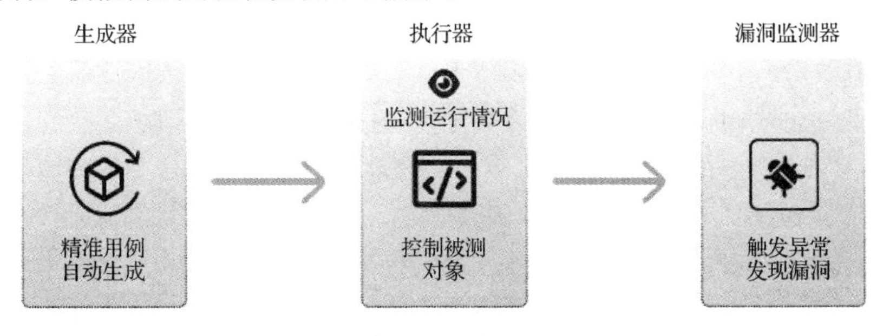

图 6-9　模糊测试的流程

2. 漏洞报告的流程

一旦发现漏洞，就需要报告漏洞。漏洞发现者应该详细记录漏洞的信息，包括漏洞的描述、影响程度、漏洞的位置，以及发现的时间。漏洞应该被报告给相关的实体，包括工控系统的维护团队、供应商、应急响应团队或相关的监管机构。漏洞发现者通常应该遵守一定的机密性原则，确保漏洞信息不会被滥用或泄露给未经授权的人员。如果漏洞涉及供应商的产品或设备，则应当与供应商建立联系，并与其合作进行漏洞修复。

3. 漏洞报告的最佳实践

漏洞报告的最佳实践如下：

（1）清晰的漏洞报告。漏洞报告应该清晰、详细地描述漏洞，包括如何重现漏洞的步骤和漏洞的影响。

（2）安全性优先。漏洞发现者应该将工控系统的安全性放在首位，确保漏洞报告不会被滥用。

（3）合作和协作。漏洞发现者、维护团队和供应商之间的合作是漏洞报告的关键。

（4）及时性。漏洞应该尽快报告，以便及时采取措施进行修复。

漏洞的发现与报告是工控系统安全管理的基础，需要漏洞发现者的敏锐性、合作精神和专业知识。通过采用适当的方法和最佳实践，可以及时识别和修复工控系统中的漏洞，提高工控系统的安全性和可靠性。

6.2.4 漏洞的跟踪与分析

漏洞的跟踪与分析有助于深入理解漏洞的性质、潜在的威胁和可能的解决方案。

1. 漏洞的跟踪

漏洞的跟踪是指对已知漏洞的记录和监测过程。当漏洞被报告或发现时，应详细记录漏洞的信息，包括漏洞的描述、漏洞的位置、漏洞的评级和影响等信息。每个漏洞都应该分配一个唯一的标识符，以便跟踪和管理。漏洞可以按照不同的标准进行分类，如可按照漏洞的类型（分为缓冲区溢出、身份认证问题等漏洞）和漏洞的严重性等进行分类。每个漏洞的状态应该被跟踪，包括已确认、已修复、待修复等状态。

2. 漏洞的分析

漏洞的分析是对漏洞本质和威胁进行深入了解的过程。漏洞应该被验证，以确保它是真实存在的漏洞，而不是误报。为了理解漏洞的本质，需要分析漏洞是如何产生的，这可能涉及审查源代码、分析网络流量或研究系统配置。在进行漏洞分析时，应考虑漏洞的潜在威胁，即漏洞被滥用可能对工控系统安全性造成的影响。基于漏洞分析的结果，可制定漏洞修复方案，如修补漏洞、更新配置、实施防御措施等。

3. 漏洞的跟踪与分析工具及技术

漏洞的跟踪与分析通常需要使用一系列工具和技术，包括但不限于：

（1）漏洞管理系统。使用漏洞管理工具可以记录和跟踪漏洞信息，如 JIRA、Bugzilla 等。

（2）静态分析工具和动态分析工具。静态分析工具可以发现源代码中的潜在漏洞，而动态分析工具可以模拟漏洞利用和攻击。漏洞管理与分析过程如图 6-10 所示。

（3）漏洞数据库。利用公开的漏洞数据库（如 CVE、NVD 等）可获取漏洞信息。

（4）日志和网络监测工具。使用日志和网络监测工具可捕获异常行为和潜在攻击。

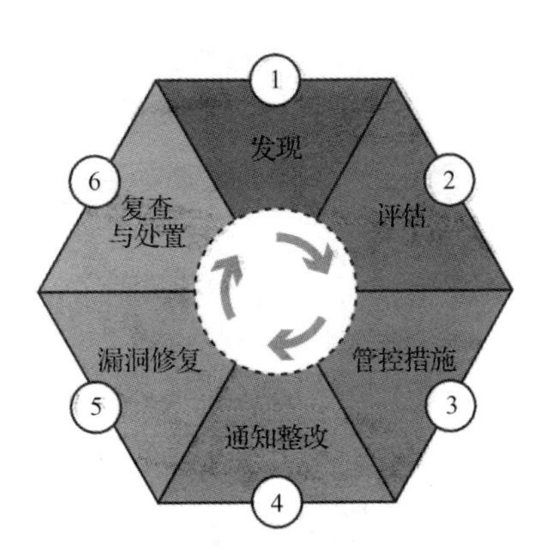

图 6-10　漏洞管理与分析过程

4. 最佳实践

在进行漏洞的跟踪与分析时，应遵循以下最佳实践：

（1）团队协作。漏洞的跟踪与分析通常需要多个团队的协作，包括安全团队、运维团队和开发团队。

（2）及时性。漏洞的跟踪与分析应该及时进行，以确保漏洞得到有效的解决。

（3）漏洞信息共享。安全社区和供应商之间的漏洞信息共享有助于提高整个工控系统的安全性。

（4）教训学习。漏洞分析的结果应该被视为宝贵的教训，以改进安全实践和预防未来的漏洞。

漏洞的跟踪与分析是确保工控系统安全性的关键环节。通过仔细记录、分析漏洞并制定相应的解决方案，可以提高工控系统的抵御能力，降低潜在威胁的风险。

6.2.5　漏洞的修复与验证

一旦发现和分析漏洞后，就需要采取措施来修复漏洞，并确保漏洞修复后工控系统的安全性得到验证。

1. 漏洞的修复

漏洞的修复是指实际修复工控系统或应用程序中存在的漏洞，以消除安全风险。针对每个漏洞，应制订详细的漏洞修复计划，包括漏洞修复的优先级、时间表和责任人。开发团队或供应商应该对漏洞进行修复，包括编写安全补丁、更新配置或修复源代码中的漏洞。在漏洞修复后，应进行全面测试，确保漏洞的修复不会引入新的问题或破坏工控系统的正常功能。一旦修复经过充分测试，就可以部署到生产环境中，这可能需要计划停机时间或滚动式部署，以最小化对业务的影响。

2. 修复验证

漏洞修复的另一个关键方面是验证修复是否成功，以及工控系统是否不再受到该漏洞的威胁。以下是验证修复的关键步骤：

（1）制订验证计划。制订验证修复的计划，明确验证的标准和方法。

（2）验证过程。使用验证计划中的方法测试修复的有效性，包括再次扫描工控系统以确认漏洞不再存在，模拟攻击以确保修复后的工控系统能够抵御攻击等。

（3）验证结果文档化。记录验证结果，包括修复的成功和失败情况，这些文档可用于后续的合规性报告和审计。

（4）修复失败的处理。如果验证表明修复未成功，则必须采取措施来重新修复漏洞，并再次进行修复验证。

3. 最佳实践

在进行漏洞的修复与验证时，应遵循以下最佳实践：

（1）优先级管理。针对多个漏洞，根据其严重性和潜在影响来确定修复的优先级。

（2）自动化工具。使用自动化漏洞管理和验证工具可以加速修复过程，提高效率。

（3）团队协作。开发团队、安全团队和运维团队之间的协作至关重要，可确保漏洞得到及时修复。

（4）漏洞修复的监测。漏洞修复后，应继续监测工控系统，以确保修复持续有效。

（5）教训学习。每次漏洞修复与验证过程都应该被视为学习的机会，以改进安全实践和防止未来漏洞的发生。

通过严格的漏洞修复与验证流程，企业可以降低潜在威胁的风险，提高工控系统的安全性和稳定性。漏洞修复与验证是一个持续改进的循环，以适应不断演化的威胁和新的漏洞。

6.2.6 漏洞优先级的设定与管理

漏洞的优先级的设定与管理可帮助企业确定哪些漏洞应该被优先修复，以最大限度地降低潜在威胁对工控系统的风险。

1. 漏洞优先级设定的依据

漏洞优先级的设定应该基于多个因素，以确定漏洞的相对严重性和紧急性，这些因素通常包括：

（1）漏洞的严重性。评估漏洞可能对工控系统的潜在影响，包括数据泄露、拒绝服务攻击、远程执行代码等。通常以漏洞的 CVSS 评分为依据判断漏洞的严重性。

（2）漏洞利用的复杂性。评估攻击者利用漏洞的难度，如果漏洞容易被利用且攻击者可能获得敏感信息或对工控系统进行破坏，则其优先级较高。

（3）受影响系统的关键性。确定受影响系统在整个工控系统中的关键性，对于关键系统中的漏洞，应优先修复，以确保业务的连续性。

（4）已知威胁情报。考虑已知威胁情报，包括已经发生的攻击或已公开的漏洞。如果漏洞已被利用或存在公开的利用工具，则应当高度关注该漏洞。

2. 漏洞优先级的分类

为了更好地管理漏洞，通常将漏洞分为不同的优先级类别，例如：

（1）紧急优先级。漏洞对工控系统的安全性构成重大威胁，可能导致严重的数据泄露、工控系统瘫痪或远程攻击。这类漏洞需要立即修复。

（2）高优先级。漏洞的严重性较高，但不具备紧急性，这类漏洞需要在短时间内修复，但可以安排在紧急优先级漏洞之后修复。

（3）中优先级。中等优先级的漏洞对工控系统的威胁相对较低，可以在较长时间内修复。这类漏洞可以在下一个维护周期内修复。

（4）低优先级。低优先级漏洞对工控系统的影响很小，可以在较长时间内修复，但应定期审查漏洞优先级。

3. 漏洞优先级的管理流程

漏洞优先级设定与管理应该成为漏洞管理流程的一部分，漏洞优先级的管理包括以下步骤：

（1）漏洞评估。对每个漏洞进行评估，包括漏洞的严重性、漏洞利用的复杂性和潜在影响。

（2）漏洞分类。根据漏洞评估结果，将漏洞分为不同的优先级。

（3）优先级分配。为每个漏洞分配优先级，确定修复的紧急程度。

（4）计划修复。基于漏洞的优先级，制订修复计划，确保紧急优先级的漏洞先得到修复。

（5）监测和审查。定期审查漏洞优先级，可根据具体情况重新对漏洞进行分类，并更新修复计划。

（6）持续改进。不断改进漏洞管理流程，提高漏洞优先级的准确性。

通过有效的漏洞优先级设定与管理，企业可以更好地应对漏洞，并确保将有限的资源用于修复对工控系统和数据构成最大威胁的漏洞。漏洞优先级设定与管理有助于提高工控系统的整体安全性，降低潜在攻击的成功概率。

6.2.7　团队合作与工具选择

在漏洞管理流程中，团队合作与工具选择涉及协调各种资源，可确保漏洞得到有效处理，并协助团队追踪漏洞状态。

1. 团队合作

（1）跨部门的团队协作。成功的漏洞管理依赖于跨部门的团队合作，包括安全团队、运维团队、开发团队和其他相关部门的团队。每个团队都有自己的角色和责任，如安全团队负责漏洞评估和优先级设定，运维团队负责漏洞修复，开发团队负责开发和测试修复程序。团队之间的协作和沟通是有效进行漏洞管理的关键。

（2）清晰的责任分工。在团队中确立明确的责任分工，每个团队成员都应清楚了解其职责，确保漏洞管理流程的顺畅运行。

（3）持续培训和教育。团队成员需要不断更新他们的技能和知识，以适应不断演进的漏洞和威胁。持续培训和教育可以提高团队应对漏洞的能力。

2. 工具选择

（1）漏洞跟踪系统。漏洞跟踪系统可以帮助团队跟踪漏洞的状态、优先级和修复进度。常见的漏洞跟踪系统包括 JIRA、Bugzilla 等。在选择漏洞跟踪系统时，需要考虑团队的需求和工作流程。

（2）漏洞扫描工具。漏洞扫描工具可以帮助企业发现工控系统中的漏洞，可以定期扫描网络和应用程序，识别潜在漏洞。常见的漏洞扫描工具包括 Nessus、OpenVAS、Qualys 等。

（3）协作工具。协作工具（如 Slack、Microsoft Teams、Trello 等）可以有效实现团队之间的实时沟通和协作，这对及时解决漏洞问题至关重要。

（4）漏洞数据库。通过漏洞数据库可获取已知漏洞的信息，帮助团队了解新发现的漏洞并采取相应措施。常用的漏洞数据库包括 CNVD、NVD、ExploitDB 等。漏洞数据库的工作原理如图 6-11 所示。

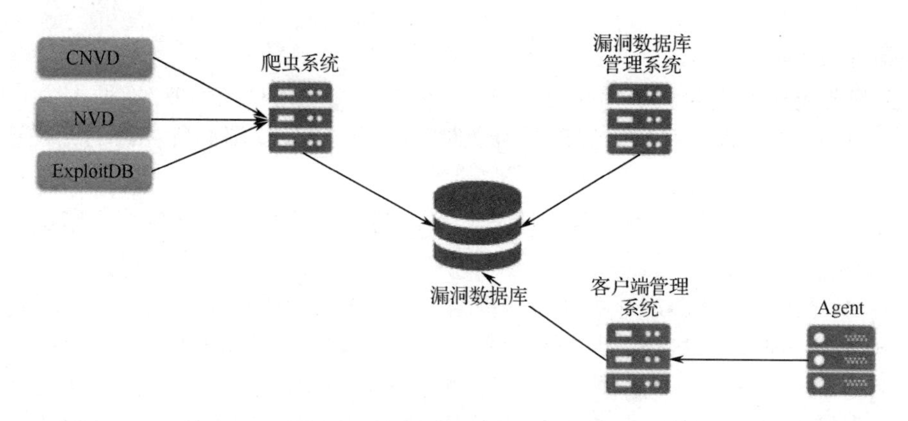

图 6-11 漏洞数据库的工作原理

（5）自动化工具。自动化工具可加速漏洞修复过程。例如，自动化部署工具可以自动应用修复程序，无须手动干预。

（6）漏洞管理平台。一些综合性的漏洞管理平台可以帮助企业整合漏洞管理流程的各个环节，提供全面的漏洞管理解决方案。

团队合作与工具选择是确保漏洞管理流程高效运行的关键因素，有助于企业更好地发现、评估、修复和监测漏洞，从而提高工控系统的安全性。

6.2.8 供应商与安全社区合作

供应商与安全社区合作可加强漏洞的发现和修复。

1. 与供应商的合作

（1）漏洞披露协议。企业应与供应商建立明确的漏洞披露协议，这些协议应规定漏洞报告的方式和时间，以确保供应商能够及时采取行动。

（2）漏洞披露政策。企业应拥有自己的漏洞披露政策，包括建立安全通道，使漏洞报告流程变得更加高效。

（3）供应商漏洞响应计划。企业和供应商之间的合作应该包括漏洞响应计划，这个计划应明确规定供应商在发现漏洞时的响应步骤，包括修复漏洞的时间表。

（4）漏洞验证和确认。企业应与供应商合作，确保报告的漏洞得到验证和确认，这可以通过共享漏洞详细信息和测试来实现。

2. 与安全社区的合作

（1）漏洞信息共享。企业应参与安全社区，以获得最新漏洞和威胁的信息。安全社区可以帮助企业更好地了解当前的漏洞和威胁。

（2）漏洞研究与协作。安全社区通常拥有众多的漏洞研究人员，企业可以与这些研究人员合作，他们可以帮助企业发现和报告漏洞，并加速漏洞修复。

（3）漏洞数据库和工具。安全社区通常会维护漏洞数据库和工具，用于追踪漏洞和评估漏洞的严重性。企业可以利用这些资源来提高漏洞管理的效率。

（4）合规性和标准。安全社区通常关注合规性和标准问题，企业可以从安全社区获取有关如何满足安全标准和法规的建议。

（5）应急响应协作。安全社区可以提供支持，帮助企业应对网络攻击和紧急情况。合作伙伴关系可以加速应急响应过程。

供应商与安全社区合作对增强漏洞管理流程的综合能力至关重要，有助于企业更好地发现和处理漏洞，减少潜在的威胁。有效的合作关系还可以加速漏洞修复，提高工控系统的整体安全性。

6.2.9　漏洞管理的最佳实践

漏洞管理是确保工控系统安全的关键环节，采用最佳实践有助于确保漏洞管理的高效性和有效性。

（1）综合性的漏洞管理政策。企业应该建立综合性的漏洞管理政策。该政策应该明确定义漏洞管理的流程、责任分配、漏洞报告和披露政策，以及漏洞修复的时间表。

（2）主动扫描和自动化工具。采用主动扫描工具和自动化工具（如自动化漏洞检测工具），可监测工控系统中的漏洞，这些工具可以加速漏洞的发现，同时减少人工操作的错误。

（3）漏洞评估和优先级设定。每个漏洞都不同，因此需要建立漏洞评估流程，以确定漏洞的严重性和潜在影响。这有助于优先处理最重要的漏洞。

（4）协同工作。漏洞管理不仅是安全团队的责任，企业应该建立跨部门团队，包括安全团队、维护团队、开发团队和供应商，以确保漏洞的全面处理。

（5）定期漏洞扫描和更新。漏洞扫描应该成为定期的例行工作，工控系统和应用程序的漏洞数据库也应该保持最新，以便及时监测最新漏洞。

（6）漏洞报告和披露。应建立明确的漏洞报告机制，鼓励员工和外部研究人员报告漏洞。同时，确保按照法规和合规性要求进行漏洞披露。

（7）持续监测和审计。漏洞管理不限于发现和修复漏洞，还包括持续监测和审计，以确保其有效性和适应性。

（8）教育和培训。企业应提供漏洞管理流程的培训，以确保员工了解如何报告漏洞，以及如何参与漏洞修复过程。

（9）遵循最佳实践和标准。企业应遵循安全最佳实践和标准，如 NIST、ISO 27001 等，以确保漏洞管理与国际安全标准保持一致。

上述的最佳实践有助于企业更好地管理漏洞，提高工控系统的整体安全性。这些最佳实践不仅是一种预防措施，还是一个持续改进的过程，以适应不断演进的威胁。

6.2.10　案例研究

成功实施漏洞管理是确保工控系统安全的关键。本节给出了一些成功实施漏洞管理的案例，通过这些案例，读者可了解不同企业应对漏洞管理挑战的具体策略和方法。

案例 1：某制药公司的漏洞管理

该制药公司致力于提高工控系统的安全性，为了实现这一目标，该制药公司采取了以下策略：

（1）全面的漏洞扫描。该制药公司定期对工控系统进行全面的漏洞扫描，包括网络设备、PLC 和 SCADA 系统，通过先进的漏洞扫描工具，可及时发现和识别潜在的漏洞。

（2）自动化的漏洞处理流程。一旦发现漏洞，该制药公司采用了自动化的漏洞处理流程，包括将漏洞分配给相应的团队、跟踪漏洞的状态、自动通知相关方，确保漏洞在合理的时间内得到修复。

（3）漏洞优先级的管理。该制药公司建立了漏洞优先级管理系统，根据漏洞的严重性和潜在影响，对漏洞进行分类和排序。这有助于确保优先处理紧急优先级的漏洞。

（4）定期审计和改进。该制药公司不仅定期进行漏洞管理流程的内部审计，以发现潜在的改进机会；还定期更新漏洞扫描工具和流程，以适应不断演进的威胁。

案例 2：某能源供应商的漏洞管理

该能源供应商成功实施了漏洞管理，包括以下要点：

（1）全面的漏洞报告机制。该能源供应商建立了全面的漏洞报告机制，可鼓励了漏洞的及时发现和报告。

（2）跨部门团队协作。该能源供应商建立了一个跨部门团队，包括安全团队、维护团队、开发团队。这支持了漏洞的全面处理，涵盖从发现到修复的过程。

（3）漏洞修复时间表。该能源供应商设定了漏洞修复的时间表，根据漏洞的严重性对漏洞进行优先级排序。这确保了紧急优先级的漏洞可优先得到修复。

（4）漏洞审计和报告。该能源供应商定期审计漏洞管理流程，以确保流程符合安全标准和最佳实践。同时，向管理层提供漏洞报告，以便管理层了解漏洞管理的整体状况。

上述的案例给出了不同企业成功实施漏洞管理的关键策略和方法。通过全面性的漏洞管理流程、自动化工具、跨部门团队协作以及定期审计，企业能够更好地应对漏洞管理的挑战，提高工控系统的安全性。这些案例为其他企业提供了宝贵的经验教训，可帮助他们改进自己的漏洞管理流程。

结语

漏洞管理是确保工控系统持续可靠运行的重要环节。本节主要介绍了漏洞管理主要流程和最佳实践，以帮助企业有效识别、评估和修复潜在的漏洞。

漏洞管理并非一项孤立的任务，而是一个全面性的流程，需要跨部门团队的协作和自动化工具的支持。通过建立明确的漏洞报告机制、制定漏洞修复时间表、采用漏洞跟踪和分析方法、建立漏洞优先级管理系统，企业可以更好地管理漏洞。此外，定期的内部审计和报告有助于确保漏洞管理的有效性，并使管理层能够了解安全状况。成功的漏洞管理不仅包括修复漏洞，还需要将漏洞管理纳入整个企业的安全文化中，包括对员工进行安全培训，建立安全政策和合规性要求，和供应商、安全社区合作。

6.3 应急响应与安全事件处理策略

引言

完全消除工控系统中的安全事件和威胁是不现实的，因此建立健全应急响应与安全事件处理策略至关重要。该策略不仅有助于迅速应对安全事件，还可降低潜在的风险。工控系统中的安全事件通常具有高度复杂性，包括网络攻击、恶意软件感染、设备故障等。这些安全事件可能对生产、设备、环境产生严重影响，因此工控系统的运营者需要制订详细的应急响应计划。

本节将介绍应急响应与安全事件处理策略，主要内容包括应急响应团队的建立、安全事件的识别与分类、应急响应计划的制订、系统功能的恢复与修复，以及安全事件事后评估与改进。

通过应急响应和安全事件处理策略，工控系统的运营者可以更好地应对安全事件，减轻安全事件可能带来的风险，确保工控系统的可靠性和连续性。

6.3.1　应急响应团队的建立

应急响应团队是确保工控系统安全和数据完整性的关键措施之一。应急响应团队负责应对各种安全事件，从小规模的故障到严重的网络攻击，以确保工控系统持续运行。本节将详细讨论应急响应团队的建立，包括其组成、角色和责任。

6.3.1.1　团队组建与人员配置

1. 明确团队目标和职责

（1）团队目标。明确团队的目标，包括安全事件的预防、发现和应对。

（2）团队职责。明确团队的职责，包括制订应急响应计划、组织应急演练、进行安全事件处置等。

2. 确定团队规模和人员构成

（1）团队规模。根据企业的规模、工控系统的复杂性，以及安全事件的风险程度，确定团队的规模，确保团队具备足够的资源和能力来应对安全事件。

（2）人员构成。团队应由具备不同专业背景和技能的人员组成，包括安全专家、系统管理员、网络工程师、数据分析师等。

3. 选拔具备相关专业背景和技能的人员

选拔具备相关专业背景和技能（如网络安全、系统管理、数据分析等）的人员，并对团队成员进行定期的培训和技能提升，确保他们具备应对各种安全事件的能力。

企业可以组建一支具备专业背景和技能的团队，明确团队目标和职责，确保团队具备足够的资源和能力来应对潜在的安全事件。同时，通过定期的培训和技能提升，可以确保团队能够有效地应对各种安全事件。

6.3.1.2　培训与技能提升

1. 制订应急响应培训计划

根据团队成员的专业背景和技能需求，制订详细的应急响应培训计划。应急响应培训计划应包括定期的技能培训、应急演练、案例分析等内容，以确保团队成员具备应对各种安全事件的能力。

2. 开展定期的技能培训和演练

定期组织技能培训，包括网络安全、系统管理、数据分析等方面的知识，提高团队成员的专业技能。定期开展应急演练，模拟安全事件的发生，提高团队成员的应急处置能力。通过技能培训和应急演练，确保团队成员能够熟练掌握应急响应的流程和方法。

3. 鼓励团队成员参加专业认证和考试

鼓励团队成员参加相关的专业认证和考试，如网络安全认证、系统管理认证等。通过专业认证和考试，可以提高团队成员的专业水平和竞争力，同时也可以提高企业的整体安全水平。

6.3.1.3 协作与沟通机制

1. 建立有效的团队协作机制

明确团队成员的角色和职责，确保每个成员都能够充分发挥自己的专业优势。建立定期的团队会议制度，及时交流工作进展、分享经验和解决问题。鼓励团队成员之间的协作和互助，共同应对安全事件。

2. 制定明确的沟通流程和规范

制定详细的沟通流程，包括信息传递、决策制定、行动协调等环节。规范沟通方式，如使用统一的沟通工具、设定固定的沟通时间等。确保沟通信息的准确性和及时性，避免信息传递过程中的失真和延误。

3. 利用信息化手段提高团队协作效率

利用信息化手段建立团队协作平台，如项目管理软件、在线协作工具等。通过信息化手段实现信息的实时共享和交流，提高团队成员的协作效率。利用信息化手段进行远程协作，打破地域限制，提高团队的响应速度。

6.3.1.4 团队管理与持续改进

1. 制定团队管理制度和流程

制定明确的团队管理制度，包括团队成员的职责、工作流程、沟通机制、培训计划等，确保团队成员能够明确自己的职责和工作目标。制定详细的团队工作流程，包括应急响应的流程、安全事件处理的流程、信息报告的流程等，确保团队成员在应对安全事件时能够快速、有序地开展工作。

2. 定期进行评估和审计

定期对团队的工作成果进行评估，包括应急响应的效率、准确性等方面，以了解团队的工作状况和存在的问题。对团队的工作流程进行审计，查找存在的问题和不足，提出改进建议，以不断完善团队的管理制度和流程。

3. 针对评估结果进行持续改进和优化

根据评估结果，针对存在的问题和不足，制定相应的改进措施，改进团队的工作效率和准确性。持续优化团队的工作流程和管理制度，提高团队的应急响应能力和工作效率，以满足不断变化的安全需求。鼓励团队成员提出改进意见和建议，激发团队的创新精神，以推动团队的持续发展和进步。

6.3.2 安全事件的识别与分类

6.3.2.1 安全事件识别

企业可以实时监测工控系统的运行状态和网络流量，定期进行安全审查和风险评估，并建立信息收集和共享机制，从而及时发现并分类处理安全事件，有效应对各种潜在的威胁。

1. 实时监测与异常检测

通过实时监测系统，对工控系统的运行状态、网络流量、安全事件等进行实时监测，可及时发现异常情况。采用异常检测技术，通过对工控系统正常运行模式进行统计分析，构建异常行为模型，可识别潜在的威胁。

2. 定期安全审查和风险评估

定期进行安全审查，对工控系统信息安全配置、漏洞状况、日志文件等进行检查，发现潜在的安全隐患。进行风险评估，分析工控系统面临的安全风险，评估潜在损失，为制定应急响应策略提供依据。

3. 信息收集和共享

建立安全事件信息收集机制，通过部署传感器、监测系统等手段，对工控系统中发生的安全事件进行采集和初步处理。建立信息共享机制，与行业协会、政府机构等开展信息共享合作，获取更多关于工控系统信息安全事件的情报和预警信息。

6.3.2.2　安全事件分类

1. 根据安全事件性质、类型、严重程度等分类标准进行分类

企业既可以根据安全事件的性质（如人为攻击、系统故障、自然灾害等）对安全事件进行分类，也可以根据安全事件的类型（如网络攻击、数据泄露、系统崩溃等）对安全事件进行分类，还可以根据安全事件的严重程度（如低级、中级、高级等）对安全事件进行分类。

对应不同的安全事件，工控系统可以采取不同的防护策略，如预知维护、日常维护、智能监测、资产管控、边界防护、主机防护、网络防护和管理防护。工控系统安全事件的分类及防护策略如图 6-12 所示。

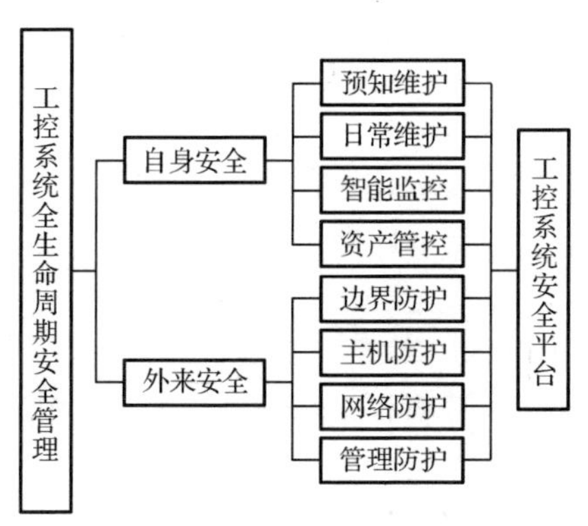

图 6-12　工控系统安全事件的分类及防护策略

2. 对安全事件进行风险评估和优先级排序

对每起安全事件进行风险评估，包括潜在的损失、影响范围、恢复时间等因素，根据风险评估结果，对安全事件进行优先级排序，确定应急响应事件的先后顺序。

3. 对分类后的安全事件进行统计和分析

对分类后的安全事件进行统计，包括安全事件的数量、类型、发生频率等。对统计结果进行分析，找出安全事件的规律和趋势，为预防和应对安全事件提供依据。企业可以对工控系统中的安全事件进行准确的分类和评估，为制定应急响应策略提供重要依据。同时，通过对分类后的安全事件进行统计和分析，可以更好地了解安全事件的规律和趋势，为企业提供更加全面、有效的安全保障。

6.3.2.3 安全事件报告

企业应建立完善的安全事件报告流程和制度，鼓励员工和用户报告安全事件，并对报告的安全事件进行核实和处理。这样可以及时发现并应对安全事件，降低风险和损失，确保工控系统的稳定运行；也有助于提高企业的安全管理水平和应急响应能力。

1. 建立安全事件报告流程和制度

制定详细的安全事件报告流程，包括报告的接收、处理、反馈等环节。建立完善的安全事件报告制度，明确报告的责任人、报告内容、报告方式等。

2. 鼓励员工、用户等报告安全事件

通过培训、宣传等方式，提高员工和用户对安全事件的敏感度和认识，鼓励员工和用户及时报告发现安全事件，提供有效的信息。

3. 对报告的安全事件进行核实

对接收到的安全事件报告进行核实，确保信息的准确性和完整性。对核实后的安全事件进行分类和处理，根据安全事件的性质和严重程度采取相应的措施。

6.3.2.4 安全事件归档和学习

在工控系统中，快速而准确地识别和分类安全事件至关重要，不仅可以使企业及时采取适当的措施来保护工控系统和数据的安全性，还有助于降低潜在威胁带来的风险，维护工控系统的稳定性和可用性。企业可以对处理过的安全事件进行归档和记录，为后续的查询和分析提供便利。同时，通过对安全事件的深入学习和总结，不仅可以提高员工对安全事件的防范和应对能力，还可以及时发现并应对潜在的威胁。

1. 对处理过的安全事件进行归档和记录

对已处理的安全事件进行详细记录，包括安全事件发生的时间、地点、原因，以及安全事件的处理过程和结果等。建立安全事件档案，对归档的安全事件进行分类和整理，方便后续的查询和分析。

2. 对安全事件进行学习和总结，提高防范和应对能力

对处理过的安全事件进行深入分析，总结经验教训，找出问题的根源和解决方案。将学习成果应用于实际工作中，提高员工对安全事件的防范和应对能力。

3. 对安全事件进行风险预测和预警

通过分析已处理的安全事件，识别出可能的风险点和趋势，进行风险预测。根据风险预测结果，建立预警机制，及时发现并应对潜在的威胁。

6.3.3 应急响应计划的制订

6.3.3.1 计划制订准备

企业应明确应急响应计划的目标和范围，为后续应急响应技术的制订和实施提供指导。同时，成立专门的应急响应计划制订小组，可以确保计划的制订和实施得到充分的支持和协调。此外，通过对潜在的风险和威胁进行收集和分析，可以为制订有针对性的应急响应计划提供重要依据。

1. 确定应急响应计划的目标和范围

明确应急响应计划的目标，如确保工控系统的稳定运行、减少安全事件造成的损失等；

确定应急响应计划的范围，包括需要覆盖的工控系统、人员、设备等。

2. 成立应急响应计划制订小组

组建由安全专家、技术专家、系统管理员等组成的应急响应计划制订小组，明确小组的职责和任务，如制订应急响应计划、组织培训等。

3. 收集和分析潜在的安全风险和威胁

通过各种渠道收集与工控系统相关的安全风险和威胁信息，如行业报告、漏洞公告等。对收集到的信息进行分析，识别出工控系统的风险和威胁。根据分析结果，确定需要重点关注的风险和威胁，为制订应急响应计划提供依据。

6.3.3.2 计划内容设计

企业应制订详细、可行的应急响应计划，为应对各种安全事件提供明确的指导。同时，针对不同严重程度和类型的安全事件，制定相应的应对策略和处置方案，提高应急响应的针对性和效率。

1. 确定应急响应流程和步骤

明确应急响应的流程，包括接报、核实、评估、处置、恢复等环节；制定详细的应急响应步骤，包括启动应急响应、通知相关人员、进行现场处置等。

2. 制定不同严重程度安全事件的应对策略

根据安全事件的严重程度，制定相应的应对策略。对不同级别的安全事件，采取不同的应对措施，如轻度安全事件可采取现场处置，严重安全事件需启动应急响应计划等。

3. 设计针对不同安全事件的处置方案

根据可能发生的安全事件类型（如网络攻击、数据泄露、系统崩溃等），设计相应的处置方案。针对不同类型的安全事件，明确处置流程、责任人、所需资源等，确保处置工作的顺利进行。

6.3.3.3 应急响应计划的实施与培训

应急响应计划是工控系统安全的关键组成部分，该计划可在发生安全事件时提供指导，确保企业可以快速、有效地应对安全事件并最小化损失。通过对关键岗位人员进行培训，可以提高他们在应对安全事件时的应对能力和处置效率。应急响应计划应该是一个动态文件，随着技术和风险的演进而进行更新和改进。对应急响应计划进行定期更新和修订，可以确保其始终与实际需求保持一致，为工控系统信息安全提供有力保障。

1. 对应急响应计划进行测试和验证

在实际环境中对应急响应计划进行测试，确保其在实际应用中的可行性和有效性。通过模拟演练等方式，可验证应急响应计划的流程和步骤是否合理、有效。

2. 对关键人员进行培训

对关键岗位的人员进行应急响应计划的培训，确保他们熟悉并掌握应急响应的流程和处置方案。通过模拟演练等方式，提高关键岗位的人员在应对安全事件时的反应速度和处置能力。

3. 对应急响应计划进行定期更新和修订

定期对应急响应计划进行评估和审查，根据实际情况对其进行必要的更新和修订。针对新的威胁和风险，及时调整应急响应计划的内容，确保其始终与实际需求保持一致。

6.3.4 系统功能的恢复与修复

在工控系统中，当发生安全事件或紧急情况时，快速恢复与修复受影响的系统功能至关重要。恢复与修复系统功能需要精心策划和协调，以确保最小化停机时间、降低潜在损失。系统功能的恢复与修复过程如下：

（1）问题识别。确定工控系统中出现的问题或故障，包括性能下降、功能失效、数据丢失等问题。问题识别可以通过监测工具、用户反馈或者系统日志等来完成。

（2）问题分析。在识别问题后，需要对问题进行分析，以确定其根本原因。这可能涉及查看系统日志、跟踪程序执行、检查系统配置等。问题分析有助于找到解决问题的最佳方法。

（3）修复策略的制定。在了解问题的根本原因后，需要制定一个修复策略。这可能包括打补丁、更新软件版本、调整系统配置等。修复策略应该考虑问题的影响范围、修复的时间和成本等因素。

（4）修复实施。将修复策略应用到系统时，需要停止系统服务、更新代码或配置、重启系统等。在修复实施的过程中，应尽量减少对用户的影响。

（5）修复验证。在实施修复后，需要验证系统功能是否已经恢复。这可能涉及执行测试用例、检查系统性能、收集用户反馈等。修复验证可以确保问题已经得到解决，同时也可以发现潜在的新问题。

（6）问题跟踪。在修复验证后，需要跟踪问题以确保其不会再次出现。这可能涉及监测系统性能、定期检查系统日志、更新系统知识库等。问题跟踪有助于预防发生类似的问题。

6.3.5 安全事件事后评估与改进

安全事件事后评估与改进是工控系统信息安全中至关重要的一环。一旦发生安全事件，不仅需要及时应对安全事件，还需要进行深入的安全事件事后评估，以识别并纠正潜在的漏洞和弱点，提高应急响应效率。本节将详细介绍安全事件事后评估与改进的关键方面。

6.3.5.1 安全事件事后评估的目标

安全事件事后评估的目标是多方面的，首先需要确定安全事件的影响程度，包括对工控系统和相关资源的损害；其次需要分析安全事件的起因和传播路径，以确定攻击者的入侵方法和可能的漏洞；此外，还应当评估应急响应过程的有效性，检查是否存在响应不足或不适当的情况；最后，还应该包括一项根本性的任务，即为未来的防御提供经验教训，以改进安全策略、政策和流程。

6.3.5.2 安全事件事后评估的过程

安全事件事后评估需要有组织、系统性地进行，以确保全面性和准确性。主要的评估过程如下：

（1）收集信息和数据。收集安全事件的所有可用信息和数据，包括安全事件发生的时间、攻击路径、受影响的系统和数据，以及响应的详细记录。

（2）分析安全事件的影响。对安全事件的影响进行详细分析，涉及工控系统损坏、数据泄露、生产中断、可用性问题等方面。

（3）识别攻击路径。评估团队需要深入研究攻击的路径，了解攻击者是如何进入系统、扩散并最终达到其目标的，这有助于找到工控系统的漏洞。

（4）检查应急响应流程。回顾和审查应急响应过程，评估其迅速性、有效性和协调性，发现不足之处需要进行改进。

（5）制订改进计划。基于安全事件事后评估的结果制订改进计划，包括修复受影响工控系统的行动计划、加强安全策略和措施，以及改进培训。

（6）定期审查与更新改进计划。定期审查和更新改进计划，确保工控系统安全策略与最新威胁、技术趋势保持一致。

6.3.5.3　案例研究：安全事件事后评估的成功实施

本节通过一个实际案例来帮助读者更好地理解安全事件事后评估的实际操作。某制造公司发生了一次网络入侵事件，导致生产线中断和敏感数据泄露。该公司立即组建了一个应急响应团队负责应对安全事件，并进行了安全事件事后评估，主要步骤如下：

（1）信息收集。应急响应团队收集了网络入侵事件的所有相关信息，包括攻击时间、攻击路径等。

（2）影响分析。应急响应团队分析了网络入侵事件的影响，确定了生产中断、数据泄露等方面的实际损害。

（3）攻击路径分析。应急响应团队深入研究了攻击路径，发现了漏洞并提出了改进建议。

（4）应急响应流程审查。应急响应团队回顾了应急响应流程，发现了响应的不足之处。

（5）制订改进计划。应急响应团队制订了漏洞修复计划、改进了安全策略，并提供了员工培训。

（6）实施改进计划。该公司迅速采取行动，修复了漏洞，改进了网络安全，同时加强了员工的安全意识培训。

（7）定期审查与更新。该公司建立了定期审查机制，以确保改进计划的有效性，同时更新了安全策略，以适应新的威胁。

结语

本节主要介绍应急响应与安全事件处理策略，主要内容包括应急响应团队的建立、安全事件的识别与分类、应急响应计划的制订、系统功能的恢复与修复、安全事件事后评估与改进等。

有效的应急响应策略不仅可以帮助企业更快地发现和应对潜在的威胁，降低安全事件的风险；还可以提高企业对工控系统网络架构和业务流程的认识，有助于改进和加强安全策略。工控系统信息安全是一个不断演进的过程，因此定期审查、更新应急响应和安全事件处理策略是至关重要的，可以使工控系统保持高度的韧性和可靠性。

本章小结

工控系统的漏洞管理与应急响应是确保工控系统稳定运行和安全性的关键组成部分，可帮助企业建立更加安全和可靠的工控系统。

首先，本章介绍了工控系统漏洞扫描与评估，主要内容包括漏洞扫描工具和技术、漏洞评估方法、主动扫描与被动扫描、漏洞数据库、工控系统漏洞分类、漏洞风险评估方法。

接着，本章介绍了漏洞管理流程与最佳实践，主要内容包括漏洞管理的重要性、漏洞管理流程概述、漏洞的发现与报告、漏洞的跟踪与分析、漏洞的修复与验证、漏洞优先级的设定与管理、团队合作与工具选择、供应商与社区的合作、漏洞管理的最佳实践。

最后，本章介绍了应急响应与安全事件处理策略，主要内容包括应急响应团队的建立、安全事件的识别与分类、应急响应计划的制订、系统功能的恢复与修复、安全事件事后评估与改进。

第 7 章
工控系统的数据安全与隐私保护

随着工控系统与互联网的深度融合，数据安全问题日益凸显，如何在保障工控系统高效运行的同时，确保数据安全与用户隐私，成为工业发展亟待解决的重大问题。本章将围绕工控系统的数据安全与隐私保护展开讨论。

首先，本章介绍工业数据采集与处理，这是保障数据安全的第一步。有效的数据采集和处理不仅有助于提升生产效率与制造效率，还能为后续的数据分析和应用提供坚实基础。

接着，本章介绍数据加密与隐私保护技术。在工控系统中，数据加密是防止数据泄露和非法访问的关键手段，隐私保护技术能确保用户信息不被滥用。

最后，本章介绍数据安全与隐私保护的智能应用。将人工智能、大数据等新兴技术应用于工控系统，可以实现更加智能、高效的数据安全和隐私保护。这些新兴技术不仅可提升工控系统的安全性，还能为企业带来更大的经济效益。

通过本章的学习，读者将深入了解工控系统数据安全与隐私保护的重要性，掌握相关技术和应用方法，为工控系统信息安全稳定运行提供有力保障。

7.1 工业数据采集与处理

引言

工业数据采集与处理已成为推动智能化转型的关键。本节首先介绍如何高效、准确地捕获工业环境中的各类数据；接着阐述对原始数据进行清洗、整合及质量把控的重要性；最后探讨在数据价值日益凸显的当下，如何确保数据安全、防止隐私泄露，为工业智能化提供坚实保障。

7.1.1 数据采集技术与实施

7.1.1.1 传感器技术与应用

1. 传感器类型与选择

传感器在工控系统中扮演着感知和监测环境参数的重要角色。根据不同的应用场景和需求，传感器可分为多种类型，如温度传感器、压强传感器、位移传感器等。在选择传感器时，需考虑其精度、稳定性、响应速度和抗干扰能力等因素，以确保采集到的数据准确可靠。

2. 传感器网络与部署策略

在工控系统中，传感器网络是由多个传感器节点组成的分布式网络。为了实现高效的数据采集和传输，需要制定合理的部署策略，包括确定传感器的位置、数量以及传感器网络的连接方式等。同时，还需要考虑传感器网络的拓扑结构、通信协议及数据传输的安全性等因素，以确保传感器网络能够稳定、可靠地运行。

3. 数据接口标准

数据接口是工控系统中数据传输和处理的关键环节。为了实现不同传感器之间的数据互通和共享，需要制定统一的数据接口标准，包括数据格式、通信协议以及数据传输速率等方面的规定。工控系统的数据接口标准如图 7-1 所示。

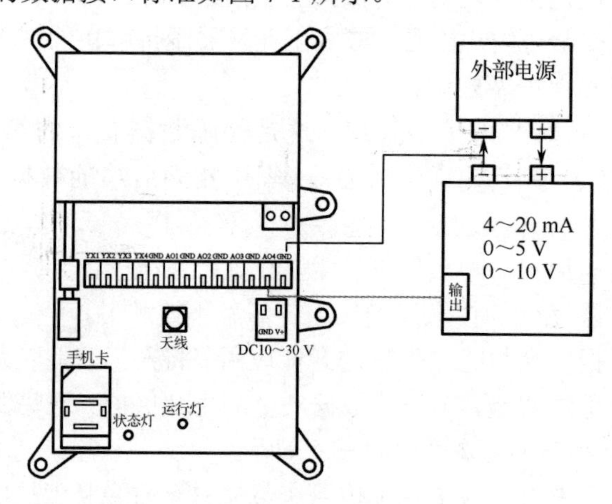

图 7-1 工控系统的数据接口标准

通过遵循统一的数据接口标准，可以确保传感器数据的准确性和一致性，提高数据处理的效率和可靠性。同时，也有利于实现工控系统与上层管理系统之间的数据交互。

7.1.1.2 数据采集方法与策略

1. 实时数据采集技术

实时数据采集技术强调数据的实时性和连续性，在工控系统中占据着重要地位。该技术依赖于高性能的传感器、精确的数据采集设备，以及快速的数据传输和处理机制。通过实时数据采集技术，企业能够实时掌握生产过程中的关键参数变化，为生产决策提供实时数据支持，同时也有助于及时发现潜在的安全风险和隐患。

2. 批量数据采集与存储技术

批量数据采集与存储技术侧重于在特定时间段内集中采集和保存大量数据，适用于需要长期监测、周期性分析或历史数据回溯等场景。批量采集与存储系统的架构如图 7-2 所示。为实现批量数据采集与存储，需要设计合理的数据采集计划，确定采集的时间窗口、频率和数据量等关键参数。同时，还需要建立稳定可靠的数据存储系统，确保数据的完整性、安全性和可访问性。

3. 同步数据采集与异步数据采集

同步数据采集与异步数据采集主要关注数据采集过程中各个采集点之间的时间协调性和数据处理方式。同步数据采集要求所有的采集点在严格的时间同步下进行数据采集，确保数据的实时性和一致性。异步数据采集则允许各个采集点在不同的时间点进行数据采集，更加灵活，适用于不同的应用场景。在选择数据采集方法时，需要考虑实际需求和工控系统特点，以实现最佳的数据采集效果。

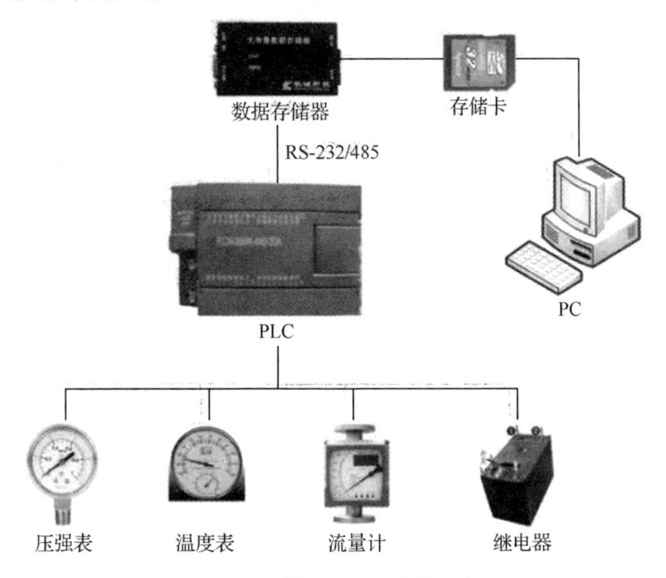

图 7-2　批量采集与存储系统的架构

7.1.1.3　数据采集系统的实施与维护

1. 数据采集系统的设计与搭建

数据采集系统的设计与搭建是确保工控系统功能和性能的基础。在设计阶段，需要充分考虑工控系统的需求、目标、规模，以及所需采集的数据类型和特点等因素。在搭建阶段，需要选择合适的硬件设备、传感器、数据采集卡等，并配置相应的软件系统和网络环境；同时，还需要关注工控系统的可扩展性、可维护性和安全性等方面，以确保工控系统能够满足当前和未来一段时间内的需求。

2. 数据采集系统的性能优化

性能优化是数据采集系统实施与维护的关键环节。通过对硬件和软件进行优化配置，可提高数据采集系统的速度、处理能力和效率等。具体来说，可以采取多种措施，如优化传感器的部署和配置、提高数据采集卡的采样频率和分辨率、优化软件算法和数据存储结构等。这些措施可以显著提高数据采集系统的性能，为工控系统的稳定运行提供有力支持。

3. 数据采集系统的故障排查与恢复

故障排查与恢复是数据采集系统实施与维护中不可或缺的一部分。由于工业环境的复杂性和不确定性，数据采集系统可能会出现各种故障和异常情况，因此需要建立完善的故障排查和恢复机制，及时发现并解决系统故障。具体来说，可以采取多种措施，如定期检查和维护硬件设备、建立故障诊断和预警系统、制定应急预案和恢复策略等。这些措施可以确保数据采集系统的可靠性和稳定性，为工控系统的稳定运行提供有力保障。

7.1.2 数据预处理与质量管理

7.1.2.1 数据清洗与去噪

1. 缺失数据的处理与填充

在工业数据采集过程中，由于各种原因（如传感器故障、通信中断等），可能会出现数据缺失的情况。对于缺失数据，需要采取合适的处理策略，以避免对数据分析造成不良影响。常用的缺失数据处理方法包括删除缺失数据、使用均值或中位数等统计量进行填充、利用插值算法进行估算填充等。选择合适的缺失数据处理方法需要考虑具体情况和数据分析需求等因素。

2. 异常数据的检测与修正

异常数据是指在工业数据采集过程中出现的明显偏离正常范围值的数据。这些异常数据可能是由于传感器故障、操作失误或外部干扰等原因造成的。为了确保数据的准确性和可靠性，需要对异常数据进行检测和修正。常用的异常数据检测方法包括基于统计的方法（如 3σ 原则）、基于机器学习的方法（如异常检测算法）等。一旦检测到异常数据，就需要根据实际情况进行修正或剔除。

3. 数据去重与去冗余处理

在工业数据采集过程中，可能会出现数据重复或冗余的情况。这些数据问题不仅会增加存储和处理成本，还可能对数据分析造成干扰，因此需要对数据进行去重和去冗余处理。去重是指删除重复的数据，确保每条数据都是唯一的。去冗余处理是指对高度相似的数据进行合并或简化，以减少数据的冗余度。通过数据去重和去冗余处理，可以提高数据的简洁性和清晰度，为数据分析和决策提供更好的支持。

7.1.2.2 数据类型的转换与数据的格式化

1. 数据类型的转换与数据的标准化

在工控系统中，原始数据可能以不同的类型存在，如整数、浮点数、字符串等。为了进行统一的数据分析和处理，需要对这些数据类型进行转换和标准化。数据类型的转换是指将不同类型的数据转换为统一的类型，如将字符串类型的日期转换为日期类型的日期。数据标准化是指将数据的取值范围映射到一个统一的尺度上，如将数据按照一定比例缩放至[0，1]或[-1，1]的范围内。通过数据类型的转换与数据的标准化，可以消除数据类型差异带来的问题，提高数据分析的准确性和效率。

2. 数据缩放与归一化处理

数据缩放与归一化是数据预处理中的常用技术，用于调整数据的尺度，使其更适合于机器学习算法和数据分析。数据缩放是指将数据按照一定比例进行缩小或放大，以改变数据的绝对值大小，但不改变数据之间的相对关系。常用的数据缩放方法包括最小-最大缩放、标准化缩放等。数据归一化是指将数据转换为无量纲的相对数值，以消除数据量纲对数据分析的影响。通过数据缩放与归一化处理，可以使不同特征之间的权重更加均衡，提高机器学习算法的性能和稳定性。

3. 时间序列数据的处理与对齐

在工控系统中，时间序列数据是一种常见的数据类型，用于记录随时间变化的数据。对于时间序列数据，需要进行特殊的处理和对齐操作。

时间序列数据的处理包括数据插值、数据平滑、异常值检测等，以消除数据中的噪声和缺失值。数据对齐是指将不同时间序列数据的时间轴对齐，以便进行时间序列数据的分析和比较。通过时间序列数据的处理与对齐，可以提取出时间序列数据中的有用信息，为数据分析和数据预测提供基础。

7.1.2.3　数据质量评估与监测

1. 数据质量评估指标与方法

为了对数据质量进行准确评估，需要制定一套科学、全面的评估指标和方法。评估指标涉及数据准确性、完整性、一致性、实时性等方面。数据评估可以采用定量和定性相结合的方式，通过对数据进行统计分析、对比验证、专家评审等手段，得出数据质量的综合评估结果。同时，还需要根据评估结果制定相应的数据质量改进和提升策略。

2. 实时数据质量监测与报警

在工控系统中，数据的质量问题可能会随时出现，因此需要进行实时的数据质量监测。通过建立完善的数据质量监测体系，可以及时发现数据异常、数据丢失、数据延迟等问题，并触发相应的报警。报警可以采用声音、短信、邮件等多种方式，确保相关人员能在第一时间获取数据质量问题的信息，并采取相应的处理措施。实时数据质量监测与报警可以有效提高数据问题的发现和处理效率，保障工控系统的稳定运行。

3. 数据质量问题的追溯与定位

当发现数据质量问题时，需要迅速进行问题的追溯和定位，找出问题的根源和影响因素。通过分析数据采集、传输、处理等环节的日志和记录，可以追踪数据的来源和流向，确定问题发生的具体位置和原因。同时，还需要利用专业的数据分析工具和技术，对数据进行深入的挖掘和分析，找出数据质量问题的潜在规律和趋势。通过数据质量问题的追溯与定位，可以为问题的解决提供有力的依据和支持，避免发生类似的问题。

结语

工业数据采集技术与实施是智能化工业体系中的基石，可确保数据准确无误。数据预处理与质量管理可进一步保障数据的可用性和可靠性，为决策提供了有力支撑。在数据安全日益受到重视的背景下，数据安全防护与隐私策略的制定与执行同样不容忽视。本节内容可为后续的数据分析与应用奠定基础。

7.2 数据加密与隐私保护技术

引言

随着信息技术的飞速发展，数据安全和隐私保护已成为当下的焦点话题。本节主要介绍数据加密算法和隐私保密技术的原理与应用。通过本节的学习，读者将更全面地理解数据加密与隐私保护的重要性。

7.2.1 数据加密算法的原理与应用

7.2.1.1 对称加密算法

对称加密算法是基于一个密钥（通常称为对称密钥）进行加/解密操作的，即在加密时使用一个密钥生成密文，在解密时使用相同的密钥对密文进行解密操作，还原出原始的明文信息。对称加密算法的安全性主要依赖于密钥的保密性和算法本身的强度。

高级加密标准（Advanced Encryption Standard，AES）算法是一种应用广泛的对称加密算法，被公认为目前最安全的加密算法之一。AES 算法的原理如图 7-3 所示。AES 算法可提供多种密钥长度，包括 128 bit、192 bit 和 256 bit，以满足不同安全级别的需求。

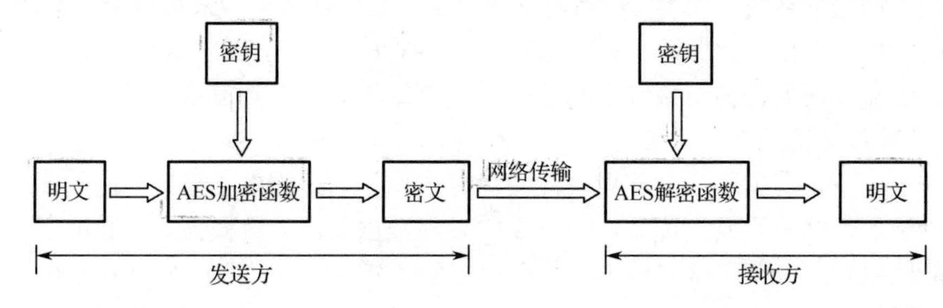

图 7-3 AES 算法的原理

对称加密算法的性能评估涉及加密速度、解密速度、内存占用和安全性等方面。在实际应用中，需要根据具体场景和需求选择合适的对称加密算法和密钥长度，并进行必要的性能优化。

7.2.1.2 非对称加密算法

1. 非对称加密算法的原理与特点

非对称加密算法是基于一对密钥（如公钥和密钥）进行加/解密操作的。公钥用于加密数据，可以公开；密钥用于解密数据，必须严格保密。这两个密钥在数学上是相关的，但从一个密钥推导出另一个密钥在计算上是不可行的。这种密钥对的使用方式确保了只有知道密钥的人才能解密用相应公钥加密的数据。

非对称加密算法的主要特点包括：

（1）安全性高：非对称加密算法的安全性建立在复杂的数学问题上，如大数分解、离散对数等，这些问题在当前计算能力下难以解决，从而保证了算法的安全性。

（2）密钥管理简便：由于公钥可以公开，只需要保密存储密钥，因此非对称加密算法简化了密钥管理和分发的过程。

（3）功能多样：非对称加密算法除了可用于数据加密，还可以用于数字签名、身份认证等场景。

2. RSA 算法的应用场景

RSA 算法是一种应用广泛的非对称加密算法，以其发明者 Ron Rivest、Adi Shamir 和 Leonard Adleman 的名字首字母命名。RSA 算法基于大数分解的困难性，具有较高的安全性。

在工控系统中，RSA 算法常用于以下场景：

（1）数据加密：RSA 算法可以用加密工控系统中的敏感数据，如配置文件、用户凭证等。通过公钥加密和密钥解密的过程，可确保数据在传输和存储过程中的机密性。

（2）数字签名：RSA 算法还可以用于数字签名，以验证数据的完整性和来源。发送方使用密钥对数据进行签名，接收方使用公钥验证签名的有效性。这种机制可以防止数据在传输过程中被篡改或伪造。

（3）身份认证：RSA 算法也可以用于身份认证场景。例如，在工控系统中，可以使用 RSA 算法进行身份认证，确保只有授权用户才能访问系统资源。这种机制可提高工控系统的安全性和可信度。

7.2.2　隐私保护技术原理与实践

7.2.2.1　匿名化与伪名化技术

1. 匿名化技术的原理与实现方法

匿名化技术可通过一定的处理，将数据中的个人标识符信息被删除或替换，使数据无法关联到具体的个人或实体，从而达到保护个人隐私的目的。匿名化技术的原理是通过去除数据中的直接标识符（如姓名、身份证号等）和间接标识符（如年龄、性别、职业等），使处理后的数据在保持可用性的同时，降低了数据与个人身份的关联性。

实现匿名化的方法主要包括数据抑制、泛化、扰乱等。数据抑制是指直接删除数据中的标识符信息；泛化是指将数据中的标识符信息替换为更一般、更模糊的形式，如将具体的年龄替换为年龄段；扰乱是指对数据中的标识符信息进行随机化或置换处理，使其失去原有的含义和关联性。这些方法可以根据具体的应用场景和需求进行选择或组合使用。

2. 伪名化技术在隐私保护中的应用

伪名化技术是一种介于匿名化和非匿名化之间的隐私保护技术。与匿名化技术不同，伪名化技术并不完全删除数据中的标识符信息，而是用虚构的标识符（即伪名）替换真实的标识符，同时保留数据与个人身份之间的关联性。这种处理方式的好处是可以在保护个人隐私的同时，保留更多的数据细节和可用性。

在工控系统中，伪名化技术常用于隐私保护和数据共享的场景。例如，在需要共享工业数据时，可以使用伪名化技术对数据进行处理，将真实的标识符替换为伪名，然后将处理后的数据共享给第三方。这样既可以满足数据共享的需求，又可以保护个人隐私不被泄露。由于伪名化技术保留了数据与个人身份之间的关联性，因此在必要时还可以通过特定的方法将伪名还原为真实的标识符，以便进行数据分析和处理。这种灵活性和可控性使伪名化技术在信息安全领域具有广泛的应用前景。

7.2.2.2　差分隐私技术

1. 差分隐私的基本概念与原理

差分隐私（Differential Privacy）技术是一种隐私保护手段，其核心思想是通过在查询结果中添加适量的随机噪声，使删除数据中的任何一条记录都不会对查询结果产生显著影响，从而保护个人隐私不能从查询结果中推断出来。差分隐私技术具有严格的数学定义和量化评估标准，可在处理敏感数据时提供强大的隐私保护。差分隐私技术的原理如图 7-4 所示。

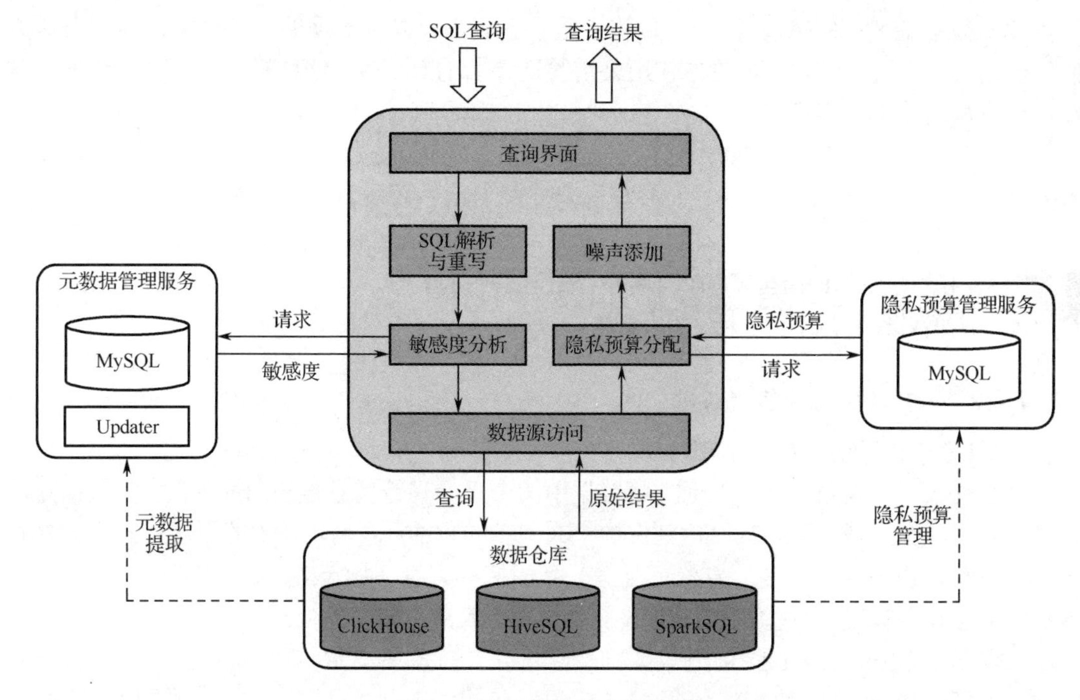

图 7-4　差分隐私技术的原理

差分隐私技术通过引入随机噪声来混淆数据，使攻击者无法根据查询结果来推断出某个个体的信息。具体来说，差分隐私技术要求在两个几乎相同（只差一条记录）的数据上执行相同的查询或计算任务时，得到的输出结果在统计上是不可区分的。为了实现这一点，差分隐私技术通常会在查询结果中添加一定量的随机噪声，以掩盖因单条记录变化而引起的差异。

2. *差分隐私技术在数据处理中的应用*

差分隐私技术在数据处理中具有广泛的应用场景。在工控系统中，差分隐私技术可以在保护用户数据隐私的同时，实现数据的共享和分析。例如，在能源、制造等行业中，企业需要收集和分析大量用户数据来优化生产流程和提高效率。然而，这些数据往往包含用户的敏感信息，直接共享和分析可能会导致隐私泄露。通过应用差分隐私技术，企业可以在保护隐私信息的前提下，对数据进行处理和分析。

具体来说，差分隐私技术可以用于以下方面：

（1）数据发布。在发布数据时，使用差分隐私技术对原始数据进行脱敏处理，可确保发布的数据不会泄露个人隐私。

（2）数据分析。在进行数据挖掘、机器学习等数据分析任务时，利用差分隐私技术对算法进行改进或优化，可在保护个人隐私的同时提取有价值的信息。

（3）隐私保护计算。差分隐私技术还可以与其他隐私保护技术（如安全多方计算、联邦学习等）相结合，实现更复杂、更安全的隐私保护计算任务。例如，在多个参与方之间共享和分析数据时，可利用差分隐私技术确保各方只能获取经过脱敏处理的数据或计算结果，而无法获取到其他参与方的原始数据或敏感信息。

结语

数据加密算法是保障数据安全的核心，为数据提供了坚实的保护。隐私保护技术可进一步保护个人信息的私密性。数据加密与隐私保护技术已成为工控系统信息安全中不可或缺的一部分。

7.3 数据安全与隐私保护的智能应用

引言

随着智能化技术的迅猛发展，数据安全与隐私保护迎来了全新的挑战与机遇。通过智能监测与实时防护技术，可为数据筑起一道坚实的保护屏障；基于人工智能的数据泄露检测与预防手段，可更加精准地识别和应对潜在的威胁。

7.3.1　智能监测与实时防护技术

7.3.1.1　基于机器学习的异常检测

1. 机器学习在异常检测中的应用

机器学习能够自动从大量数据中学习正常行为的模式，并据此识别出与正常行为模式偏离的异常行为。常见的机器学习算法包括监督学习、无监督学习和半监督学习等

（1）监督学习算法：在异常检测中，监督学习算法常用于二分类问题，即将数据分为正常和异常两类。通过训练包含已标注正常样本和异常样本的数据集，监督学习算法可以学习区分正常行为和异常行为的决策边界。然而，在实际应用中，异常样本往往难以获取，这限制了监督学习算法的应用范围。

（2）无监督学习算法：与监督学习算法不同，无监督学习算法不需要已标注的样本，而是直接从无标注样本的数据中学习数据的内在结构和分布。在异常检测中，常用的无监督学习算法包括聚类算法（如 K-means、DBSCAN 等）和密度估计算法［如局部异常因子（LOF）、孤立森林（iForest）等］。这些算法可以根据数据的密度或距离来识别异常。

（3）半监督学习算法：半监督学习算法结合了监督学习算法和无监督学习算法的特点，利用少量的已标注样本和大量的未标注样本来训练机器学习模型。在异常检测中，半监督学习算法可以利用已标注的正常样本来学习正常行为模式，并利用未标注样本来发现潜在的异常行为。半监督学习算法可以在一定程度上缓解标注样本不足的问题。

2. 异常检测模型的训练与优化策略

为了提高基于机器学习的异常检测模型的性能，需要采取有效的训练和优化策略。以下是一些常用的策略：

（1）数据预处理。在训练异常检测模型之前，需要对原始数据进行预处理，包括数据清洗、特征提取和特征选择等操作。这些操作可以去除数据中的噪声和无关信息，提高异常检测模型的训练效果。

（2）模型选择。根据具体的应用场景和数据特点，选择合适的机器学习算法和模型。例

如，对于高维数据或分布复杂的数据，可以选择支持向量机（SVM）或神经网络等高性能模型；对于对实时性要求较高的场景，可以选择轻量级的决策树或朴素贝叶斯等模型。

（3）参数调优。通过交叉验证、网格搜索等方法对异常检测模型的参数进行调优，以找到最佳的参数组合。这些参数包括学习率、正则化系数、核函数等，它们对异常检测模型的性能具有重要影响。

（4）集成学习。利用集成学习技术（如 Bagging、Boosting 等）将多个单一的异常检测模型组合成一个更强大的异常检测模型，可以降低异常检测模型的方差或偏差，提高异常检测模型的泛化能力和鲁棒性。

（5）持续学习与自适应调整。随着时间的推移和环境的变化，工控系统的数据分布和行为模式可能会发生变化，因此需要定期更新和优化异常检测模型以适应新的情况。这可以通过在线学习、增量学习或迁移学习等方法实现。

7.3.1.2 入侵检测与响应系统

1. 入侵检测系统的基本原理与架构

入侵检测系统（IDS）是一种用于监测网络或系统活动，从而识别潜在恶意行为或违反安全策略行为的安全工具。入侵检测系统的基本原理是通过收集和分析网络流量、系统日志、用户行为等数据，寻找异常行为模式、已知攻击行为或违反预定义安全规则的行为。

入侵检测系统的架构通常包括数据收集模块、分析引擎和响应模块。数据收集模块负责从各种来源捕获原始数据；分析引擎利用规则、签名、统计分析或机器学习算法对数据进行处理和分析，以识别潜在的入侵行为；响应模块根据分析引擎的结果采取适当的行动，如报警、阻断恶意流量或触发其他安全措施等。

2. 入侵检测技术的最新进展

随着技术的不断发展，入侵检测技术也在不断演进，以下是一些最新进展：

（1）深度学习技术的应用。深度学习在异常检测和模式识别方面表现出了强大的能力，通过训练深度神经网络模型来处理大量的网络流量和系统日志数据，可以更有效地识别未知的威胁和复杂的攻击模式。

（2）行为分析技术的改进。传统的入侵检测系统主要依赖于静态规则和签名来检测已知的攻击。然而，这种方法难以应对不断变化的威胁和零日攻击，因此越来越多的入侵检测系统开始采用基于行为分析的技术，通过监测和分析系统的动态行为来识别异常行为。

（3）大数据与云计算的融合。随着工控系统规模的扩大和数据量的增加，传统的入侵检测系统面临着处理性能和存储容量的挑战。为了解决这个问题，一些最新的入侵检测系统开始利用大数据和云计算来构建分布式、可扩展的检测架构，并配合人工智能和物联网技术支持更高效的数据处理和分析能力。基于大数据的入侵检测系统模型如图 7-5 所示。

（4）协同防御机制的发展。为了提高入侵检测的准确性和效率，一些新的入侵检测系统开始采用协同防御机制。这种机制通过整合多个检测组件（如网络 IDS、主机 IDS、防火墙等）的信息和资源，实现跨层次、跨平台的协同检测和响应。协同防御机制不仅可以提高入侵检测的准确性，还可以加快响应速度并降低误报率。

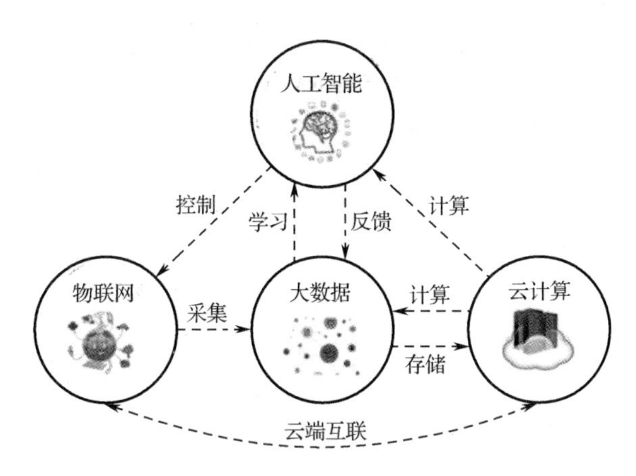

图 7-5　基于大数据的入侵检测系统模型

7.3.2　基于人工智能的数据泄露检测

基于人工智能的数据泄露检测可以从多个方面提升工控系统的安全性。通过预测和识别潜在数据泄露风险、精细化的数据访问控制，以及智能选择和实施数据加密策略，企业可以更有效地保护其数据免受数据泄露的风险。

1. 人工智能在数据泄露检测中的实现

通过学习和分析数据的正常行为模式，人工智能可实现对异常行为或潜在的数据泄露行为的检测，实现步骤如下：

（1）数据收集与处理。人工智能需要收集大量的历史数据，包括正常的网络流量、用户行为、系统日志等，这些数据经过预处理和特征提取后，可用来训练人工智能模型。

（2）模型训练。通过机器学习或深度学习可从历史数据中学习正常行为模式，这个过程通常需要选择合适的算法、调整模型参数，以及评估模型的性能。

（3）异常行为检测。一旦完成模型训练，就可以实时或准实时地监测新的数据。当新的数据与模型学习的正常行为模式存在显著偏差时，就会报警，提示可能发生数据泄露。

（4）响应与处置。根据报警，安全团队可以迅速采取行动，如进一步调查、隔离受影响的系统或通知相关利益相关方。

2. 利用人工智能预测和识别潜在泄露风险

人工智能具有强大的预测和模式识别能力，可预测和识别潜在的数据泄露风险。具体来说，人工智能可以通过学习历史数据中的正常行为模式，建立起一个基准模型，然后实时监测新的数据，并与基准模型进行对比，以发现任何偏离正常行为模式的异常行为。异常行为可能预示着潜在的数据泄露风险。

利用深度学习、神经网络等技术，可对数据进行更深入的分析和挖掘，从而更准确地识别潜在的数据泄露风险，并提供更详细的预警信息，包括数据泄露的可能时间、方式和规模等。这样，企业就可以提前采取措施来防范数据泄露，降低安全风险。

3. 人工智能在数据访问控制和加密中的应用

除了可以预测和识别潜在的数据泄露风险，人工智能还可以在数据访问控制和加密中发挥重要作用。

在数据访问控制中，人工智能可以帮助企业实现更精细化的权限管理。通过智能分析用户的访问行为和需求，人工智能可以自动为用户分配适当的访问权限，确保用户只能访问其工作所需的数据。这不仅可以防止因权限过度而导致的数据泄露风险，还可以提高工作效率。

在数据加密中，人工智能可以协助企业选择和实施更高效的加密算法和策略。通过分析数据的敏感性和重要性，人工智能可以智能地确定哪些数据需要加密，以及采用何种加密方式。这可以确保敏感数据在传输和存储过程中得到充分的保护，即使发生数据泄露，攻击者也难以获取和利用这些数据。

4. 基于人工智能的数据泄露检测案例分析

下面通过一个具体案例来说明人工智能在数据泄露检测中的应用。某公司使用了一个基于人工智能的数据泄露检测系统，该系统通过监测网络流量和用户行为来识别潜在的数据泄露风险。某天，数据泄露检测系统检测到了异常的网络流量，包括大量的数据传输和频繁的外部连接请求。这些行为与用户的正常行为模式存在显著偏差。基于这些异常行为，数据泄露检测系统发出了高级别的报警，并自动触发了应急响应机制。安全团队立即开始调查，发现这些异常的网络流量来自一个被黑客入侵的员工账户，黑客正在尝试将敏感数据传输到外部服务器。

由于数据泄露检测系统及时发现异常行为并进行了报警，安全团队能够迅速采取行动，隔离了受影响的账户和服务器，并通知了相关利益相关方。这次安全事件得到了有效控制，避免了潜在的数据泄露和损失。

这个案例展示了人工智能在数据泄露检测中的作用，能够自动识别和响应潜在的威胁，提高数据安全的防护能力。

结语

智能监测与实时防护技术为数据安全提供了强有力的实时保障，基于人工智能的数据泄露检测系统可进一步增强了工控系统的预警和应对能力。这些智能应用不仅提升了数据安全的整体水平，也为未来数据安全领域指明了发展方向。

本章小结

本章主要介绍工控系统的数据安全与隐私保护。

首先，本章从工业数据采集与处理出发，介绍了数据采集技术与实施、数据预处理与质量管理。数据采集是工业智能化的前提，而数据预处理和质量管理确保了数据的准确性和可用性。

接下来，本章介绍了数据加密与隐私保护技术。数据加密算法为数据提供了强大的保护，隐私保护技术为个人和敏感信息提供了严密的保护。

最后，本章探讨数据安全与隐私保护的智能应用。基于人工智能的数据泄露检测不仅可提升数据安全的响应速度和准确性，还可使防护策略能适应不断变化的安全环境，为工控系统的数据安全与隐私保护提供全面的解决方案。

本章涵盖了工控系统数据安全与隐私保护的多个层面，从基础到前沿，为读者提供了系统的理论知识和实践指导，有助于推动工控系统信息安全的发展。

第 3 部分 工控系统信息安全未来展望

随着科技的飞速发展，工控系统正逐步融入智能制造的宏伟蓝图。本部分旨在为读者揭示工控系统信息安全的未来发展方向与潜在机遇。

第 8 章探讨在智能制造背景下，新兴技术在工控系统中的应用及其带来的变革性影响。本章通过一系列创新案例，展示工控系统信息安全在实践中的最新成果，激发读者对创新的灵感与热情。

第 9 章介绍工控系统智能化发展趋势，主要内容包括工业智能化技术与应用、工控系统的智能化优势与挑战，以及工控系统智能化的未来发展方向。

本部分将带领读者走进工控系统信息安全的未来世界，探寻创新发展的无限可能，为智能制造时代的工业安全保驾护航。

第 8 章
智能制造背景下的工控系统创新保障

智能制造的浪潮正席卷全球，工控系统作为智能制造的核心组成部分，其创新保障显得尤为重要。本章将围绕智能制造背景下工控系统的创新保障进行深入探讨。

首先，本章详细介绍新兴技术在工控系统中的应用。随着物联网、大数据、人工智能等新兴技术的迅猛发展，工控系统正迎来前所未有的创新机遇。这些新兴技术的应用不仅提升了工控系统的智能化水平，还为其创新发展提供了有力支撑。

接下来，本章通过具体案例展示工控系统信息安全创新的实践成果。这些案例涵盖了不同行业和领域，既有传统工业的转型升级，也有新兴产业的创新发展，充分展现了工控系统信息安全创新在推动智能制造发展中的重要作用。

最后，本章展望工控系统信息安全的前沿技术与趋势。随着技术的不断进步和创新，工控系统信息安全正面临着新的挑战和机遇。本章将重点关注未来可能出现的新技术、新应用和新模式，为工控系统的持续创新提供前瞻性的思考和指导。

通过本章的学习，读者将深入了解智能制造下工控系统创新保障的重要性，掌握新兴技术在工控系统中的应用和信息安全创新的实践成果，把握前沿技术与趋势，为工控系统的创新发展贡献力量。

8.1 新兴技术在工控系统中的应用

引言

随着科技的发展，新兴技术正逐步渗透到工控系统的各个方面。本节将重点探讨物联网技术如何与工控系统实现深度融合，以及人工智能在工控系统中的优化实践。这些新兴技术的应用将为工控系统的未来发展开辟崭新的道路。

8.1.1 物联网技术在工控系统中的融合应用

8.1.1.1 物联网的基本架构及其在工控系统中的应用

1. 物联网的基本架构

物联网系统的基本架构通常包括三个主要层次：感知层、网络层和应用层。

（1）感知层：这是物联网的底层，负责与环境进行交互，通过各种传感器收集数据、通过各种执行器执行命令。感知层的核心组件包括各种类型的传感器（如温度传感器、湿度传感器、压强传感器等），它们能够检测环境中的各种物理量或化学量，并将其转换为可处理和传输的数字信号。

（2）网络层：网络层负责将感知层采集到的数据传输到应用层，并确保数据的可靠性和安全性。网络层的核心组件包括各种通信协议（如 Wi-Fi、ZigBee、LoRa 等）和网络设备（如路由器、网关等），它们共同协作，可远距离、低功耗、高可靠性地传输数据。

（3）应用层：应用层是物联网的最高层，负责对接收到的数据进行处理和分析，并根据业务需求提供各种服务和应用。应用层的核心组件包括数据处理和分析软件、云计算平台、用户接口等，它们能够对数据进行存储、处理、分析和可视化，为各种应用提供支撑。

2. 物联网技术在工控系统中的应用

物联网技术在工控系统中有广泛的应用，为智能制造和工业自动化提供了强大的支持。以下是一些典型的应用：

（1）远程监测和故障诊断。通过物联网技术，企业可以实现对工业设备的远程监测和故障诊断。通过在设备上安装传感器，可以实时采集设备的运行状态和性能数据，并通过网络将这些数据传输到远程监测中心。这样，企业就可以及时发现设备的故障和异常，并采取相应的措施，提高设备的可靠性和使用寿命。

（2）生产过程优化。物联网技术可以实现对生产过程的实时监测和优化。通过安装在生产线上的各个环节安装传感器，可以实时采集生产数据，包括设备状态、物料消耗、产品质量等。通过对这些数据进行分析和处理，企业可以发现生产过程中的瓶颈和问题，并采取相应的措施进行优化和改进，提高生产效率和产品质量。生产过程的优化示意图如图 8-1 所示。

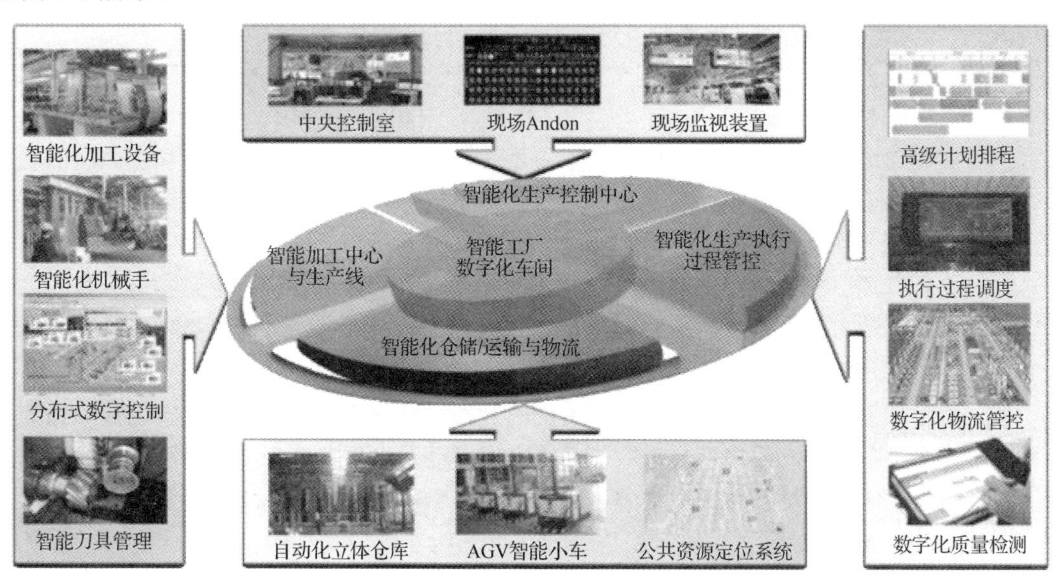

图 8-1　生产过程的优化示意图

（3）能源管理和节能。物联网技术在能源管理和节能方面也有广泛的应用。通过在工厂和建筑物中安装智能电表和能源监测系统，可以实时监测和分析能源消耗情况。通过对能源数据进行分析和挖掘，企业可以发现能源消耗的规律和趋势，并采取相应的节能措施，降低能源成本。

（4）供应链追溯和管理。物联网技术可以帮助企业实现对供应链的追溯和管理。通过在货物上安装 RFID 标签或 GPS 定位设备，可以实时追踪货物的位置和状态。这样，企业就可以安全和及时地送达货物，提高供应链的可靠性和灵活性。同时，通过对供应链数据进行分析和挖掘，企业还可以发现潜在的优化空间，提高供应链的效率和竞争力。

8.1.1.2 物联网技术在工业数据采集与监测中的应用

物联网技术在工业数据采集与监测中发挥着重要作用，为智能制造和工业自动化提供了有力支持。

1. 传感器在工业数据采集中的作用

传感器是工业数据采集的核心组件，它们能够监测各种物理量、化学量或生物量，如温度、湿度、压强、流量、位移、振动等，被广泛应用于工业生产与制造的流水线、设备、仓库等各个环节，实现了对生产环境和设备状态的实时感知。

传感器的作用主要体现在以下几个方面：

（1）精确测量。传感器能够高精度地测量各种参数，为工业生产与制造提供准确的数据支持。这对于保证产品质量、优化生产流程、提高生产效率具有重要意义。

（2）实时性。传感器能够实时采集数据，确保数据的时效性和可用性。这对于及时发现生产过程中的问题、调整生产策略、降低生产成本具有重要作用。

（3）可靠性。传感器通常具有较高的可靠性和稳定性，能够在恶劣的工业环境中长时间稳定工作。这对于保证工业生产与制造的连续性和稳定性至关重要。

2. 实时监测与远程管理功能的实现

物联网通过网络将传感器连接起来，实现了对工业设备和生产过程的实时监测与远程管理。具体功能包括：

（1）实时监测。通过将传感器与数据采集系统相连，可以实时获取设备和生产线的状态数据。这些数据可以通过可视化界面进行展示，使系统管理员能够随时了解生产情况，及时发现并解决问题。

（2）远程管理。物联网允许系统管理员通过互联网对工业设备进行远程控制和管理。例如，可以远程调整设备参数、启动或停止设备、查看设备日志等。这大大提高了管理的灵活性和效率，降低了现场维护的成本和时间。

（3）故障预警与诊断。通过对传感器采集的数据进行分析和挖掘，可以实现故障预警和诊断功能。当设备或生产线出现异常时，系统可以自动发出预警信息，并提示可能的故障原因。这有助于系统管理员及时采取措施，避免生产中断和损失扩大。故障预警与诊断技术的闭环路线如图 8-2 所示。

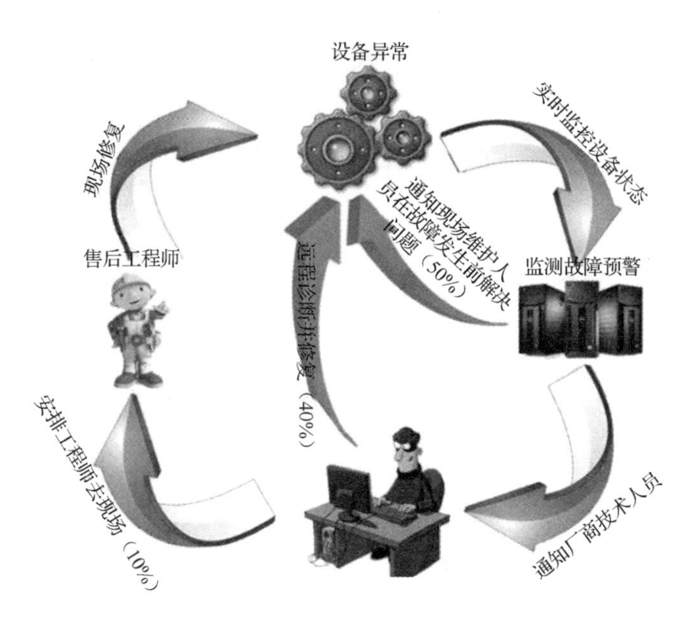

图 8-2　故障预警与诊断技术的闭环路线

8.1.2　人工智能在工控系统中的优化实践

8.1.2.1　人工智能的基础概念

1. 人工智能的定义

人工智能（AI）是一门研究、开发能够模拟、延伸和扩展人类智能的理论、方法、技术及应用系统的学科，旨在让机器能够胜任通常需要人类智能才能完成的复杂工作。机器学习（ML）是人工智能的一个子领域，它使计算机系统能够从数据中学习并改进其性能，而无须进行明确的编程。通过训练和优化算法，机器学习模型可以自动地识别出数据中的模式，并对数据进行预测和分类。

机器学习是实现人工智能的一种重要方法。通过机器学习，人工智能可以从大量数据中提取有用的信息，并据此做出决策或执行任务。同时，人工智能也为机器学习提供了广阔的应用场景和需求，推动了机器学习的不断发展和创新。

2. 人工智能在工控系统中的应用

人工智能在工控系统中具有广泛的应用，可以为智能制造和工业自动化提供强大的支持。以下是一些典型的应用：

（1）故障预测与维护。通过收集和分析工业设备的运行数据，人工智能可以预测设备的故障时间和类型，并提前进行维护。这可以降低设备的停机时间，提高生产效率，并减少维护成本。

（2）优化生产过程。人工智能可以对生产过程中的各种参数进行优化，提高产品质量、降低能耗和减少废料。通过实时监测和调整生产线的状态，可以实现生产过程的自适应控制和优化。

（3）智能调度与物流管理。人工智能可以根据生产计划和实时数据，对生产资源和物流进行智能调度和管理。这可以提高生产计划的灵活性和准确性，降低库存成本，并提高供应链的响应速度。

（4）安全监测与异常检测。人工智能可以对工控系统的状态进行实时监测和异常检测。

通过识别和分析异常行为，人工智能可以及时发现潜在的威胁并采取相应的防护措施，保障工控系统的稳定运行。

人工智能可以为智能制造和工业自动化提供强大的支持。随着人工智能的不断发展和创新，其在工控系统中的应用将更加深入和广泛。

8.1.2.2 基于人工智能的工控系统优化策略

1. 数据驱动的工控系统优化方法

数据驱动的工控系统优化方法是指利用人工智能对工控系统中产生的大量数据进行分析和处理，以优化工控系统的性能和效率。具体方法包括：

（1）数据采集与预处理。通过传感器等设备收集工控系统中的各种数据，如设备状态、生产流程、能源消耗等，然后对这些数据进行预处理，如清洗、去噪、归一化等，可提高数据质量和可用性。

（2）数据特征与模式识别。利用机器学习对数据进行分析，可提取出关键特征和模式。这些特征和模式可以反映工控系统的运行状态和性能特点，为后续的优化提供依据。数据特征与模式识别的流程如图 8-3 所示。

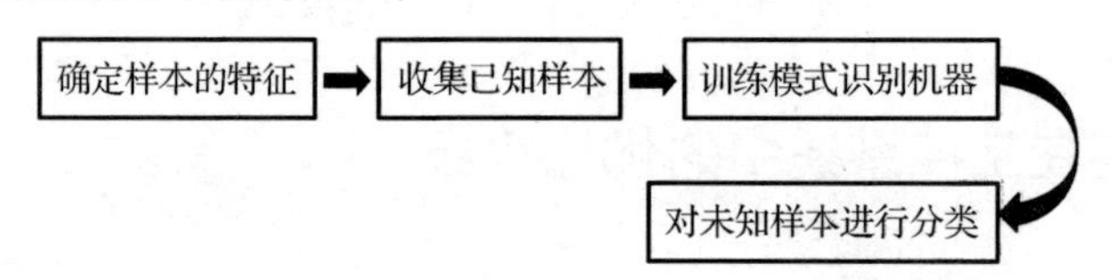

图 8-3 数据特征与模式识别的流程

（3）模型训练与优化。基于提取出的数据特征和模式，可构建机器学习模型，如回归模型、分类模型等。通过训练这些模型，使其能够准确地预测和控制工控系统的行为。同时，利用优化算法对模型参数进行调整，可提高模型的预测精度和控制效果。

（4）实时监测与动态调整。将训练好的模型应用到工控系统中，可实现实时监测和动态调整。通过实时采集和处理数据，可以及时发现系统的异常情况，并做出相应的调整和优化，保持系统的稳定和高效运行。

2. 智能控制算法在复杂工业过程中的应用

智能控制算法是指利用人工智能设计和开发的具有自学习、自适应能力的控制算法，以解决复杂工业过程中的控制问题。具体应用包括：

（1）自适应控制。针对工业过程中参数时变、模型不确定等问题，自适应控制算法能够根据实时数据自动调整控制参数和策略，以适应环境的变化和系统的动态特性，提高控制的精度和鲁棒性。

（2）预测控制。利用机器学习模型可对工业过程的未来状态进行预测，并基于预测结果制定控制策略。这种控制方法可以在考虑未来动态变化的情况下，提前做出决策和调整，以实现更好的控制效果和经济效益。

结语

本节主要介绍新兴技术在工控系统中的应用。物联网技术在工控系统中的融合应用为工控系统带来了更广泛的连接，人工智能在工控系统中的优化实践进一步提升了工控系统的自适应与决策能力，使工控系统更为高效和智能。

8.2 工控系统信息安全创新案例

引言

本节将通过一系列生动的实例，展示了工控系统信息安全领域的最新创新成果。首先，通过智能工厂中的工控系统信息安全防护实例，带领读者领略智能工厂是如何借助先进技术确保生产流程的安全无忧的。接着通过工业互联网平台的信息安全创新与应用案例，带领读者了解工业互联网平台是如何应对复杂多变的安全挑战的，从而实现信息安全与业务发展的双赢。通过这些案例，读者将深入了解工控系统信息安全的最新动态，并从中汲取宝贵的经验和启示。

8.2.1 智能工厂中的工控系统信息安全防护实例

8.2.1.1 智能工厂中的工控系统信息安全面临的挑战与需求分析

1. 智能工厂中的工控系统面临的典型威胁

智能工厂中的工控系统面临着多种威胁，这些威胁可能来自内部或外部，且日益复杂和隐蔽。典型的威胁包括：

（1）恶意软件攻击：如勒索软件、特洛伊木马等，它们可能通过网络或供应链侵入工控系统，窃取数据、破坏设备或加密文件以索取赎金。

（2）先进持续性威胁（Advanced Persistent Threat，APT）攻击：这类攻击往往针对特定目标，长期潜伏在系统中收集情报，等待时机发动致命一击。APT 攻击的过程如图 8-4 所示。

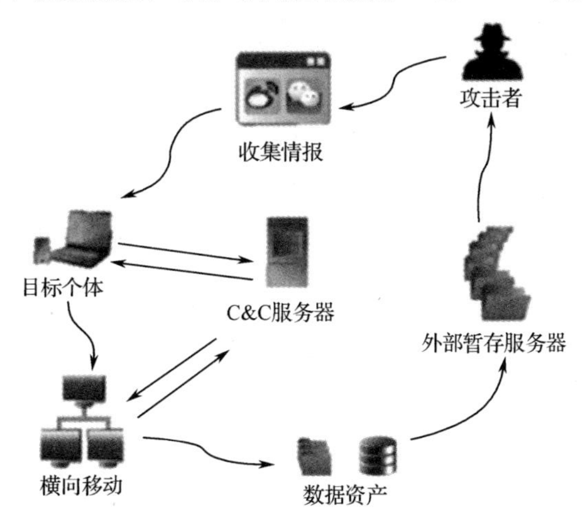

图 8-4 APT 攻击的过程

（3）拒绝服务（DoS）攻击：通过大量无用的请求阻塞网络或占用服务器资源，使合法用户无法访问网络或服务器。

（4）内部威胁：包括员工误操作、恶意行为或内部泄露敏感信息等，这些都可能对工控系统构成严重威胁。

（5）跨站脚本（XSS）和 SQL 注入等网络攻击手段：这些攻击利用工控系统漏洞进行非法访问和数据窃取。

2. 智能工厂对工控系统信息安全的要求

为确保智能工厂的稳定运行和数据安全，工控系统必须满足以下安全要求：

（1）物理安全：对关键设备和区域进行物理隔离、访问控制和视频监控等，防止未经授权的访问和破坏。

（2）网络安全：采用防火墙、入侵检测系统、入侵防御系统等网络安全措施，确保数据传输的机密性、完整性和可用性。同时，实施网络分段和隔离策略，降低风险传播的可能性。

（3）系统安全：对操作系统、数据库和应用软件等进行定期更新和补丁管理，消除已知漏洞。采用强密码策略、多因素身份认证和访问控制等手段，防止未经授权的访问和操作。

（4）数据安全：对敏感数据进行加密存储和传输，实施数据备份和恢复策略，确保数据的可用性和可恢复性。同时，对数据进行分类和访问控制，防止数据泄露和滥用。

（5）应用安全：对工业控制软件进行严格的安全测试和验证，确保软件的安全性和可靠性。采用安全编程实践和标准，防止软件漏洞和恶意代码的植入。

（6）人员安全：对员工进行安全意识培训和教育，提高他们对威胁的识别和应对能力。实施严格的职责分离和最小权限原则，防止内部人员滥用权限或泄露敏感信息。

智能工厂中的工控系统信息安全挑战与需求分析对于确保智能工厂的安全和稳定运行至关重要。通过采取有效的安全防护措施和策略，可以降低工控系统面临的风险，并满足智能工厂对工控系统信息安全的要求。

8.2.1.2 智能工厂中的工控系统信息安全防护技术与实践

1. 智能工厂中的工控系统信息安全防护技术

智能工厂中的工控系统信息安全防护涉及多项技术，这些技术共同构成了工控系统的安全防线。其中的关键技术如下：

（1）入侵检测与入侵防御技术：通过部署入侵检测系统和入侵防御系统，可实时监测和分析网络流量和系统日志，识别潜在的攻击行为并采取相应的防御措施。入侵检测与入侵防御技术能够及时发现并阻断恶意攻击，保护工控系统免受损害。

（2）加密与身份认证技术：采用强加密算法和身份认证机制，可确保数据传输和存储的机密性、完整性和真实性。通过加密通信和身份认证，可防止数据在传输过程中被窃取或篡改，确保只有授权用户才能访问和操作工控系统。

（3）安全隔离技术：实施网络分段和隔离策略，将不同安全等级的系统和设备隔离开来，可降低风险传播的可能性。通过物理隔离、逻辑隔离或虚拟隔离等手段，可确保关键系统和设备的安全运行。

（4）漏洞管理与补丁更新技术：建立漏洞管理机制，定期评估工控系统漏洞并修复已知漏洞。同时，实施补丁更新策略，确保工控系统和应用软件保持最新状态，可消除潜在的安全隐患。

（5）访问控制与审计技术：采用强密码策略、多因素身份认证和访问控制列表等手段，对用户的访问权限进行严格管理和控制。同时，实施审计机制，记录和分析用户的行为，可及时发现异常行为并进行处理。

2. 智能工厂中的工控系统信息安全防护实施步骤

为确保智能工厂中的工控系统信息安全防护效果，需要按照一定的实施步骤进行操作。具体步骤如下：

（1）风险评估与需求分析：对智能工厂中的工控系统进行全面的风险评估，识别潜在的威胁和漏洞。同时，分析工控系统的安全需求，明确安全防护的目标和要求。

（2）制定安全防护策略：根据风险评估和需求分析结果，制定针对性的安全防护策略，包括网络隔离、访问控制、入侵检测与入侵防御、加密与身份认证等方面的安全措施。

（3）技术选型与部署：根据安全防护策略，选择合适的安全技术和产品并进行部署，确保所选技术能够满足工控系统的安全需求，并与现有工控系统兼容。

（4）安全配置与管理：对部署的安全技术和产品进行详细的配置和管理，包括设置安全参数、更新病毒库、定期扫描漏洞等，以确保其有效发挥作用。

（5）监测与应急响应：建立安全监测机制，实时监测和分析系统的安全状态。一旦发现异常行为或发生安全事件，就立即启动应急响应程序，及时处理并消除安全隐患。

（6）持续改进与优化：定期对智能工厂中的工控系统信息安全防护效果进行评估和审计，根据评估结果和新的威胁，持续改进和优化安全防护策略和技术手段，提高工控系统的整体安全水平。

8.2.2　工业互联网平台的信息安全创新与应用案例

8.2.2.1　工业互联网平台信息安全面临的挑战与防护需求分析

1. 工业互联网平台信息安全面临的挑战

工业互联网平台作为连接工业设备、系统和服务的枢纽，其信息安全至关重要。然而，工业互联网平台面临着多种威胁，包括：

（1）数据泄露与篡改：工业互联网平台要处理大量敏感数据，如生产流程、设备状态、产品配方等数据，攻击者可通过网络入侵、恶意软件或内部人员泄露等手段获取这些数据，并进行篡改或滥用。

（2）拒绝服务（DoS）攻击：攻击者可通过大量恶意请求阻塞工业互联网平台的网络或服务器资源，导致合法用户无法访问工业互联网平台，从而影响生产流程和运营效率。

（3）跨站脚本（Cross-Site Scripting，XSS）攻击和 SQL 注入攻击：这类网络攻击可能被用于非法获取用户权限、窃取数据或破坏平台功能，攻击者利用工业互联网平台存在的漏洞进行攻击，对工业互联网平台的安全性构成严重威胁。XSS 攻击的过程如图 8-5 所示。

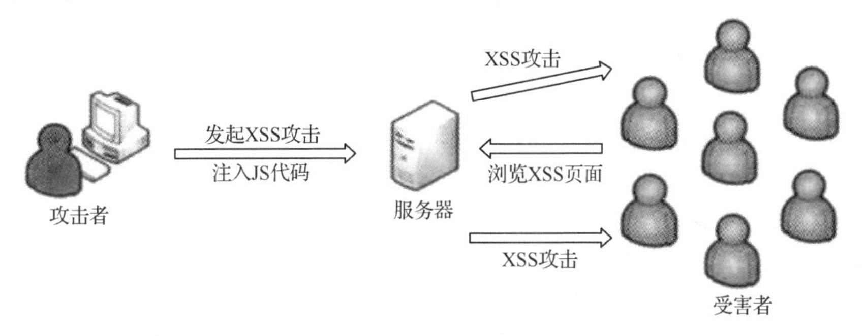

图 8-5　XSS 攻击的过程

（4）恶意软件与僵尸网络：攻击者可利用恶意软件（如勒索软件、木马等）感染工业互联网平台中的设备或系统，进而控制它们形成僵尸网络，用于发动更大规模的攻击或进行非法活动。

（5）供应链攻击：攻击者可通过渗透供应链中的薄弱环节，如供应商、合作伙伴或第三方服务，获取对工业互联网平台的非法访问权限，进而实施攻击。

2. 工业互联网平台信息安全的防护需求

为确保工业互联网平台的安全稳定运行，必须满足以下防护需求：

（1）数据安全保护：采用加密技术、访问控制和数据备份等手段，可确保工业互联网平台数据的机密性、完整性和可用性。同时，实施数据分类和访问权限管理，可防止数据泄露和滥用。

（2）网络安全防护：部署防火墙、入侵检测系统和入侵防御系统等网络安全设备，可实时监测和分析网络流量，及时发现并阻断潜在的攻击行为。同时，采用网络隔离和分段策略，可降低风险传播的可能性。

（3）系统安全加固：对工业互联网平台中的操作系统、数据库和应用软件进行安全加固，消除已知漏洞并防止恶意代码的植入，实施定期的安全更新和补丁管理策略，可确保工业互联网平台的安全性得到持续提升。

（4）应用安全开发：在开发工业互联网平台应用时，应遵循安全编程实践和标准，确保应用的安全性和可靠性。同时，对应用进行严格的安全测试和验证，可确保在工业互联网平台上线前发现并修复潜在的安全问题。

（5）物理安全与环境保障：对工业互联网中的关键设备和区域实施物理隔离、访问控制和视频监控等措施，可防止未经授权的访问和破坏。同时，建立完善的灾难恢复计划和应急响应机制，确保在发生安全事件时能够及时响应并恢复工业互联网平台的正常运行。

8.2.2.2 工业互联网平台信息安全的创新技术与安全防护的实施

1. 工业互联网平台信息安全的创新技术

工业互联网平台信息安全的创新技术如下：

（1）零信任安全架构：基于零信任原则，对每个用户和设备进行持续的身份认证和授权，确保只有合法的请求才能获得访问权限。这一技术有效防止了内部和外部的潜在威胁。

（2）区块链：通过分布式账本和加密机制，确保工业互联网平台上的数据不可篡改和高度可信。区块链还可以用于供应链管理和设备身份认证等场景，提高整体的安全性。

（3）人工智能：可用于实时监测和分析网络流量、用户行为和系统日志，以识别异常行为和潜在的攻击行为。通过自动化的响应机制，可迅速应对威胁。

（4）端点安全解决方案：针对工业互联网平台中的各类设备，提供统一的端点安全管理和防护策略，包括恶意软件防护、漏洞管理、数据加密，以及远程锁定和擦除等功能。

（5）安全多方计算（MPC）：允许多个参与方在不共享各自输入数据的前提下联合进行计算，保护工业互联网平台中敏感数据的隐私性和安全性。

2. 工业互联网平台信息安全防护的实施

工业互联网平台信息安全防护的实施步骤如下：

（1）风险评估与需求分析：对工业互联网平台进行全面的信息安全风险评估，识别潜在的威胁和漏洞；同时，分析工业互联网平台的安全需求，明确防护的目标和要求。

（2）制定安全防护策略：根据风险评估和需求分析结果，制定针对性的安全防护策略，包括确定要采用的安全技术、管理措施，以及应急响应计划等。

（3）技术选型与部署：根据安全防护策略，选择合适的安全技术和产品进行部署，确保所选技术能够满足工业互联网平台的安全需求，并与现有系统兼容。

（4）安全配置与管理：对部署的安全技术进行详细的配置和管理，确保其有效发挥作用，包括设置安全参数、更新病毒库、定期扫描漏洞，以及管理用户权限等。

（5）持续监测与应急响应：建立安全监测机制，实时监测和分析工业互联网平台的安全状态，一旦发现异常行为或发生安全事件，就立即启动应急响应机制，及时处理并消除安全隐患。同时，定期对安全防护效果进行评估和审计，持续改进和优化安全防护策略。

（6）培训与意识提升：对工业互联网平台用户和管理员进行安全意识培训和教育，提高他们对威胁的识别和应对能力。

结语

无论智能工厂中的工控系统信息安全防护实例，还是工业互联网平台的信息安全创新与应用实例，都凸显了工控系统信息安全的重要性。这些案例不仅为我们提供了宝贵的实践经验，更为未来的工控系统信息安全发展指明了方向。

8.3 工控系统信息安全的前沿技术与趋势

引言

随着工控系统的智能化和复杂化发展，其信息安全问题愈发受到关注。本节将探讨当前及未来一段时间内工控系统信息安全领域的前沿技术和趋势。零信任安全架构可构建更加安全可靠的系统环境，基于深度学习的工控系统异常检测与防护可提升工控系统的安全防护能力。

8.3.1　零信任安全架构及其应用

8.3.1.1　零信任安全架构的核心理念及其在工控系统中的应用价值

1. 零信任安全架构的核心理念

零信任（Zero Trust）安全架构的核心理念是永不信任、始终认证。这意味着在网络环境中，无论用户还是设备，都不应该被自动信任。相反，每个请求都应被视为潜在的威胁，并需要经过严格的身份认证和授权才能访问网络资源。

零信任安全架构打破了传统的基于边界的安全防护理念，它不再依赖于网络位置和静态的访问控制策略。取而代之的是，零信任安全架构采用了动态访问控制策略，根据用户身份、设备状态和行为等因素实施动态的访问决策。

此外，零信任安全架构还强调了对数据的最小权限原则，即只允许用户访问其完成工作所需的最小数据，从而降低数据泄露的风险。

2. 零信任安全架构在工控系统中的应用

在工控系统中，零信任安全架构的应用价值主要体现在以下几个方面：

（1）提高安全性：工控系统往往涉及关键的基础设施和生产过程，其安全性至关重要，零信任安全架构通过持续的身份认证和授权，以及对数据的最小权限原则，有效降低了内部威胁和外部威胁对工控系统的攻击风险。

（2）增强灵活性：传统的基于边界的安全防护策略在面对不断变化的网络环境和业务需求时显得捉襟见肘，而零信任安全架构的动态访问控制策略可以根据实际情况进行灵活的调整，可更好地满足工控系统的信息安全需求。

（3）促进合规性：随着工业信息化的深入发展，各种安全法规和合规性要求不断增加，零信任安全架构通过实施严格的身份认证和授权机制，以及最小权限原则，有助于工控系统满足这些法规和合规性要求。

（4）降低运维成本：零信任安全架构采用自动化的安全策略管理和执行方式，可减少人工干预和错误配置的可能性，从而降低工控系统的运维成本。同时，通过实时监测和分析用户行为和网络流量，可及时发现潜在的威胁并采取相应措施，避免造成更大的损失。

8.3.1.2 零信任安全架构在工控系统中的应用

1. 身份认证与访问控制

身份认证与访问控制是零信任安全架构在工控系统中一个重要应用。身份认证与访问控制可确保只有经过验证和授权的用户或设备才能访问工控系统的资源。

（1）多因素身份认证：除了传统的用户名和密码，还采用生物特征识别、智能卡 ID、手机验证码等多种身份认证技术，确保用户身份的真实性。

（2）动态访问控制：基于用户的角色、位置、设备和行为等因素，动态地授予或撤销访问权限。这种访问控制方式可以实时响应工控系统状态和用户行为的变化，提高安全性。

（3）单点登录与单点注销：通过单点登录，用户只需一次身份认证就可以访问多个资源。同时，单点注销可确保用户在退出工控系统时，所有相关资源的访问权限都被及时撤销。

2. 端点安全与数据保护

端点安全和数据保护是零信任安全架构在工控系统中的另一重要应用。端点安全包括如下几个方面：

（1）设备识别与管理：对所有连接到工控系统的设备进行识别和管理，确保只有授权的设备才能访问系统。

（2）恶意软件防护：采用先进的恶意软件检测和防护技术，防止恶意软件感染端点设备。

（3）漏洞管理：定期扫描和修复端点设备上的安全漏洞，降低端点设备被攻击的风险。

数据保护包括如下几个方面：

（1）数据加密：对传输和存储的数据进行加密处理，确保数据的机密性。

（2）数据丢失防护（DLP）：通过实施 DLP 策略，防止敏感数据被非法复制、移动或删除。

（3）数据备份与恢复：建立完善的数据备份和恢复机制，确保在发生安全事件时能够及时恢复数据。

8.3.2　基于深度学习的工控系统异常检测与防护

8.3.2.1　深度学习在工控系统异常检测中的应用

1. 深度学习的基本原理与模型选择

深度学习是通过构建深度神经网络来模拟人脑的学习过程的。深度神经网络由多层神经元组成，每层神经元都对输入数据进行一定的变换和处理，最终输出预测结果。通过大量数据的训练，深度神经网络可以学习数据的内在规律和表示方式，从而对未知数据进行准确的预测和分类。

在工控系统的异常检测中，常用的深度学习模型包括卷积神经网络（CNN）、循环神经网络（RNN）和自编码器等。CNN 适用于处理图像和时序数据，可以提取数据的局部特征；RNN 适用于处理序列数据，可以捕捉数据的时间依赖性；自编码器是一种无监督学习模型，可以用于数据的降维和特征的学习。

针对工控系统的特点，需要选择合适的深度学习模型来进行异常检测。例如，对于具有周期性和时序性的控制信号，可以使用 RNN 或 LSTM（长短期记忆）网络来建模；对于具有复杂空间结构的工业图像数据，可以使用 CNN 来提取特征。

2. 工控系统异常检测的需求与挑战

工控系统异常检测是保障工控系统信息安全的重要手段之一。由于工控系统广泛应用于能源、制造、交通等关键领域，其安全性和稳定性至关重要，因此对工控系统进行实时、准确的异常检测是迫切的需求。

然而，工控系统异常检测面临着诸多挑战。首先，工控系统的数据通常具有高维度、非线性和时序性等特点，难以用传统的统计方法进行建模和分析。其次，工业环境中存在着大量的噪声和干扰，使得异常检测的难度增加。此外，工控系统的异常行为往往具有复杂性和隐蔽性，难以被及时发现和识别。

为了克服这些挑战，深度学习在工控系统异常检测中发挥了重要作用。深度学习具有强大的特征学习和表示能力，可以自动提取数据的内在规律和特征，从而对复杂的工控系统数据进行准确的建模和分析。同时，深度学习还可以通过大量的训练数据来提高模型的泛化能力和鲁棒性，从而更好地应对工业环境中的噪声和干扰。

8.3.2.2　基于深度学习的工控系统异常防护技术

1. 深度学习在入侵检测与防御系统中的应用

深度学习在入侵检测系统与入侵防御系统中扮演着重要的角色。传统的入侵检测系统通常依赖于规则和模式匹配来识别已知的威胁，但对于未知的或复杂的攻击行为往往效果不佳。深度学习通过对大量网络流量和系统日志数据进行学习，能自动提取出正常行为和异常行为的特征，从而更准确地检测出潜在的入侵行为。工控系统中的深度学习数据流图如图 8-6 所示。

在工控系统中，深度学习可以处理来自传感器、执行器和控制器的多维数据，包括时序数据、频率数据和信号波形等。通过训练深度神经网络模型，工控系统可以识别出正常操作模式下的数据特征，并在检测到与正常行为模式显著偏离的行为时报警。这种基于深度学习的入侵检测方法能够有效应对新型和未知的攻击，提高工控系统信息安全防护能力。

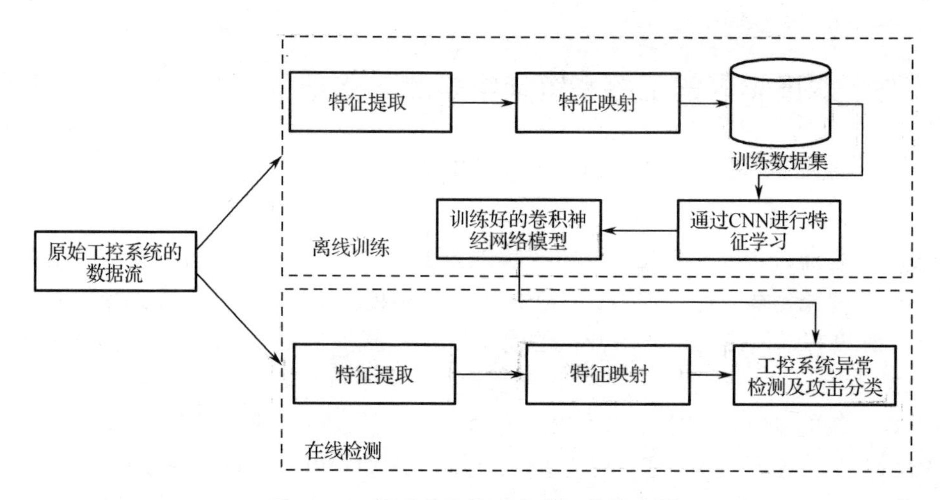

图 8-6 工控系统中的深度学习数据流图

2. 基于深度学习的工控系统漏洞挖掘与修复

工控系统的漏洞是黑客攻击的常见入口点。传统的漏洞挖掘方法主要依赖于人工审计和模糊测试等方法，但这些方法在面对复杂的工控系统时往往效率低下且容易遗漏。深度学习为工控系统的漏洞挖掘提供了新的思路。

基于深度学习的漏洞挖掘可以利用大量的已知漏洞数据来训练模型，从而自动识别出潜在的漏洞模式。这些模型可以对工控系统的源代码、配置文件和网络通信等进行深入分析，可发现其中的安全漏洞。一旦发现漏洞，深度学习就可以帮助工控系统生成相应的修复建议或补丁，减少漏洞被利用的风险。

此外，深度学习还可以与其他安全技术相结合，如漏洞扫描器、入侵防御系统和安全事件管理系统等，构建一个更加全面和智能的工控系统信息安全防护体系。通过深度学习和其他安全技术的协同，可以实现对工控系统全方位、多层次的安全防护，有效应对各种已知和未知的威胁。

结语

本节主要介绍工控系统信息安全的前沿技术与趋势，主要内容包括零信任安全架构与技术、基于深度学习的异常检测与防护。

本章小结

在智能制造的大背景下，工控系统的创新保障显得尤为重要。本章围绕智能制造背景下的工控系统创新保障这一主题，深入探讨了新兴技术在工控系统中的应用、工控系统信息安全创新案例，以及工控系统信息安全的前沿技术与趋势。

首先，本章通过物联网、人工智能等新兴技术在工控系统中的应用，带领读者了解这些新兴技术如何为工控系统带来智能化、高效化和安全化的变革。这些新兴技术不仅提升了工控系统的性能，更为智能制造的发展奠定了坚实基础。

其次，本章通过工控领域信息安全创新案例展示了工控系统在安全防护、信息安全创新等方面的实践成果。这些案例不仅为读者提供了宝贵的经验借鉴，更为工控系统信息安全保障提供了有力支撑。

最后，本章对工控系统信息安全的前沿技术与趋势进行了剖析，包括零信任安全架构及其应用、基于深度学习的工控系统异常检测与防护。零信任安全架构、深度学习等前沿技术及其应用不仅代表了工控系统信息安全领域的最新发展方向，更为未来的研究和实践提供了重要指导。

本章内容涵盖了智能制造下工控系统创新保障的多个方面，从新兴技术在工控系统中的应用到工控系统信息安全创新案例，再到工控系统信息安全的前沿技术与趋势，为读者提供了全面的参考资料。在智能制造中，这些创新保障措施将发挥越来越重要的作用。

第 9 章
工控系统智能化的发展趋势

工控系统的智能化已成为推动数字化转型升级的关键力量。本章将探讨工控系统智能化的发展趋势，从技术与应用、优势与挑战到未来发展方向，全面揭示智能化技术为工控系统带来的深刻变革。

首先，本章将介绍智能化技术在工控系统中的应用。智能化技术不仅可以提升生产效率和产品质量，还可以为工控系统智能化奠定坚实基础。

然后，本章将介绍智能化技术在工控系统中的优势，如自适应生产、预测性维护等。

最后，本章将展望工控系统智能化的未来发展方向。随着技术的不断进步和创新，未来的工控系统将更加智能、高效和灵活，为工业发展开辟新的道路。

通过本章的学习，读者将理解工控系统智能化的重要性，把握其发展趋势。

9.1 智能化技术在工控系统中的应用

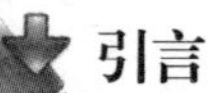

引言

随着科技的飞速发展，工控系统智能化已成为推动数字转型升级的关键力量。本节将探讨工业物联网如何实现智能化应用，以及人工智能在工控系统智能化中的实践成果。

9.1.1 工业物联网的智能化应用

9.1.1.1 工业物联网概述

1. 工业物联网的定义与特点

工业物联网（Industrial Internet of Things，IIoT）是指将物联网技术应用于工业领域，通过连接工业设备、传感器、执行器等实体，实现数据采集、传输、处理和应用，以提升工业制造、管理和服务的智能化水平。工业物联网的应用如图 9-1 所示。

工业物联网的特点如下：

（1）互联性：工业物联网强调设备之间的互联互通，可实现信息的共享和协同工作。

（2）智能化：通过引入大数据、云计算、人工智能等技术，工业物联网可对工业数据进行深度挖掘和应用，实现决策支持和优化控制。

（3）实时性：工业物联网在数据采集、传输和处理中具有实时性，可满足工业过程监测和管理的需求。

（4）安全性：由于工业物联网涉及关键基础设施和生产过程，因此对安全性要求极高，需要采取多种措施保障数据安全和网络稳定。

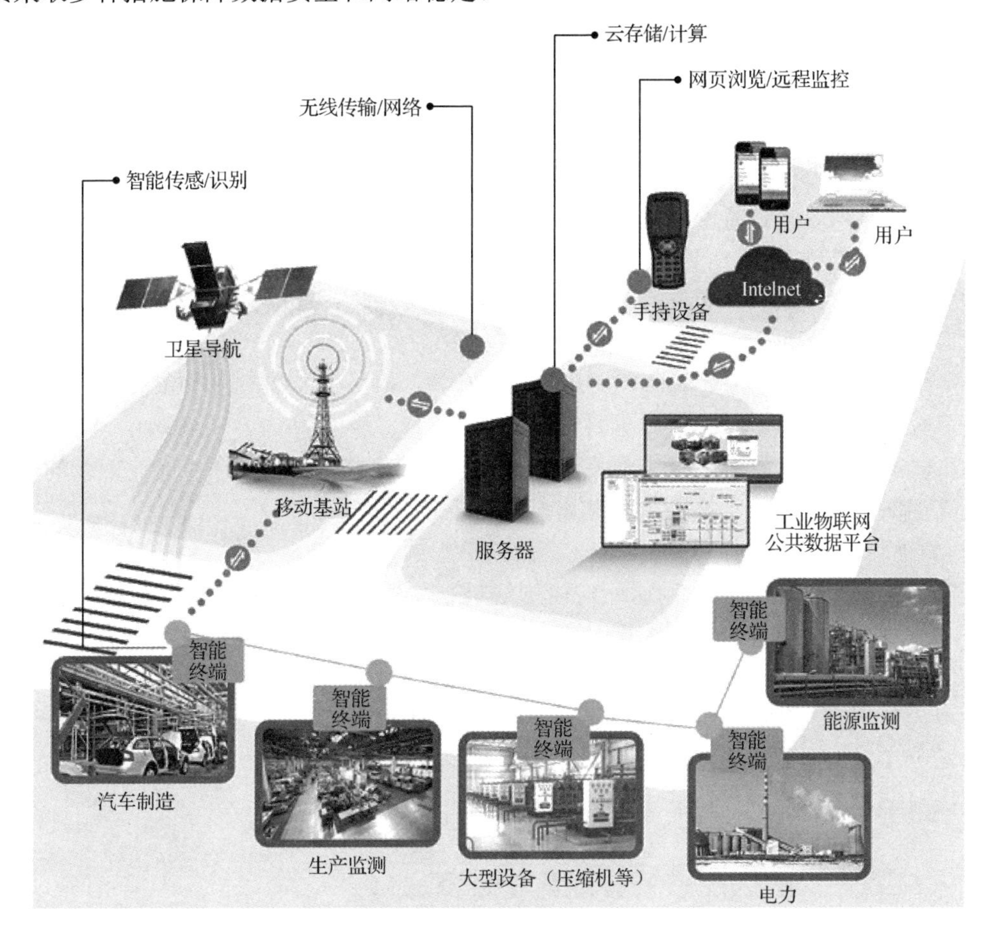

图 9-1　工业物联网的应用

2. 工业物联网的体系架构与技术

工业物联网的体系架构通常包括感知层、网络层和应用层三个层次。

（1）感知层：负责数据采集和设备接入，包括各类传感器、执行器、RFID 标签等设备。这些设备可感知物理世界的信息，并将感知到的信息转换为数字信号供上层处理。

（2）网络层：负责数据传输和通信，将感知层采集的数据传输到应用层，同时保障数据传输的可靠性和实时性。

（3）应用层：负责数据处理和应用服务，包括大数据分析、云计算平台、人工智能算法等。应用层对接收到的数据进行处理和分析，为工业应用提供决策支持、优化控制和个性化服务等功能。

在技术方面，工业物联网涵盖了多种技术，如传感器技术、通信技术、数据处理技术等。这些技术相互融合，共同支撑着工业物联网的发展和应用。例如，传感器技术负责采集环境参数和设备状态信息；通信技术负责将数据传输到云端或服务器；数据处理技术负责对海量数据进行清洗、整合和分析。

9.1.1.2 工业物联网在智能化制造中的应用

工业物联网在智能制造中具有重要的应用价值。通过智能化改造，可以提升生产效率、优化生产流程、提高产品质量。随着技术的不断进步和应用场景的不断拓展，工业物联网将在未来智能制造中发挥更加重要的作用。

1. 工业物联网在智能制造中的作用

工业物联网在智能制造中的作用主要体现在以下几个方面：

（1）提升生产效率：通过工业物联网可以实现设备间的互联互通，实现生产过程的自动化和智能化，显著提高生产效率。

（2）优化生产流程：借助工业物联网收集的大量数据，可以对生产流程进行深入分析，发现潜在的优化点，进而改进生产流程，降低生产成本。

（3）提高产品质量：工业物联网可以实现对生产过程的实时监测和精确控制，确保产品质量的一致性和稳定性。

（4）促进创新：工业物联网为企业提供了丰富的数据资源，有助于企业发现新的市场机会和产品创新点，从而推动企业的持续发展。

2. 工业物联网在生产线智能化改造中的应用案例

某汽车制造企业通过工业物联网对生产线进行了智能化改造。通过安装传感器和执行器，实现了对生产线上各个环节的实时监测和精确控制；借助云计算和大数据分析技术，对收集到的生产数据进行了深入挖掘和分析，发现了生产流程中的瓶颈和优化点。经过智能化改造后，该企业的生产效率得到了显著提升，产品质量也得到了进一步保障。此外，通过工业物联网可实现生产过程可视化，为企业提供更加直观的生产管理手段，有助于企业及时发现并解决问题，提高管理效率。

9.1.2 人工智能在工控系统智能化中的实践

9.1.2.1 人工智能在工控系统智能化中的应用

在工控系统中，人工智能发挥着越来越重要的作用，其应用范畴广泛，包括但不限于以下几个方面：

（1）故障预测与维护：通过收集和分析设备运行数据，人工智能可以预测设备可能出现的故障，并提前进行维护，从而减少停机时间和生产损失。

（2）生产过程优化：人工智能可用于优化生产过程，如调整生产参数、改进工艺流程等，提高生产效率和产品质量。生产过程优化场景如图 9-2 所示。

（3）质量控制：通过人工智能对生产过程中的数据进行实时监测和分析，可实现产品质量的自动检测和控制，确保产品符合标准。

（4）供应链管理：人工智能可用于优化供应链管理，如预测市场需求、调整库存水平、优化运输路线等，降低运营成本和提高客户满意度。

（5）能源管理：通过智能分析和控制能源消耗，人工智能可帮助企业实现能源的高效利用，降低生产成本并减少对环境的影响。

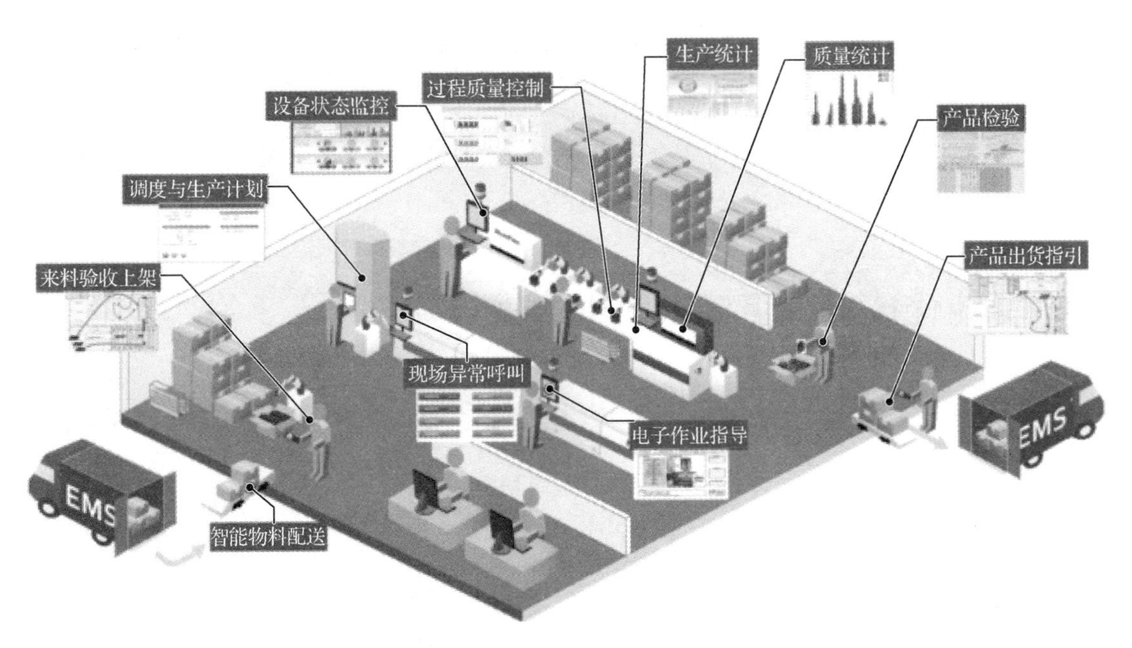

图 9-2 生产过程优化场景

9.1.2.2 人工智能在工业智能化中的应用

1. 人工智能在生产线智能化改造中的应用

在生产线智能化改造中，人工智能发挥了重要作用，具体应用包括：

（1）自动化流程控制：通过人工智能来识别生产线上的各种状态和异常情况，可实现对生产流程的自动控制，减少对人工干预的依赖，提高生产效率和准确性。

（2）生产优化：利用人工智能分析历史生产数据，可发现生产过程中的瓶颈和优化点；通过对生产参数、设备配置和工艺流程的调整，可实现生产过程的优化，降低生产成本并提高产品质量。

（3）质量控制：通过人工智能可对生产线上的产品质量进行实时检测，及时发现并处理质量不合格的产品，确保生产出的产品符合标准。

（4）需求预测：基于人工智能的预测模型可以分析历史销售数据和市场需求趋势，准确预测未来的产品需求，有助于企业制订更合理的生产计划，避免库存积压和缺货现象。

2. 人工智能在工业设备故障诊断与预测性维护中的应用

在工业设备故障诊断与预测性维护中，人工智能同样发挥了重要作用，具体应用包括：

（1）故障诊断：通过人工智能来识别设备正常运行时的各种特征和异常模式，可实现对设备故障的准确诊断。这有助于及时发现并处理设备故障，避免生产中断和安全事故的发生。

（2）预测性维护：利用人工智能分析设备运行数据，可以预测设备可能出现的故障时间和类型。通过提前进行维护，可以避免设备损坏和延长设备使用寿命，降低维修成本和停机时间。

（3）性能优化：通过人工智能分析设备的历史运行数据，可发现设备的性能瓶颈和优化点；通过对设备参数和运行策略的调整，可实现设备性能的优化，提高生产效率和产品质量。

结语

工业物联网的智能化应用推动了工业生产与制造方式的深刻变革，人工智能则为工控系统的智能化注入了新的活力。工控系统的智能化技术不仅提升了工业生产与制造的效率与产品质量，更为企业决策提供了科学依据。

9.2 智能化技术在工控系统中的优势

引言

本节首先探讨智能化技术如何提升工控系统的效率与灵活性，然后介绍智能化技术的数据驱动决策与预测能力。智能化技术已成为现代工业生产与制造中不可或缺的组成部分，正在彻底改变工控系统的传统运行模式。

9.2.1 智能化技术在提升工控系统效率与灵活性中的应用

9.2.1.1 智能化技术在提升工控系统效率中的应用

1. 智能化技术在生产流程优化中的应用

通过引入先进的算法和模型，智能化技术可以对生产流程进行精细化管理和优化，从而提升生产效率。具体应用包括：

（1）生产计划优化：利用智能化技术，可以根据市场需求、设备状况和生产能力等因素，制订更为合理的生产计划。这有助于减少生产过程中的浪费，提高生产资料的利用率。

（2）实时监测与调整：智能化技术可以实时监测生产过程中的各项参数和指标，如温度、压强、流量等。一旦发现异常情况，即可迅速做出调整，确保生产过程的稳定性和产品的质量。

（3）协同生产：通过智能化技术，可以实现不同生产环节之间的协同。这有助于减少生产过程中的等待时间和运输成本，提高整体生产效率。协同生产的场景如图 9-3 所示。

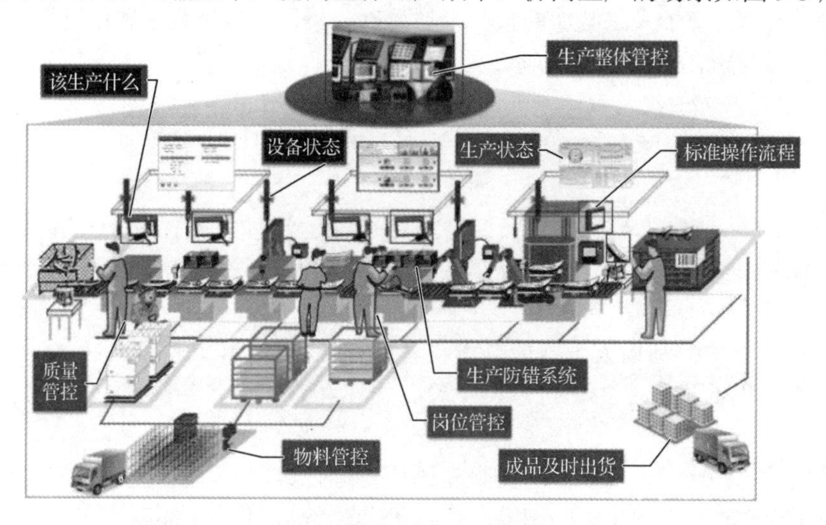

图 9-3 协同生产的场景

2. 智能化技术在提升能源利用效率中的应用

通过精确控制能源的使用和分配，智能化技术可以显著提高能源利用效率，降低生产成本。具体应用包括：

（1）精确能源管理：智能化技术可以根据生产需求和设备状况，精确计算所需的能源，并实时调整能源供应。这有助于避免能源的浪费，提高能源的利用效率。

（2）节能技术应用：智能化技术可以集成各种节能技术，如变频调速、热回收等，通过合理应用这些技术，可以降低生产过程中的能源消耗，提高能源的利用效率。

（3）能源数据分析与优化：智能化技术可以收集和分析生产过程中的能源数据，发现能源消耗的瓶颈和优化点。通过对能源使用策略的调整和优化，可进一步提升能源的利用效率。

9.2.1.2　智能化技术在增强工控系统灵活性中的应用

1. 智能化技术对生产变更的快速响应

传统的工控系统在面对生产变更时，往往需要较长的时间进行调整和重新配置。基于智能化技术的智能化工控系统通过引入先进的算法、模型和自动化技术，能够实现对生产变更的快速响应。具体应用包括：

（1）快速重新配置：智能控制系统具备高度的可配置性和可扩展性，可以根据生产需求的变化，快速调整系统参数、工艺流程和设备配置，以适应新的生产要求。

（2）实时数据分析与决策：通过实时收集和分析生产数据，智能控制系统能够及时发现生产过程中的异常情况，并基于预设的规则或模型做出快速决策，确保生产过程的连续性和稳定性。

（3）预测与调整能力：智能控制系统具备预测和调整能力，可根据历史生产数据和当前生产状况，预测未来可能出现的问题，并提前进行调整和优化，从而避免生产中断和浪费。

2. 智能化技术在多品种、小批量生产中的应用

多品种、小批量生产是现代制造业中常见的一种生产模式，对工控系统的灵活性要求极高。智能化技术在这种生产模式中的应用，可以显著提升工控系统的灵活性。具体应用包括：

（1）柔性生产线配置：通过引入智能化技术，如机器人、自动化设备和传感器等，可以构建柔性生产线。柔性生产线能够根据生产需求的变化，快速调整生产布局、工艺流程和设备配置，以适应不同产品的生产要求。柔性生产线的配置如图 9-4 所示。

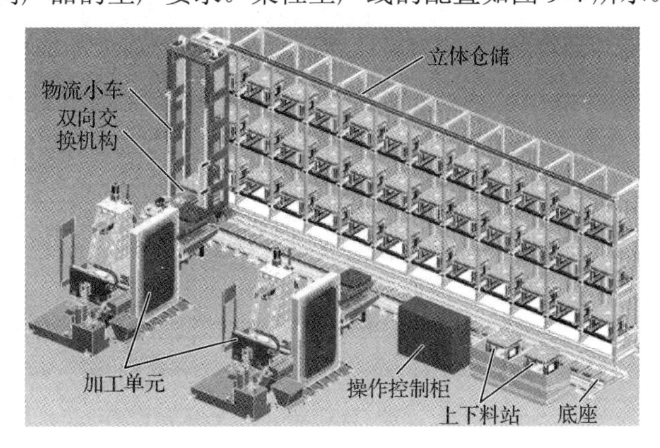

图 9-4　柔性生产线的配置

（2）智能调度与排产：智能控制系统可以根据订单需求、设备状况和生产能力等因素，进行智能调度和排产。这有助于优化生产计划，减少生产过程中的等待时间和切换成本，提升工控系统的灵活性。

（3）质量追溯与个性化定制：在多品种、小批量生产中，产品质量追溯和个性化定制是重要需求。智能控制系统可以通过实时收集和分析生产数据，实现产品质量的全过程追溯，根据客户需求进行个性化定制生产。

9.2.2 智能化技术的数据驱动决策与预测能力

9.2.2.1 数据驱动决策系统

1. 工业大数据的收集与处理流程

在工控系统中，工业大数据的收集与处理是实现数据驱动决策的基础。工业大数据的收集与处理流程如下：

（1）数据收集：通过各种传感器、监测设备和生产系统，实时收集工业生产与制造过程中的各种数据，如设备状态、生产参数、产品质量等。这些数据可能是结构化的，也可能是非结构化的。

（2）数据清洗与整合：收集到的原始数据往往存在噪声、冗余和不一致等问题，需要进行清洗和整合。这一步骤包括数据去重、异常数据处理、缺失数据填补等，以确保数据的准确性和一致性。

（3）数据存储与管理：清洗和整合后的数据需要进行有效的存储和管理，以便后续的查询和分析。通常采用分布式存储系统或数据库可存储大规模的工业数据。

（4）数据处理与分析：在数据存储和管理的基础上，进行各种数据处理和分析，如数据挖掘、模式识别、预测建模等，以提取有用的信息和知识。

2. 数据驱动决策的模型与算法

基于处理后的工业大数据，可以构建数据驱动决策的模型与算法，以支持工控系统的智能化决策。这些模型和算法通常包括：

（1）预测模型：利用历史数据和机器学习算法，构建预测模型来预测未来的生产趋势、设备故障等。预测结果可以为生产计划的制订提供依据。

（2）优化模型：通过建立优化模型，如线性规划、整数规划等，可对生产过程中的资源分配、工艺参数等进行优化，从而降低生产成本、提高生产效率。

（3）分类与聚类算法：利用分类和聚类算法对工业大数据进行分类和聚类，可发现不同数据之间的关联和规律，为故障诊断、质量控制等提供支持。分类与聚类算法的流程如图 9-5 所示。

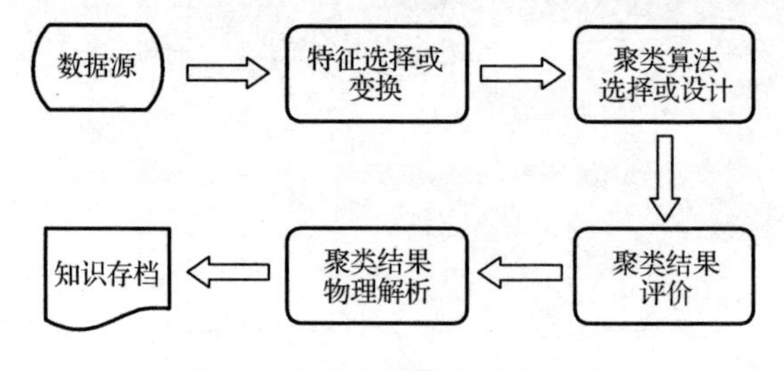

图 9-5 分类与聚类算法的流程

（4）决策树与随机森林算法：通过训练大量的历史数据来生成决策树或随机森林模型，可构建决策系统，指导决策过程。

9.2.2.2　基于数据的预测性维护与故障预警

1. 基于数据的预测性维护

预测性维护（Predictive Maintenance，PM）是一种基于状态监测和数据分析的维护策略，旨在通过预测设备或系统的未来性能状态，提前发现并预防潜在故障，从而优化维护计划，提高设备的可靠性和运行效率。

预测性维护主要依赖于以下技术：

（1）传感器技术：通过在设备上安装各种传感器，实时监测设备的运行状态，如温度、压强、振动等，可收集设备的运行数据。

（2）数据处理与分析：首先对收集到的数据进行清洗、整合和预处理，提取关键特征；然后利用机器学习、深度学习等算法对数据进行模式识别、趋势预测等分析，以发现设备的异常征兆和潜在故障。

（3）故障预测模型：基于历史数据和算法分析，构建故障预测模型，对设备的未来状态进行预测和评估，确定维护的优先级和时间。

2. 基于数据的故障预警

工业设备故障预警是预测性维护的具体应用，旨在通过实时监测和数据分析，提前发现设备的故障征兆，及时发出预警，指导维护人员进行干预，避免设备停机或损坏。某发电厂工业设备故障预警系统的架构如图 9-6 所示。

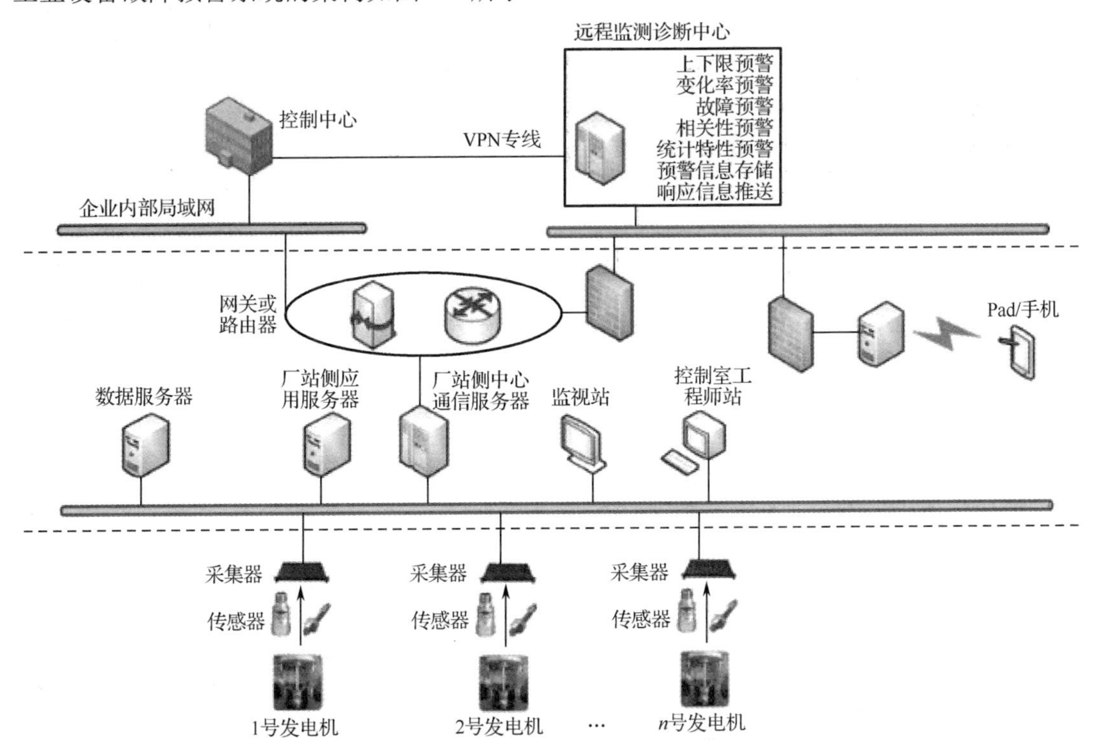

图 9-6　某发电厂工业设备故障预警系统的架构

工业设备故障预警系统通常包括以下几个部分：

（1）数据采集层：负责从工业设备中采集各种数据，并进行预处理和标准化，以确保数据的准确性和一致性。

（2）数据分析层：对采集到的数据进行实时监测、特征提取和模式识别等操作，利用故障预测模型对设备的未来状态进行预测和评估。

（3）预警决策层：根据数据分析层的结果，制定预警规则和策略，当发现设备出现异常征兆时及时发出预警信息，并指导维护人员进行干预。

（4）用户界面层：为用户提供友好的交互界面，展示设备的实时状态、预警信息和维护建议等，方便用户进行监测和管理。

结语

本节主要介绍智能化技术在工控系统中的应用，主要内容包括智能化技术在提升工控系统效率与灵活性中的应用，以及智能化技术的数据驱动决策与预测能力。

9.3 工控系统智能化的未来发展方向

引言

自适应与自学习工控系统将不断提升工业生产与制造的智能水平，并实现更高效的自动化。跨平台与跨领域的工控系统智能集成将打破传统界限，促进工控系统的全面优化与协同。

9.3.1 自适应与自学习工控系统

9.3.1.1 自适应工控系统

1. 自适应工控系统的原理

自适应工控系统是一种能够自动调整控制参数或控制策略，以适应被控对象或环境变化的控制系统。其基本原理是根据实时的输入、输出信息或性能指标，通过自适应、自优化等算法，不断改进自身的控制性能和效果。

自适应工控系统通常包括以下几个部分：

（1）辨识与建模：自适应工控系统需要对被控对象进行辨识和建模，了解其动态特性和变化规律，这可以通过系统辨识、参数估计等方法实现。

（2）性能评估：自适应工控系统需要实时评估自身的控制性能和效果，这可以通过比较实际输出与期望输出、计算性能指标等方式实现。

（3）参数调整与优化：根据性能评估结果，自适应工控系统需要自动调整控制参数或优化控制策略，以改善控制性能和效果，这可以通过自适应算法、自优化算法等实现。

（4）控制执行：调整后的控制参数或策略被应用于实际的控制过程，实现对被控对象的精确控制。

2. 自适应工控系统的应用

自适应工控系统适用于对被控对象和环境变化要求较高的场景，例如：

（1）机器人控制：在工业自动化领域，自适应工控系统可用于机器人控制，实现机器人的精确运动控制和自适应调整，以适应不同的工作环境和任务需求。

（2）过程控制：在化工、冶炼等连续生产过程中，自适应工控系统可根据实时的生产数据和性能指标，自动调整生产过程的控制参数和策略，确保生产过程的稳定和优化。

（3）故障诊断与处理：自适应工控系统可以与故障诊断技术相结合，实时监测工业设备的运行状态，发现并处理潜在故障，提高设备的可靠性和运行效率。

（4）能源管理：在能源管理领域，自适应工控系统可以根据实时的能源需求和供应情况，自动调整能源分配和利用策略，实现能源的高效利用。

9.3.1.2 自学习工控系统

自学习工控系统的实现步骤如下：

（1）数据收集与处理：首先收集工控系统的运行数据（包括输入、输出、状态等信息），这些数据可能来自传感器、执行器、控制器；然后对数据进行预处理，如清洗、标准化和特征提取等，以便于后续的机器学习算法处理。

（2）模型训练与优化：利用收集到的数据训练机器学习模型，使机器学习模型能够学习工控系统的动态特性和控制策略。在训练过程中，需要不断优化机器学习模型的参数和结构，以提高其预测和控制性能，同时还需要考虑机器学习模型的泛化能力，以避免过拟合等问题。机器学习模型的训练与优化流程如图 9-7 所示。

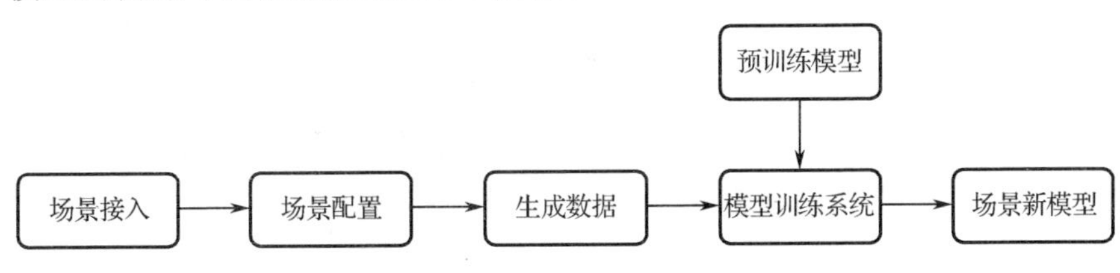

图 9-7　机器学习模型的训练与优化流程

（3）实时控制与调整：将训练好的机器学习模型部署到工控系统中，实现实时的自学习控制。在控制过程中，自学习工控系统会根据实时的输入信息和性能指标来调整控制策略，以达到最佳的控制效果。同时，自学习工控系统还会不断收集新的数据，用于更新和优化机器学习模型，以适应工业环境的变化。

（4）安全与稳定性考虑：在实现自学习工控系统的过程中，还需要特别关注工控系统的安全性和稳定性。例如，可以采用鲁棒性设计、异常检测与处理等技术来提高工控系统的抗干扰能力和容错性；同时，还需要建立完善的安全机制和管理策略，以确保工控系统的数据安全和操作安全。

9.3.2 跨平台与跨领域的工控系统智能集成

9.3.2.1 跨平台工控系统的智能集成策略

1. 不同控制平台间的兼容性与互通性

在工控系统中，不同的控制平台（如 PLC、DCS、SCADA 等）往往具有各自的硬件架构、软件编程接口和通信协议，因此要实现跨平台工控系统的智能集成，首先需要解决不同平台间的兼容性与互通性问题。

（1）兼容性：是指不同的控制平台能够共同工作而不会出现明显的冲突或错误，为了实现兼容性，可以采用标准化的硬件接口和软件编程规范，使得不同的控制平台能够相互识别和协作。

（2）互通性：是指不同的控制平台之间能够进行数据的交换和信息的共享，为了实现互通性，需要采用统一的通信协议和数据格式，确保不同控制平台之间的数据能够准确、实时地传输和处理。

2. 智能集成策略在跨平台控制系统中的应用

智能集成策略是指对不同的控制平台进行有机整合，形成一个统一、高效的工控系统。在跨平台工控系统中，智能集成策略的应用主要体现在以下几个方面：

（1）统一控制策略：通过智能集成，可对原本分散在不同控制平台上的控制策略进行统一规划和管理，从而避免控制策略之间的冲突和重复，提高工控系统的整体性能和效率。

（2）数据共享与协同处理：智能集成策略可实现不同控制平台间的数据共享和协同处理，通过构建一个统一的数据处理中心，对各控制平台上的数据进行汇聚、整合和分析，为决策层提供更加全面、准确的信息。

（3）故障诊断与预测性维护：通过智能集成策略，可以实现跨平台工控系统的故障诊断和预测性维护。通过对各控制平台的运行数据进行实时监测和分析，可及时发现潜在的故障，并采取相应的措施进行预防和维护，确保工控系统的稳定运行。

9.3.2.2 跨领域工控系统的智能协同技术

1. 跨领域工控系统概述

跨领域工控系统是指对不同领域（如能源、制造、交通等）的工控系统进行有机整合，形成一个统一、高效的工控系统。跨领域工控系统可满足现代工业生产与制造对高效率、高柔性、高可靠性和低成本的需求。

跨领域工控系统需要打破不同领域间的壁垒，实现不同领域设备和系统的互联互通。这要求跨领域工控系统具备高度的开放性和可扩展性，能够支持不同的通信协议和数据格式。

跨领域工控系统需要实现以下目标：

（1）提高生产效率：通过优化生产流程、减少等待时间和物料浪费来提高生产效率。

（2）增强生产柔性：快速响应市场需求变化，及时调整生产计划和产品配置。

（3）提升可靠性：通过冗余设计和故障预测技术来确保生产的连续性和稳定性。

（4）实现资源共享和协同优化：通过集中管理和调度不同领域资源，提高整体运营效率。

2. 智能协同技术在跨领域控制系统中的应用

智能协同技术是跨领域工控系统的核心，能够实现不同领域工控系统间的智能决策、优化调度和协同控制。智能协同技术在跨领域控制系统中的应用主要包括以下几个方面：

（1）智能决策支持系统：利用大数据分析和人工智能技术，对跨领域工控系统的运行数据进行实时处理和分析，为决策者提供准确、及时的信息。这可以帮助企业快速响应市场变化、优化生产计划、降低运营成本、提高产品的市场竞争力。

（2）优化调度算法：针对跨领域工控系统的特点，设计高效的优化调度算法，实现不同领域设备和系统的最优配置和调度。这可以确保生产过程的顺利进行，提高设备的利用率和生产效率。

（3）协同控制技术：通过协同控制策略，实现不同领域工控系统间的协同工作，包括数据共享、任务分配、冲突解决等方面。协同控制技术可以确保各个子系统之间的协调一致，共同完成复杂的生产任务。

（4）故障诊断与预测性维护：利用智能算法和模型对运行数据进行实时监测和分析，可及时发现潜在的故障并采取相应的措施进行预防和维护。这可以确保工控系统的稳定运行并延长设备的使用寿命。

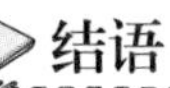

结语

展望工控系统智能化的未来发展方向可发现，自适应与自学习工控系统将不断提升工业生产与制造的智能水平，并实现更高效的自动化。同时，跨平台与跨领域的智能集成将打破传统界限，促进工控系统的全面优化与协同。

本章小结

随着科技的飞速发展，工控系统正逐步迈向智能化时代，展现出前所未有的变革与活力。本章围绕工控系统智能化的发展趋势，从应用、优势到未来方向等方面进行了探讨。本章主要内容如下：

（1）智能化技术在工控系统中的应用：工业物联网、人工智能等新兴技术与工控系统的深度融合，使工控系统具备了自学习、自优化和自修复等智能功能，极大地提升了工业生产与制造的效率和产品质量。

（2）智能化技术在工控系统中的优势：智能化技术不仅可以提升工控系统的效率与灵活性，还可赋予控制系统数据驱动决策与预测能力。

（3）工控系统智能化的未来发展方向：随着物联网、云计算等新兴技术的不断发展，未来的工控系统将更加智能、高效和灵活。自适应与自学习控制系统、跨平台与跨领域的工控系统智能集成将成为工控系统智能化的重要发展方向。

通过本章的学习，读者可以清晰地看到工控系统智能化的发展趋势和广阔前景。我们相信，在未来的工业发展道路上，智能控制系统将发挥越来越重要的作用，为企业创造更大的价值，给人们带来更美好的生活。

后　记

工控系统已经成为现代工业的核心，工控系统信息安全是确保其正常运行和可靠性的关键。本书围绕智能制造对工控系统信息安全进行详细的介绍，旨在为读者提供工控系统信息安全方面的知识和实践，从而构建工控系统信息安全体系。本书包括工控系统的演进与智能制造趋势、工控系统信息安全的重要性、工控系统的智能化安全架构设计、工业控制网络的安全、工控系统的身份认证与访问控制、工控系统的漏洞管理与应急响应、工控系统的数据安全与隐私保护、智能制造背景下的工控系统创新保障、工控系统智能化的发展趋势。

首先，本书介绍了工控系统的历史，探讨了智能制造的核心理念和技术基础，并分析了工控系统在智能制造中的关键角色和面临的挑战。

其次，本书强调了数字化转型对工控系统信息安全的影响，介绍了如何识别工控系统信息安全领域的关键威胁，探讨了信息安全在智能制造中的战略地位。

第三，本书深入研究了工控网络与通信安全、身份认证与访问控制，以及漏洞管理与应急响应等关键主题，为读者在这些领域制定和实施安全策略提供了基础知识。

最后，本书强调了信息安全是一个不断演化的领域，需要企业保持警惕，随着威胁的演进不断改进和完善其安全实践。

我们希望本书能够帮助读者更好地理解工控系统信息安全的重要性，帮助企业采取适当的措施来保护工控系统，以确保其运行稳定和可靠。

参考文献

[1] 王敬，张淼，刘杨，等．面向流程工业控制的双安融合知识图谱研究[J]．计算机科学，2023，50（9）：68-74．

[2] 原锦明．云计算网络安全防护技术在冶金工业控制系统中的应用——评《有色轻金属冶炼过程优化与控制系统》[J]．中国有色冶金，2023，52（2）：165．

[3] 冯兆文，马彦慧，曹国彦．工业控制系统终端渗透测试应用研究[J]．信息安全研究，2023，9（4）：313-320．

[4] 王瑞斌，赵杨．国产化 PLC 工业控制系统在选煤厂的应用[J]．洁净煤技术，2023，29（S1）：110-113．

[5] 肖建荣．工业控制系统信息安全[M]．北京：电子工业出版社，2015．

[6] 顾兆军，李怀民，丁磊，等．基于组合权重的工控系统安全形式化分析方法[J]．计算机仿真，2022，39（12）：422-428．

[7] 宋晶，刁润，周杰，等．工业控制系统功能安全和信息安全策略优化方法[J]．信息网络安全，2022，22（11）：68-76．

[8] 尚文利，王天宇，曹忠，等．工业测控设备内生信息安全技术研究综述[J]．信息与控制，2022，51（1）：1-11．

[10] 张伦．西湾露天煤矿智能矿山工控安全建设探索[J]．工矿自动化，2021，47（S2）：100-102．

[11] 邓志森．电网工控网络流量分析[J]．信息网络安全，2020（S1）：127-130．

[12] 沈克，周志强，付杨，等．面向石油装备制造企业的工业控制系统信息安全防护方法[J]．信息网络安全，2020（S1）：107-110．

[13] 廉文娟，赵朵朵，范修斌．基于 CFL_BLP 模型的 CFL SSL 安全通信协议[J]．计算机工程，2021，47（6）：152-163．

[14] 帕斯卡 • 阿克曼．工业控制系统安全[M]．蒋蓓，宋纯，梁郛江，等译．北京：机械工业出版社，2020．

[15] 李世斌，李婧，唐刚，等．基于 HMM 的工业控制系统网络安全状态预测与风险评估方法[J]．信息网络安全，2020，20（9）：57-61．

[16] 李首滨．煤炭工业互联网及其关键技术[J]．煤炭科学技术，2020，48（7）：98-108．

[17] 赖英旭，刘静，刘增辉，等．工业控制系统脆弱性分析及漏洞挖掘技术研究综述[J]．北京工业大学学报，2020，46（6）：571-582．

[18] 郭栋，尹作重，任建勋，等．工业控制系统安全性防护方法研究[J]．制造业自动化，2020，42（5）：115-117．

[19] 顾兆军，彭辉．基于模糊集和熵的工控系统灰色风险评估模型[J]．计算机工程与设计，2020，41（2）：339-345．

[20] 刘强．石化行业网络系统的安全分析与对策[J]．化工新型材料，2020，48（1）：23-25，30．

[21] 秦利华，王丹，王大秋．核反应堆工业控制系统与企业信息系统互联安全防护体系研究[J]．核动力工程，2020，41（2）：173-177．

[22] 吕宗平，丁磊，隋嚣，等．基于时间自动机的工业控制系统网络安全风险分析[J]．信息网络安全，2019（11）：71-81．

[23] 张文安，洪榛，朱俊威，等．工业控制系统网络入侵检测方法综述[J]．控制与决策，2019，34（11）：2277-2288．

[24] 周伟平，杨维永，王雪华，等．面向工业控制系统的渗透测试工具研究[J]．计算机工程，2019，45（8）：92-101．

[25] 尚文利，杨路瑶，陈春雨，等．面向工业控制系统终端的轻量级组认证机制[J]．信息与控制，2019，48（3）：344-353．

[26] 尚文利，尹隆，刘贤达，等．工业控制系统安全可信环境构建技术及应用[J]．信息网络安全，2019（6）：1-10．